"十三五"职业教育国家规划教材·修订版

高等职业教育课程改革项目研究成果系列教材

"互联网+"新形态教材

数字通信技术及 SystemView 软件仿真

（第 2 版）

主　编　张琳琳

副主编　曹　雷　殷锡亮

北京理工大学出版社

BEIJING INSTITUTE OF TECHNOLOGY PRESS

内 容 简 介

本书内容紧紧围绕当今数字通信系统及其发展,涵盖所需的数字通信知识,内容全面,系统性强。全书分为 7 章,内容包括数字通信系统的组成、信源编码技术、信道编码技术、调制技术、复用技术、同步技术等,并将 SystemView 仿真设计渗透到各部分内容中,培养学习者的设计技能。另外,为了加深学习者对所学知识的理解与吸收,特设置了提升内容——任务单,读者在学习的同时可通过完成任务单来检验自己的学习成果。

本书通信理论部分以"必需""够用"为准绳,做到浅显易懂,轻理论、重设计,减少不必要的数学推导和计算,注重理论与实用相结合,注重数字通信技术在实际数字通信系统中的应用,给出应用实例;并且结合 SystemView 仿真软件,进行各部分系统设计,既能锻炼设计能力,也能在一定程度上解决硬件实验设备缺乏的问题,且比硬件实验设备具有可扩展性和设计性。

本书可作为高职高专电子信息、通信技术等专业相关课程教学用书,也可供广大工程技术人员阅读参考。

图书在版编目(CIP)数据

数字通信技术及 SystemView 软件仿真 / 张琳琳主编.
-- 2 版. -- 北京:北京理工大学出版社,2022.1(2022.8 重印)
ISBN 978 - 7 - 5763 - 1004 - 7

Ⅰ. ①数… Ⅱ. ①张… Ⅲ. ①数字通信 – 系统仿真 –
应用软件 Ⅳ. ①TN914.3

中国版本图书馆 CIP 数据核字(2022)第 028921 号

出版发行 / 北京理工大学出版社有限责任公司
社　　址 / 北京市海淀区中关村南大街 5 号
邮　　编 / 100081
电　　话 / (010)68914775(总编室)
　　　　　 (010)82562903(教材售后服务热线)
　　　　　 (010)68944723(其他图书服务热线)
网　　址 / http://www.bitpress.com.cn
经　　销 / 全国各地新华书店
印　　刷 / 三河市华骏印务包装有限公司
开　　本 / 787 毫米 × 1092 毫米　1/16
印　　张 / 17.5
字　　数 / 411 千字
版　　次 / 2022 年 1 月第 2 版　2022 年 8 月第 2 次印刷
定　　价 / 45.00 元

责任编辑 / 陈莉华
文案编辑 / 陈莉华
责任校对 / 刘亚男
责任印制 / 李志强

前言 *Preface*

人类社会已经进入信息化时代，作为信息化时代的主要标志，数字通信方式无论在理论上还是在技术上都有了突飞猛进的发展。随着大容量数字通信系统、压缩编码技术、数/模兼容技术及用户环路数字化技术的不断发展和完善，它必然对人类社会和人们的日常生活产生深远的影响，成为当今乃至未来信息社会发展的主流。

本书依据教育部指定的高职高专培养目标和对"数字通信技术"课程的教学基本要求，结合通信技术发展状况、社会对高技能人才的需求和职业院校特点编写而成，可作为职业技术院校电子信息和通信技术类专业教材，也可作为电子信息和通信技术类工程技术人员的参考用书。

本书既着眼于数字通信基本原理、基础知识的分析，在重点介绍数字通信技术相关知识的同时，又注重突出结构的合理性及内容的先进性与实用性，减少了不必要的数学推导。在阐述数字通信的概念特点、数字终端技术、数字信号传输技术和同步等基本知识的基础上，为培养设计能力，在必要章节设置了系统仿真设计，通过 SystemView 仿真软件进行通信系统的设计和分析，内容具有趣味性、实用性和开拓性。本书语言简练、层次清晰、结构完整、立意新颖，并反映出现代通信技术相关领域的发展状况。

全书共分 7 章，具体内容如下：

第 1 章：数字通信基础知识。简要介绍数字通信的概念、特点，数字通信系统的组成、信息的度量及数字通信系统的主要性能指标。

第 2 章：模拟信号的数字传输。内容包括脉冲编码调制（PCM）、增量调制等。

第 3 章：数字信号的基带传输。内容包括数字信号基带传输的基本理论、基带传输码型、码间串扰以及眼图、误码检测、再生中继系统、同步传输与异步传输。

第 4 章：差错控制编码。内容包括差错控制的方式、原理，并介绍了几种常用的差错控制编码方法。

第 5 章：数字信号的频带传输。内容包括二进制的数字调制、多进制的数字调制以及几种改进型数字调制技术。

第 6 章：信道复用与多址接入技术。内容包括频分复用、时分复用等，以及无线领域常用的几种多址技术。

第 7 章：同步原理。内容包括载波同步、位同步和群同步。

本书由张琳琳担任主编，负责统稿，并编写第 1、3、4、5 章及全书仿真设计；曹雷、殷锡亮担任副主编，曹雷负责编写第 2 章、第 7 章、附录 A、附录 B 及附录 C 的全部任务单，殷锡亮负责编写第 6 章；由唐彦儒教授、左晓英教授主审，并提出了很多宝贵建议。特别感谢左晓英教授，在教材使用及再版过程中，提出了很多修正意见，尤其在线上资源建设方面，为编者指明了新方向。同时，在本书编写过程中，得到了黑龙江信息技术职业学院等编者所在单位的领导和同行们的大力支持和帮助，对本书参阅的所有参考文献的作者，在此一并表示深深的谢意。

由于编者水平有限，书中难免存在不妥之处，希望读者批评指正。

编　者

🌀 知识体系思维导图：

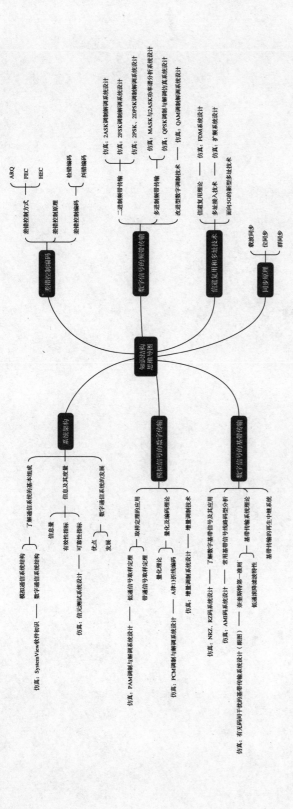

目录 *Contents*

第 1 章

数字通信基础知识

本章节重难点：

信息的度量
通信系统模型
数字通信系统的性能指标
数字通信系统的特点

人类社会的进化和发展与信息的交互息息相关，社会越进步，信息交互越频繁。进入21世纪以来，通信与网络以井喷之势迅速融入人们日常生活的各个角落，人们无时无刻不感受到信息时代给生活带来的巨大变革。通信与传感器技术、计算机技术紧密结合，相互融合，已经成为推动人类社会文明进步和发展的巨大动力。

数字通信技术是现代电子信息技术的重要领域之一。在现代社会中，人类生活所需要的几乎所有信息，都离不开数字通信技术，如信息查询、处理、存储和传输等，一个数字化的通信网络已经覆盖全球。

本章知识体系思维导图：

第1章 知识体系

信息度量
- 信息量的计算
- 平均信息量的计算
- 完成任务单1中的2题、4题

数字通信系统性能指标
- 有效性
  - 传输率
    - 信息传输速率
    - 符号传输速率
  - 频带利用率
    - 信息频带利用率
    - 码元频带利用率
- 可靠性
  - 误码率
  - 误比特率
- 完成任务单1中的5题、7题、8题、9题

特点及发展
- 优缺点
  - 优点
    - 抗干扰
    - 便于加密
    - 便于与现代技术相结合
    - 便于集成化、小型化、智能化
    - 便于差错控制
  - 缺点
    - 占用频带宽
    - 需要严格的同步系统
- 发展
- 完成任务单1中的10题

仿真实验2 信源测试系统设计
- 学习系统设计思维
- 测试信源信号：模拟信源信号：正弦波
- 数字信源信号：PN序列
- 通过仿真观察模拟信号和数字信号
- 分析模拟信号和数字信号的频谱

任务单
- 了解任务单

概念
- 信息 —— 抽象的概念
- 信号 —— 信息的载体
  - 模拟信号
  - 数字信号
- 完成任务单1中的1题

通信系统
- 组成
  - 信源
  - 变换器
    - 模拟通信系统
      - 调制器
      - 信源编码器
    - 数字通信系统
      - 加密器
      - 信道编码器
      - 调制器
      - 定时与同步系统
  - 信道 —— 噪声
  - 反变换器
    - 模拟通信系统
      - 解调器
      - 定时与同步系统
    - 数字通信系统
      - 解调器
      - 信道译码器
      - 解密器
      - 信源译码器
  - 信宿
- 完成任务单1中的3题、6题

仿真实验1 SystemView初识
- 学习软件使用
- 掌握快速功能按钮
- 了解菜单特库
- 自主设计、熟悉软件

1.1 通信的基本概念

1.1.1 信息与信号

人类从远古至今，各种活动都无一例外地伴随着信息的交流。在古代，人们通过飞鸽传书、击鼓鸣金、烽火等方式进行信息传递，这些方式古老而低级，有效性和可靠性不高。如今，科学技术飞速发展，相继出现了电话、互联网、视讯等多种现代通信手段，通信形式多种多样，通信速度越来越快，通信质量越来越高。多种通信手段的出现，目的都是为了进行信息的传递。

在通信领域常会出现消息和信息这两个相近的词，二者之间既有联系又有区别。消息是指被传递的内容。信息是指消息中包含的对受信者有意义的内容，它是客观世界和主观世界共同作用的产物。

信息是一个抽象的概念，作为一种内容不能单独存在，因此不能直接传递，必须借助特定的载体。携带信息的载体称为信号。信息必须依靠某一种信号才能传递出去，就如同货物要依靠某种交通工具才能运输一样。另外，同一种信息也可以有不同的表现形式，即可以用不同的信号来表达，它可以是语言，也可以是文字或其他形式的信号。在各种形式的信号中，电（光）信号传递信息速度快，准确性高，且很少受到时间、地点、空间、距离等方面的限制，因而发展迅速。其他形式的信号都可以转换成电信号进行传递。当今发达的信息社会就充分证明了这一点。信息是依靠信号进行传递和交流的，这就是通信的主要目的和内容。因此，通信就是信息的交流，它包括了信息的发送、传递和接收等3个环节，其实质就是传递携带某种信息的信号。通信的含义非常广泛，这里主要是指电通信，简称电信（Telecommunication），即以电信号为载体来进行信息的传输和交换。作为现代社会中最主要、最普通的通信方式，电信具有在任意距离上实现信号的快速、有效、准确、可靠传递的优点。在当今的自然科学中，"通信"和"电信"几乎就是同义词了。由于电信的特点，电信的收信者收到的是原信息的"复制品"，而不像邮政通信那样收信者收到的是"原物"，这就要求电信中的"复制品"要尽可能与"原物"相同，也就是要求电信传递的信息不失真或失真很小。

电信号可以分为模拟信号和数字信号两大类，两者均可以以电流或电磁波的方式传输。

1.1.2 模拟信号与数字信号

1. 模拟信号

大家都知道，任何电信号的波形都可以用幅度和时间两个参量来描述。如果代表信息的信号幅度（如电压或电流）的取值随时间连续变化，即在某一时间范围内可以取无限多个数值，那么就称该信号为模拟信号（Analog Signal），如图 1-1 所示。模拟信号的特征是在某一瞬间的幅度无法用有限个数值来表示。图 1-1 (a)、(b) 分别为语音信号及其抽样信号的电压波形。

2. 数字信号

如果代表信息的信号幅度取值是离散变化的，即在某一瞬间具有有限个状态或称状态可

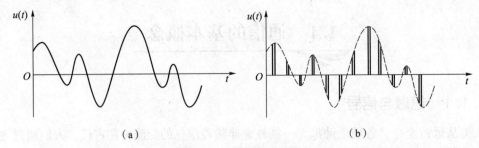

图 1-1 模拟信号波形
(a) 时间、状态都连续的信号；(b) 时间离散、状态连续的信号

数，则这样的信号就称为数字信号（Digital Signal）。图 1-2 所示分别为二进制和四进制两种数字信号的波形。前者是二电平信号波形，只能取 0、1 这两个状态。后者是四电平信号波形，可取 3、1、-1、-3 这四个状态。常见的电报信号、数据信号均属于数字信号。

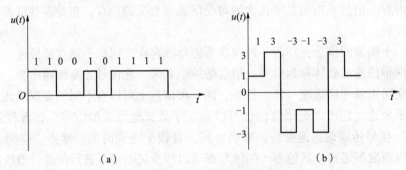

图 1-2 数字信号波形
(a) 二进制数字信号波形；(b) 四进制数字信号波形

可以通过信号幅度取值是否连续来判断一个信号是模拟信号还是数字信号。一个信息既可以用模拟信号来表示，也可以用数字信号来表示。两者在一定条件下可以相互转换。但由于两种信号形式不同，物理特性也不同，所以对传输通路的要求以及信号传输过程的处理方式也是不同的。

1.1.3 通信系统的构成、分类及通信方式

1. 通信系统的构成

任何通信系统都要完成异地间的信息传递或交换。而且在这一过程中又不可避免地会受到各种系统内、外客观因素的影响，这是所有通信系统的共性。因此，对传输电信号的通信系统而言，应由信源、变换器、信道、反变换器、信宿和噪声源等 6 个部分构成，如图 1-3 所示。

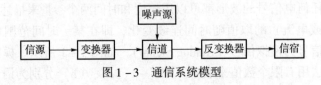

图 1-3 通信系统模型

（1）信源

信源是信息的来源，是通信系统的传输对象。在人与人通信的情况下，信源是发出信息的人；在机器与机器之间通信时，信源可以看成是发出信息的机器，如计算机、传真机等。

（2）变换器

变换器的功能是将信源发出的信息变换成适合在信道上传输的信号。例如电话通信系统中的送话器，它把语音变换成电信号。当然，为了更有效、更可靠地传递信息，还可能需要更复杂或功能更完善的变换和处理设备。

（3）信道

信道是信号的传输通道，是信号传输媒介的总称。不同的信源形式所对应的变换处理方式不同，与之对应的信道也不同，但都会对所传输的信号产生不同程度的衰减。因此，通信系统设计者要首先考虑到信道的特性对通信系统的影响。

（4）反变换器

反变换器的功能与变换器相反，因为适合在信道中传输的信号一般不能被信息接收者直接接收，所以要利用反变换器把这种信号变换成信息接收者可以接收的信息。

（5）信宿

信宿是信息传送的终点，即信息的接收者。它可以与信源相对应，构成人—人通信或机—机通信，也可以与信源不一致，构成人—机通信或机—人通信。

（6）噪声源

噪声源并不是一个人为实现的实体，但在通信系统中又是客观存在的。模型中的噪声源是以集中形式表示的。实际上，这种干扰噪声既可能在信源信息初始产生的环境中就混入了，也可能从构成变换器的电子设备中掺入，又可能来自传输信道及接收端的各种电子设备，还可能是以上3种情况共同作用而产生。这里只是把上述若干种情况下的干扰噪声集中地由一个噪声源来表示罢了。因此，通信系统设计者还必须考虑到各种噪声对通信系统的影响。

2．通信系统的分类

通信的目的是传递信息。从不同的角度，按照不同的方法，可将通信系统分成许多类型。这里主要介绍常见的3种分类方法。

1）按照业务内容的不同，通信可分为电报、电话、传真、数据通信、无线寻呼等。其中电话又含市内电话、长途电话，固定电话、移动电话等。数据通信又可分为人—机或机—机之间的通信。从广义上讲，广播、电视、雷达、遥控、遥测等均属通信范畴。

2）按照传输信道的不同，通信可分为有线通信和无线通信。所谓有线通信是指电磁波沿线缆传输的通信方式。常见的线缆有双绞线、同轴电缆、光缆、波导等。其特点是传输媒介看得见、摸得着。无线通信是指电磁波在空间传输的通信方式。常见的有长波、中波、短波、超短波和微波等通信方式。此外，移动、卫星、散射、无线寻呼等通信方式亦均属无线通信。有线与无线两种通信方式相比较，前者具有可靠性高、成本低、适用于近距离固定通信等特点；后者则具有灵活、不受地域限制、通信范围广等优点，但也存在易受干扰、保密性差等方面的不足。

3）按信道中所传输信号的不同，通信系统可以分为模拟通信和数字通信两大类。利用模拟信号作为载体来传递信息的通信系统称为模拟通信系统，传输模拟信号的信道称为模拟信道。虽然目前在电话通信中仍存在相当数量的模拟通信，但因其存在抗干扰能力差、噪声积累、灵活性差、不易加密等诸多缺点，将逐步为数字通信所取代。与模拟通信相对应，信源所发出的信息经变换和处理后，送往信道上传输的是数字信号，这样的通信系统称为数字通信系统。数字通信系统的形式多种多样，但从系统的主要功能和部件来看，所有的数字通信系统均可概括为图1-4所示的模型。

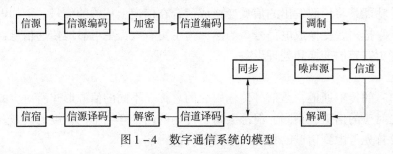

图1-4　数字通信系统的模型

3．数字通信系统的组成

由图1-4可见，一个数字通信系统应包括8个主要组成部分：信源、编码器、调制器、信道、解调器、译码器、信宿、定时与同步系统。下面对各部分的组成和功能做一简要介绍。

（1）信源与信宿

信源是产生和发出信息的人或机器，发出的信息可以是模拟的，也可以是数字的。而信宿是接收这些信息的人或机器，接收的信息可以是模拟的，也可以是数字的。

（2）编码器与译码器

编码器一般包括信源编码器和信道编码器两部分。信源编码器的主要任务是将信源进出的模拟信号数字化或将信源送出的数字信号进行适当变换以提高传送的有效性，减少原始信息的冗余度。若信源送出的是模拟信号，则信源编码器首先应对其进行模/数（A/D）转换编码，如脉冲编码调制（PCM）编码或增量调制（DM）编码等；若信源送出的是数字信号，应根据实际信源的统计特性进行数据压缩编码。信道编码一般包括线路编码（又称码型变换）和差错控制编码两部分，主要解决数字通信的可靠性问题，故又称为抗干扰编码，它是将信源编码后的数字信号人为地按一定规律加入多余的数码，使信号能够适应具有低通特性的信道，以达到接收端可以发现和纠正误码的目的。信道编码技术主要应用于移动通信、卫星通信等无线通信系统中。译码器主要包括信道译码器和信源译码器两部分，是编码器的逆变换，是为恢复原始信息而设置的。在数字通信中，为了保密，通常在信道编码器之前或之后加一个加密器，对数字信号进行加密，而在接收端的相应位置加一个解密器，对接收到的数字信号进行解密。由编码器输出的信号为数字基带信号，若将其直接送入信道传输则称为数字基带传输。

（3）调制器与解调器

由编码器输出的数字基带信号一般不适于在具有带通特性的信道中传输。此时，需要将其通过调制器调制后变成频带信号送往信道进行传输。调制器的主要功能在于提高信号在信道上的传输效率，或达到信号复用的目的，或是为了提高信号抗干扰性能。无线信道就是具有这种特征的信道。解调是调制的逆过程。

（4）信道与噪声

由于构成信道的物理媒介不同，信道种类也多种多样。但无论哪种信道，在其中传输的信号都会受到噪声和干扰的影响。噪声和干扰信号主要有起伏噪声、脉冲噪声和电台干扰等。不同的噪声对通信系统的影响是不同的。

（5）定时与同步系统

任何一个实际的数字通信系统要正常工作，都必须有一个稳定的定时与同步系统。定时系统产生一系列定时脉冲信号，使系统有序地工作；同步系统确保收、发端机之间具有一定（相对不变）的时间关系。定时系统应产生一个高稳定度的主时钟及相应的时序信号。同步系统包括载波同步、位同步、帧（群）同步和网同步。如果同步系统有误差或失去同步，则数字通信系统中就会出现大量误码，甚至使整个通信中断。需要指出的是，任何一个信息既可用模拟方式传输，也可用数字方式传输。例如电话信号，过去是用模拟方式传输，现在则用数字化手段将模拟信号变成数字信号后再传输，这就是数字电话。而数字信号经适当变换后，也可在模拟信道中传输。

4．通信方式

通信方式是指通信各方之间的工作形式和信号在信道中的传输方式。从不同角度考虑，通信方式可有多种分类方法。

1）按信号传输的方向和时间可分为单工通信、半双工通信和全双工通信。所谓单工通信是指信号只能单方向传输的工作方式，如图1–5（a）所示，广播、电视、遥控等都属于单工通信；所谓半双工通信是指通信双向都能收发消息，但不能同时进行收发的工作方式，如图1–5（b）所示，使用同一载频工作的无线电对讲机就属于半双工通信；所谓全双工通信是指通信双向可同时进行收发消息的工作方式，如图1–5（c）所示，普通电话就属于全双工通信。

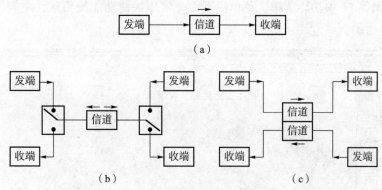

图1–5 单工、半双工和全双工通信方式示意图

(a) 单工通信；(b) 半双工通信；(c) 全双工通信

2）按数字信号排序的方式可分为并行通信和串行通信。如果将数字信号码元序列分割成两路或两路以上同时在多个并行信道中传输，则称为并行通信，如图1–6所示，一般在计算机内部或近距离数字通信中采用，如打印机连接线；所谓串行通信是指将数字信号码元序列按时间顺序一个接一个地在一个信道中传输，即只需占用一条通路，如图1–7所示，一般用于远距离数字通信。

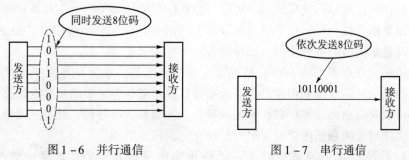

图1–6 并行通信　　　　　　图1–7 串行通信

3）按通信终端的数量可分为点到点通信、一点到多点通信和多点到多点通信。在两个通信终端之间进行的通信称为点到点通信；一点到多点通信是指一个通信终端对多个通信终端之间进行的通信；而多个通信终端对多个通信终端之间进行的通信即为多点到多点通信。

4）按通信终端的连接方式可分为直联方式和交换方式。直联方式是指各通信终端之间均有直联线路并可直接进行通信的方式；而交换方式则是指通信终端之间没有直联线路，需经过交换设备进行连接的通信方式。

仿真实验 1　SystemView 初识

仿真实验 1
SystemView
初识

SystemView 是一个简单易学的通信仿真软件，主要用于电路与通信系统的设计、仿真，能满足从信号处理、滤波器设计到复杂的通信系统等要求。SystemView 借助 Windows 窗口环境，以模块化和交互式的界面，为用户提供一个嵌入式的分析引擎。

打开 SystemView 软件后，屏幕上首先出现系统视窗。系统窗口最上边一行为主菜单栏，包括文件、编辑等 11 项功能菜单。菜单栏下面是常用快捷功能按钮区，左侧为图符库选择区，如图 1-8 所示。

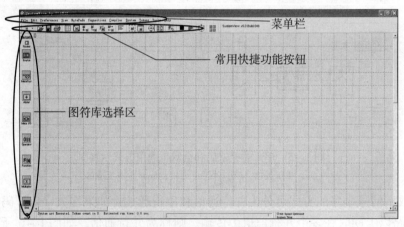

图 1-8　SystemView 系统视窗

SystemView 由两个窗口组成，分别是系统设计窗口和分析窗口。系统设计窗口包括标题栏、菜单栏、工具条、滚动条、提示栏、图符库和设计工作区。所有系统的设计、搭建等基本操作，都是在设计窗口内完成的。分析窗口包括标题栏、菜单栏、工具条、滚动条、活动图形窗口和提示信息栏。提示信息栏显示分析窗口的状态信息、坐标信息和指示分析进度；活动图形窗口显示输出的各种图形，如波形等。

分析窗口是用户观察 SystemView 数据输出的基本工具，在窗口界面中，有多种选项可以增强显示的灵活性和系统的用途等功能。在分析窗口中最为重要的是接收计算器，利用这个工具我们可以获得输出的各种数据和频域参数，并对其进行分析、处理、比较，或进一步组合运算。例如信号的频谱图就可以很方便地在此窗口观察到。

当需要对系统中某个测试点或某一图符块输出进行观察时，通常应放置一个信宿

（Sink），一般选择"Analysis"观察窗。

在主菜单栏下，SystemView为用户提供了16个常用快捷功能按钮（见图1-8），按钮功能如图1-9所示。

图1-9 常用快捷功能按钮

SystemView提供的常用图符库在系统视窗左侧竖排选择区（见图1-8）。图符块（Token）是构造系统的基本单元模块，相当于系统组成框图中的一个子框图，用户在屏幕上所能看到的仅仅是代表某一数学模型的图形标志（图符块），图符块的传递特性由该图符块所具有的仿真数学模型决定。创建一个仿真系统的基本操作是，按照需要调出相应的图符块，将图符块之间用带有传输方向的连线连接起来。这样一来，用户进行的系统输入完全是图形操作，不涉及语言编程问题，使用十分方便。进入系统后，在图符库选择区排列着8个图符选择按钮，如图1-10所示。

图1-10 图符块

在上述8个按钮中，除双击"加法器"和"乘法器"图符按钮可直接使用外，双击其他按钮后会出现相应的对话框，应进一步设置图符块的操作参数。单击图符库选择区最上边的主库开关按钮"main"，将出现选择库开关按钮"Option"下的用户库（User）、通信库（Comm）、DSP库（DSP）、逻辑库（Logic）、射频/模拟库（RF/Analog）和数学库（Matlab）选择按钮，可分别双击选择调用。

利用SystemView进行具体仿真的步骤如下：

1）建立通信系统数学模型。

2）从各种功能库中选取、双击或拖动可视化图符，组建相应的通信系统仿真模型。

3）根据系统性能指标，设定各模块参数。

4）设置系统定时参数（注：该步骤可先可后）。

5）进行系统的仿真，得到具体的仿真波形，并通过分析窗口、动态指针、实时显示观察分析结果。

问题：

根据对SystemView的认知，自主设计一个具有输入/输出的系统并运行，以熟悉

SystemView软件的使用。

参考案例：被噪声干扰的正弦信号，设计如图1－11所示。

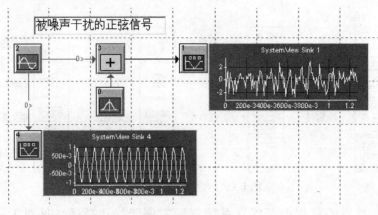

图1－11　设计窗

1.2　信息及其度量

信息源发出的每一个消息所包含的信息是不相等的，有的消息携带信息多，有的消息包含信息少，有的甚至几乎没有什么信息。那么，每个消息携带信息的多少，各个消息之间信息量的比较，是如何来衡量呢?

信息论中指出，消息所含信息的多少与事件发生的可能性密切相关。事件发生的可能性愈大，消息携带信息愈少；事件发生的可能性愈小，消息携带信息愈多。因此，消息所含信息量依赖于潜在事件的不确定性，与其他都无关。下面运用概率的工程定义来建立信息量的概念。

1.2.1　信息和信息量

概率论告诉我们，事件的不确定程度，可以用其出现的概率来描述。亦即事件出现的可能性越小，则概率就越小；反之，则概率就越大。消息中包含的信息量与消息发生的概率紧密相关，消息出现的概率越小，则消息中包括的信息量就越大。如果事件是必然的（概率为1），则它传递的信息量为零；如果事件是不可能的（概率为0），则它将有无穷的信息量。如果得到的不是由一个而是由若干个独立事件构成的消息，那么，这时得到的总的信息量，就是若干个独立事件的信息量的总和。

综上所述可以看出，为了计算信息量，消息中所含的信息量 I 与消息出现的概率 $P(x)$ 间的关系式应当遵循如下规律：

①消息中所含的信息量 I 是出现该消息的概率 $P(x)$ 的函数，即：

$$I = I[P(x)] \tag{1-1}$$

②消息的出现概率越小，它所含信息量越大；反之信息量越小，且当 $P(x)=1$ 时，$I=0$。

③若干个互相独立事件构成的消息，所含信息量等于各独立事件信息量的和，即：

$$I[P(x_1)P(x_2)\cdots] = I[P(x_1)] + I[P(x_2)] + \cdots \tag{1-2}$$

信息论中对信息量 I 做出了明确的定义式，即：

$$I = \log_a \frac{1}{P(x)} = -\log_a P(x) \tag{1-3}$$

信息量的单位由上式中的对数底 a 来确定。如果取对数的底为 2，则信息量的单位为比特（bit）；如果取 e 为对数的底，则信息量的单位为奈特（nat）；若取 10 为底，则信息量的单位称为十进制单位，或叫哈特莱。上述 3 种单位的使用场合，应根据计算及使用的方便来决定。通常使用的单位为比特。

下面讨论等概率出现的离散消息的度量。若需要传递的离散消息是在 M 个消息之中独立地选择其一，且认为每一消息的出现概率是相同的。显然，为了传递一个消息，只需采用一个 M 进制的波形来传送。也就是说，传送 M 个消息之一这样一件事与传送 M 进制波形之一是完全等价的。M 进制中最简单的情况是 $M=2$，即二进制，而且，任意一个 M 进制波形总可用若干个二进制波形来表示。因此，用 "$M=2$" 时的波形定义信息量是恰当的。定义传送两个等概率的二进制波形之一的信息量为 1，单位为 "比特"。该定义就意味着式（1-3）变为：

$$I = \log_2 \frac{1}{1/2} = \log_2 2 = 1(\text{bit}) \tag{1-4}$$

这里选择的对数是以 2 为底，在数学运算上这也是方便的。同时，在数字通信中，由于常以二进制传输方式为主，因而这也是恰当的。按式（1-3）的定义，对于 $M>2$，则传送每一波形的信息量应为：

$$I = \log_2 \frac{1}{1/M} = \log_2 M(\text{bit}) \tag{1-5}$$

若 M 是 2 的整数次幂，比如 $M=2^K$（$K=1, 2, 3, \cdots$），则式（1-5）可改写成：

$$I = \log_2 2^K = K(\text{bit}) \tag{1-6}$$

式（1-6）表明，$M(M=2^K)$ 进制的每一波形包含的信息量，恰好是二进制每一波形包含信息量的 K 倍。由于 K 就是每一个 M 进制波形用二进制波形表示时所需的波形数目，故传送每一个 M（$M=2^K$）进制波形的信息量就等于用二进制波形表示该波形所需的波形数目 K。

综上所述，只要在接收者看来每一传送波形是独立等概率出现的 $\left(P=\dfrac{1}{M}\right)$，则一个波形所能传送的信息量为：

$$I = \log_2 \frac{1}{P}(\text{bit}) \tag{1-7}$$

或

$$I = \log_2 M(\text{bit}) \tag{1-8}$$

式中　M——传送的波形数；

　　　P——每一波形出现的概率。

以上是单一符号出现时的信息量。对于由一串符号构成的消息，假设各符号的出现相互统计独立，即离散信源为包含 N 种符号 $x_1, x_2, \cdots, x_N$ 的集合，每个符号出现的概率分别为 $P(x_1), P(x_2), \cdots, P(x_N)$，那么可以用概率场

$$\begin{bmatrix} x_1, & x_2, & \cdots, & x_N \\ P(x_1), & P(x_2), & \cdots, & P(x_N) \end{bmatrix} \sum_{i=1}^{N} P(x_i) = 1 \tag{1-9}$$

来描述离散信源，则根据信息相加性概念，整个消息的信息量为：

$$I = - \sum_{i=1}^{N} n_i \log_2 P(x_i) \qquad (1-10)$$

【例1-1】 某离散信源由0，1，2，3四种符号组成，其概率场为：

$$\begin{bmatrix} 0, & 1, & 2, & 3 \\ 3/8, & 1/4, & 1/4, & 1/8 \end{bmatrix}$$

求信息 201020130213001203210100321010023102002010312032100121002 的信息量。

解： 此消息总长为57个符号，其中0出现23次，1出现14次，2出现13次，3出现7次。由式（1-10），可求得此消息的信息量为：

$$I = - \sum_{i=1}^{4} n_i \log_2 P(x_i) = -23 \log_2 \frac{3}{8} - 14 \log_2 \frac{1}{4} - 13 \log_2 \frac{1}{4} - 7 \log_2 \frac{1}{8}$$

$$= 33.55 + 28 + 26 + 21 = 108.55 \ (\text{bit})$$

1.2.2　平均信息量

信源随机选送符号 S_J，接收端准确识别信号后，收到信息量 $I(s_j)$。而在设计通信系统中，是要知道信源发出多少信息量，信道传送多少信息量，而不是某个特定消息的信息量，因而有必要讨论平均信息量。

设信息源发出有限个符号 s_1，s_2，…，s_n（共 n 个），它们组成的输出序列前后符号之间相互统计独立，即某个符号出现的概率完全不受前面出现什么符号的影响。p_1，p_2，…，p_n 分别为 n 个符号出现的概率。现在来分析信源发出一串 N 个（$N > n$）符号组成的消息，其中符号 s_1 发生 p_1 有 N 次，符号 s_2 发生 p_2 有 N 次，符号 s_i 发生 p_i 有 N 次。可以把一个符号认为是一个消息，第 i 个符号的信息量是 $\log_2(1/p_i)$ bit。由于在 N 个符号序列中 s_i 发生 p_i 有 N 次，因此 $p_i N$ 个 s_i 符号的信息量为 $p_i N \log_2(1/p_i)$ bit。信源发出 N 个符号的总信息量就是每个符号信息量之和，可以表示为：

$$I_t = \sum_{i=1}^{n} N p_i \log_2(1/p_i) \ (\text{bit})$$

则平均信息量为：

$$H = \frac{I_t}{N} = \sum_{i=1}^{n} p_i \log_2(1/p_i) = - \sum_{i=1}^{n} p_i \log_2 p_i \ (\text{bit/Symbol}) \qquad (1-11)$$

平均信息量的表达式（1-11）表示每个符号平均携带的信息量，与热力学和统计力学中关于系统熵的公式相同，因此也把信源输出的平均信息量称为信源的熵。

【例1-2】 信源有3个符号A、B、C，符号间相互统计独立，概率分别为 $\frac{1}{2}$，$\frac{1}{4}$，$\frac{1}{4}$，求信源的熵。

解： 给定 $s_1 = A$，$s_2 = B$，$s_3 = C$，且

$$p_1 = \frac{1}{2}, p_2 = p_3 = \frac{1}{4},$$

根据式（1-7）有：

$$I(s_1) = \log_2 \frac{1}{p_1} = \log_2 2 = 1 \, (\text{bit})$$

$$I(s_2) = \log_2 \frac{1}{p_2} = \log_2 4 = 2 \, (\text{bit})$$

$$I(s_3) = \log_2 \frac{1}{p_3} = \log_2 4 = 2 \, (\text{bit})$$

信源的熵（或平均信息量）根据式（1－11）为：

$$H = p_1 \log_2 \frac{1}{p_1} + p_2 \log_2 \frac{1}{p_2} + p_3 \log_2 \frac{1}{p_3}$$

$$= \frac{1}{2} \times 1 + \frac{1}{4} \times 2 + \frac{1}{4} \times 2 = 1.5 \, (\text{bit/Symbol})$$

【例1－3】 计算例 1－1 中信源的平均信息量。

解： 由式（1－11）得：

$$H = -\frac{3}{8} \log_2 \frac{3}{8} - \frac{1}{4} \log_2 \frac{1}{4} - \frac{1}{4} \log_2 \frac{1}{4} - \frac{1}{8} \log_2 \frac{1}{8} = 1.905 \, 6 \, (\text{bit/Symbol})$$

顺便指出，用上述平均信息量算得例 1－1 中的消息量为：

$$I = (1.905 \, 6 \, \text{bit/Symbol}) \times 57 \, \text{Symbol} = 108.62 \, \text{bit}$$

这里的平均信息量计算所得的是总信息量，与例 1－1 计算所得的结果并不完全相同，其原因是例 1－1 的消息序列还不够长，每个符号出现的频率与概率场中给出的概率并不相等。随着序列长度增大，其误差将趋于零。

以上讨论了离散消息的度量。同样，关于连续消息的信息量可用概率密度来描述。可以证明，连续消息的平均信息量为：

$$H_1 = -\int_{-\infty}^{\infty} f(x) \log_2 f(x) \, \mathrm{d}x \tag{1－12}$$

式中　$f(x)$——连续消息出现的概率密度。

1.3　数字通信系统的主要性能指标

衡量、比较和评价一个通信系统的优劣，必然要涉及系统的各种性能指标。不同的系统，其性能指标也不同。对于数字通信系统，衡量其优劣的性能指标很多，但归纳起来主要有以下几个：

1）有效性：指系统信息的传输速度。

2）可靠性：指系统信息的传输质量。

3）适应性：指系统使用时的环境条件。

4）经济性：指系统的成本。

5）标准性：指系统的接口、各种结构及协议是否符合国家标准和国际标准。

6）保密性：指系统是否便于加密。

7）维修性：指系统是否维修方便。

8）工艺性：指系统的各种工艺要求。

其中最主要的是有效性和可靠性，这是衡量任何通信系统优劣的最基础的性能指标，它基本体现了对数字通信准确、快速和不间断的要求。

1.3.1 有效性指标

在数字通信系统中，有效性指标主要以信息传输速率、符号传输速率和频带利用率来描述。传输速率和频带利用率越高，表示系统的有效性越好。

1. 信息传输速率

信息传输速率又称比特速率，是指数字通信系统在单位时间内传送的比特数，以 f_b 表示，单位为 bit/s、b/s（比特/秒）或 Kbit/s、Kb/s（千比特/秒），或 Mbit/s、Mb/s（兆比特/秒），或 Gbit/s、Gb/s（吉比特/秒）等。有时也用 bps（bit per second）作为比特速率的单位，它与 b/s 是等价的。

2. 符号传输速率

符号传输速率又称码元速率，是指数字通信系统在单位时间内传输的码元数，以 f_B 表示，单位为 Baud 或 Bd（波特）。例如，某系统每秒内传送 4 800 个码元，则该系统的码元速率为 4 800 Bd。

应注意，码元速率仅表征单位时间内传输的码元数，而没限定此时的码元是何种进制。根据码元速率的定义，对于长度为 T 秒的单个码元有：

$$f_B = \frac{1}{T} \tag{1-13}$$

单位为 Bd。

如果一个数字通信系统传送的是 M 进制码元，则该系统的码元速率 f_B 与比特速率 f_b 之间的关系为：

$$f_b = f_B \log_2 M \tag{1-14}$$

单位为 b/s。显然，对二进制码元存在 $f_b = f_B$。例如，在 8PSK 中，若码元速率为 4 800 Bb，则其信息速率为 14 400 b/s。

3. 频带利用率

在比较不同通信系统的有效性时，不能只衡量其传输速率，还要考虑所占用的频带宽度 B，这是因为两个传输速率相同的系统其传输效率并不一定相同。所以，真正衡量通信系统的有效性指标是频带利用率，亦即单位频带内的传输速率，以 η 表示，其定义为：

$$\eta = \frac{f_B}{B} \tag{1-15}$$

单位为 Bd/Hz。

或

$$\eta = \frac{f_b}{B} \tag{1-16}$$

单位为（b/s）/ Hz。

1.3.2 可靠性指标

数字通信系统中的可靠性指标主要以传输差错率来描述。差错率通常用误码率或误比特率来表示。差错率越大，表示系统可靠性越差。

1. 误码率

误码率是指在传输的码元总数中发生差错的码元数所占的比例，以 P_e 表示，则

$$P_e = \frac{发生误码的个数}{传输总码数} \tag{1-17}$$

式中，"发生误码的个数"和"传输总码数"均为同一系统同一时间所发生。显然，P_e 为平均误码率。误码率的大小由传输系统特性、信道质量及系统噪声等因素决定。国际电信联盟电信标准部（ITU-T）建议，综合业务数字网（ISDN）连接的误码性能指标若按秒计算，误码率大于 10^{-3}，所占的比例少于 0.2%；若按分计算，误码率大于 10^{-6}，所占的比例少于 10%。

2. 误比特率

误比特率又称比特差错率，是指在传输中发生差错的比特数占传输总比特数的比例，以 P_{eb} 表示，则

$$P_{eb} = \frac{发生差错的比特数}{传输总比特数} \tag{1-18}$$

式中，"发生差错的比特数"和"传输总比特数"均为同一系统同一时间所发生，因此，P_{eb} 也为平均误比特率。

另外，针对同一系统在同一时间内，对于二进制数字信号，$P_e = P_{eb}$；而对于多进制数字信号，$P_e \geqslant P_{eb}$。

1.4　数字通信的特点及发展

1.4.1　数字通信的特点

近年来，数字通信无论在理论上还是在技术上都有了突飞猛进的发展。这除了计算机技术和大规模集成电路（LSI）高速发展的推动力，还由于数字通信本身所具有的一系列模拟通信所无法比拟的特点。

1. 主要优点

（1）抗干扰能力强

无噪声积累模拟通信只能通过各种滤波器滤除干扰，但对于信号处于同一频带内的干扰几乎无能为力，并且，随着传输距离的增加，叠加在信号上的干扰噪声也随信号被同时逐级放大，而产生噪声累积，使传输质量严重恶化，如图 1-12（a）所示。

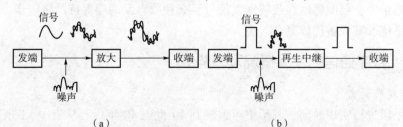

图 1-12　数字通信与模拟通信抗干扰性能比较

（a）模拟通信；（b）数字通信

15

在数字通信中，只要数字信号幅度所受干扰在允许的范围内，都可以通过再生中继将噪声干扰消除，恢复出与原发送信号一致的信号，做到无噪声积累，如图 1 – 12（b）所示，从而实现长距离、高质量通信。

（2）便于加密，提高安全性

通信的安全性和保密性在现实的信息社会中尤为重要。数字通信的加密只需通过简单的逻辑运算即可实现，这也是模拟通信所无法比拟的。

（3）便于与现代技术相结合

由于计算机技术、数字存储技术、数字交换技术及数字信号处理技术等现代电子技术飞速发展，多数设备处理的信号及其接口都是数字化的，与数字通信中的数字信号完全一致，因此，数字通信设备可以很方便地与它们直接连接，使得与数字技术相关的各种现代技术完美融合，从而促进各种现代技术的高速发展。

（4）通信设备便于集成化、小型化、智能化

数字通信设备大多由数字电路构成，而数字电路比模拟电路更易于集成化。数字信号处理技术（DSP）和各种中央处理芯片（CPU）的迅速发展为数字通信设备的智能化创造了良好条件。大规模集成电路和超大规模集成电路的出现为数字通信设备小型化的实现奠定了坚实的基础。

（5）差错便于控制

数字信号在传输过程中出现的差错（误码）可通过纠错编码技术来检错和纠错。

（6）便于实现各种通信综合业务

各种不同种类的信号（如语音、数据、图像信号）的数字化是在通信网上实现各种通信业务综合的前提，如综合业务数字网（ISDN）、多媒体通信网等。因为数字通信很容易满足通信网中信号传输的一致性的基本要求，各种通信业务（电报、电话、图像和数据等）的信号都可以变换成统一的数字信号进行传输、交换、综合、处理和分离，为现代通信提供了极大的便利，因此它也是现代通信的发展方向。

2. 主要缺点

（1）占用频带宽

数字通信的最大缺点就是占用的信道频带宽。以电话为例，一路模拟通信电话仅占 4 kHz 带宽，而一路数字通信电话要占 64 kHz 的带宽。但随着新的宽带信道（如光缆、数字微波和卫星通信等）和频带压缩编码技术（如自适应差值脉冲编码调制）的使用，这一缺点已逐步得到解决。

（2）需要严格的同步系统

在数字通信中，要准确地在收端恢复信号，必须收、发两端保持严格同步，因而也造成了数字通信系统及其设备比较复杂、庞大。

1.4.2 数字通信的发展概况及趋势

1. 通信发展简史

利用电手段进行实用通信，其历史可追溯到 19 世纪 40 年代。从表 1 – 1 所列的通信发展史重大事件中，可清楚地看到通信的发展过程。

表1-1 通信发展史重大事件表

年份	事件
1834	高斯与韦伯制造出电磁式电报机
1837	库克与惠斯登制成电报机
1842	实现莫尔斯电报通信
1860	瑞斯制造第一个电话系统
1864	麦克斯韦尔发表电磁场理论
1866	跨接欧、美洲的海底电报电缆安装成功
1887	赫兹所做的电磁辐射实验成功
1894	洛奇表演150码（1码＝0.9144米）距离无线电通信
1901	马可尼实现横贯大西洋的无线电通信
1906	弗雷斯特发明真空三极管
1920	匹兹堡KBKA电台开始使用广播
1929	兹沃列金表演电视系统
1936	英国广播公司开始进行商用电视广播
1948	出现了晶体管；香农提出了信息论
1950—1960	微波通信线路研制成功
1960	第一个通信卫星（回波1号）发射；激光器研制成功
1962	开始了实用卫星通信的时代
1969	从月球发回第一个语音信息及电视图像
1961—1970	出现了电缆电视、激光通信、雷达、计算机网络和数字技术，光电处理和射电天文学迅速发展
1971—1980	大规模集成电路、商用卫星通信、程控数字交换机、光纤通信、微处理机等迅猛发展
1981—1990	超大规模集成电路、移动通信、光纤通信广泛应用，综合业务数字网崛起
1991—2000	卫星通信、移动通信、光纤通信进一步飞速发展，高清晰彩色数字电视技术不断成熟，全球定位系统（GPS）得到广泛应用，计算机技术和互联网得到极大发展
21世纪	第3代移动通信技术（3G）出现并投入商业，软交换、IPv6等下一代网络（NGN）技术不断发展

2. 数字通信的发展概况

数字通信作为一种新型的通信方式，早在20世纪30年代就已经提出。1937年英国人里费提出的脉冲编码调制（PCM）方式，揭开了近代数字传输技术的序幕。但由于受当时电子技术条件限制，直到20世纪50年代前后晶体管和集成电路的发明，这一方案才得以实现。1962年，美国经历20余年研制的第一台PCM-24路数字通信设备才开始用于市话局间中继线。由于短距离小容量PCM传输方式的实用价值被确认，从此数字通信进入了新的历史时期。

20世纪60—70年代，为了降低每一话路的通信成本和解决电视等宽带信号的传输问题，各国相继研究了大容量远距离的数字通信系统。北美及太平洋沿岸各国以24路为一次群（基群）、西欧各国以30/32路为一次群向大容量的高次群（二次群至五次群）迅速发展，并相继进入了实用化阶段。其中以同轴电缆为传输媒介的五次群（400 Mb/s，5 760路）于 1977 年投入使用。与此同时，相继出现的光纤通信、卫星通信和微波通信又为远距离大容量的数字通信系统提供了宽阔的新信道。特别是数字光纤通信具有宽频带、低衰减和不受电磁干扰等优点，将成为现代数字通信网的主要传输手段。

我国从 20 世纪 70 年代开始也加速了对 PCM 通信的研究。1976 年，邮电部第九研究所研制成功了我国第一套 30/32 路 PCM 基群设备，使我国通信的数字化迈出了重要的第一步。20 世纪 80 年代中期，我国的数字通信发展非常迅速，分别建成了二次群（8 Mb/s）、三次群（34 Mb/s）和四次群（140 Mb/s）的数字光纤系统并投入使用，并于 1987 年开始逐步由市话中继转向长途干线。同时，大容量的数字微波通信系统也已投入使用。20 世纪 90 年代后，我国的五次群数字光纤系统投入商用，以光缆、微波为主要传输手段的长途数字干线网和以程控交换机为主的电话网已经形成。

进入 21 世纪，卫星通信、移动通信、光纤通信进一步飞速发展，高清晰彩色数字电视技术不断成熟，全球定位系统（GPS）得到广泛应用，计算机技术和互联网得到极大发展，第 3 代移动通信技术（3G）出现并投入商业，软交换、IPv6 等下一代网络（NGN）技术不断发展，一个数字化、智能化、综合化、个人化的世界立体通信网与数字化世界正在形成，优质宽带多媒体业务开始充实到人类信息领域。所有这一切，都是数字通信技术高速发展的必然产物。

3. 数字通信的发展趋势

数字通信涉及众多技术领域，其主要发展趋势可概括如下。

（1）数字通信基本理论和相关技术的研究

这些研究主要有数字信号处理理论及技术、编码理论及技术、调制理论及技术、数字通信网理论及技术、微电子技术等。

（2）向高速大容量发展

为提高长距离干线传输的经济性，国内外都在开发高速大容量的数字通信系统。长波长的波分复用（WDM）、光放大器等新技术、新设备的采用，使数字光纤通信系统的容量、传输速率和无中继距离得到大幅度提高；无线通信（如移动通信、微波接力和卫星通信）使用频段的不断攀升，不但扩充了可用频段，也大大增加了通信容量。而数字通信系统向高速大容量发展的关键在于以先进的传输体制——同步数字体系（SDH）取代了传统的准同步数字体系（PDH），不仅使通信容量得到了前所未有的提高，同时也使各复用系列得到了统一，上下信道更为灵活，还使传输网上具有了电路群交换功能，既方便了组网，又提高了通信网的使用效率和可靠性。

（3）向数字处理技术的开发应用发展

1）压缩编码技术。由于通信所需频带宽度与传输速率成正比，为了提高信道频带利用率，就需要设法降低系统传输速率，故压缩编码技术就成了人们感兴趣的研究课题。目前，进一步实现压缩传输速率的主要方法有两类：一类是以自适应差值脉冲编码调制（ADPCM）和子带编码（SBC）为代表的波形压缩编码，另一类是以线性预测编码（LPC）为代表的参数编码。

2）数字话音插空技术（DSI）。在通话过程中，电路总有一个方向是空闲的，且讲话的一方还有停顿，故每一方向电路的平均利用率还不到 50%。因此，可利用通话的空闲时间来传输其他话路信号，这就是所谓的数字语音插空技术。它可大大提高信道利用率。

3）数字电路倍增（DCME）。ADPCM 技术是利用语音信号的相关性来压缩信号的冗余度，而 DSI 技术是利用通话的空闲时间来提高信道利用率。若同时使用这两种技术，即数字电路倍增，可使电路容量翻两番。

4）向小型化、智能化方向发展。随着微电子技术的发展，各种芯片的集成化程度越来越高，其功能也越来越强大。因此，各种数字通信设备更新也越来越频繁，设备也越来越小型化、智能化，其功耗和成本也越来越低，但系统可靠性却大大提高。

5）向用户数字化方向发展。随着计算机的普及和各种新业务特别是非语音业务的日益增加，仅通过程控交换与数字传输相结合构成的综合数字网（IDN）还是不够的。这是因为用户的网络入口仍然是模拟的，这对非语音业务尤其不利。若把数字化从交换点至交换点扩展到用户/网络接口至用户/网络接口，实现端到端的数字连接，不同业务的信号均以数字信号形式入网，同一个网可承担多种业务，即构成 ISDN。但要解决的问题之一是二线制的用户线如何实现双工数字传输。目前可以采用的方法有乒乓法和回波抵消法等。

进入 21 世纪，以数字技术和网络技术为基础的下一代网络（NGN）正在蓬勃发展，NGN 涵盖了固定网、互联网、移动网、核心网、城域网、接入网、用户驻地网和家庭网络等诸多内容，它是一个大量采用创新技术的、以 IP 为中心的、可以同时支持语音、数据和多媒体业务的融合网络，它包含着人们对未来网络的各种理想期望。随着 NGN 的不断演进，整个人类社会以及人们的生活将会出现革命性的变革。

仿真实验 2　信源测试系统设计

仿真实验 2
信源测试
系统设计

设计目的：测试模拟信源，了解模拟信源的频谱特性。

设计内容：设计一个产生正弦信号，并对其进行平方运算的系统。

设计步骤：

1）单击工具条中的系统定时 按钮，在打开的 "System Time Specification" 对话框中单击 "OK" 按钮，接受系统默认值。

注：一般为了获得较好的仿真波形，系统的抽样频率应设为系统信号最高频率的 5～7 倍，当抽样频率为系统信号最高频率的 10 倍以上时，仿真波形就几乎没失真了，后续各实验的时钟设置可按此设置，后续将不再赘述。

2）弹出信源图标 ，并在设计区窗口双击该图标打开信号源库，选中 "Periodic" 组按钮，再选中正弦信号图标 "Sinusoid"。单击 "Parameters" 按钮，在频率框中输入 "10"，单击 "OK" 按钮，这样就定义了一个幅度为 1、频率为 10 Hz 的正弦波信号。

3）现在弹出函数图标 ，并双击该图标显示出函数库窗口，选择 "Algebraic" 组中的 "X^a"，单击参数按钮 "Parameters"，在指数框内输入 "2"。这个图标被用于对输入的正弦波进行平方运算。

4）单击工具条中的文本框图标 ，可建立一个文本框，调整其大小位置后，在其中输入 "Y(t) = X(t)^2"，以说明图标实现的功能。

5）弹出接收器图标 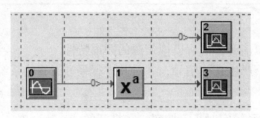，双击该图标打开接收器对话框，选择"Graphic"组的
"SystemView"项。

6）把信源图标连接到函数图标，并将函数图标连接到该接收器图标。

7）复制接收器图标，并将信源图标连接到复制出的新接收器图标。

8）单击运行按钮 ▶ ，运行系统。

这时，可看到接收器窗口中出现了正弦信号波形，将鼠标箭头放在图形中，箭头将变为
十字形，这时按住鼠标左键可调整图形的位置；单击图标，可调整图形大小。

9）单击分析窗按钮，进入分析窗口，然后单击工具栏左边的数据刷新按钮，
即可在分析窗中观察到系统波形。

10）观察功率谱。在分析窗口单击接收计算机图标，打开其窗口，选择"Spectrum/
FFT"项，并在"Select one window"处选择需要输出功率谱的窗口，单击"OK"按钮，则
在分析窗口中会弹出相应波形的频谱。通过上述方法，可得到正弦信号及正弦信号平方后的
频谱，比较二者的频谱图形，可以看出，正弦信号平方后的频谱比原信号频谱多了直流分量
和2倍频分量，也就是20 Hz分量，而原来10 Hz分量没有了。

问题：

1）设计一个产生随机序列的系统，并对频谱进行分析。

2）设计一个产生周期矩形脉冲序列的系统，并对其频谱进行分析。

参考设计如图1-13所示。

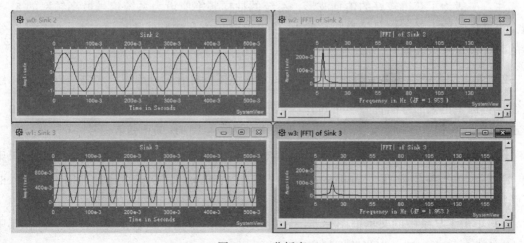

图1-13 设计窗

参考波形如图1-14所示。

图1-14 分析窗

提升 　学完本章内容后请完成附录 C 中的任务单 1。

本章小结

信息是指对受信者有一定意义的某一有待传递、交换、提取或存储的内容，是客观世界和主观世界共同作用的产物。而信号就是携带信息的载体，信息是依靠信号进行传递和交流的。因此，通信就是信息的交流，它包括了信息的发送、传递和接收等 3 个环节。

一个通信系统应包括信源、变换器、信道、反变换器、信宿及噪声源等 6 个部分。对传递数字信号的数字通信系统来说，变换器包括编码器和调制器，反变换器包括解调器和译码器。

通信系统可以按通信业务、传输信道及信道中所传输信号的类型等方法进行分类。

通信方式是指通信各方之间的工作形式和信号在信道中的传输方式。按信号传输的方向和时间可分为单工通信、半双工通信和全双工通信；按数字信号排序的方式可分为串行通信和并行通信，等等。

衡量数字通信系统优劣的两项最主要指标是有效性和可靠性。有效性指标主要以信息传输速率、符号传输速率和频带利用率来描述，传输速率和频带利用率越高，表示系统的有效性越好；可靠性指标主要以传输差错率来描述，通常用误码率或误比特率来表示，差错率越大，表示系统可靠性越差。

数字通信具有抗干扰能力强，无噪声积累，便于加密，便于与现代技术融合，设备便于集成化、小型化、智能化，差错便于控制和便于实现各种通信综合业务等优点，但同时也存在占用频带宽和需要严格的同步系统的不足。

简单叙述了数字通信的发展概况和发展趋势。

闯关游戏一

下列古文包含了哪些通信方式呢？	
烽火连三月，家书抵万金	
云中谁寄锦书来，雁字回时月满西楼	
两处打更如一处，二更还作四更声	
一鼓作气，再而衰，三而竭	
说一说你能想到哪些古人的通信方式？	

第 2 章

模拟信号的数字传输

🔄 **本章节重难点：**

抽样定理
均匀量化和非均匀量化
A 律 13 折线编码
增量调制的基本原理

通信系统的信源有两大类：模拟信号和数字信号。例如，话筒输出的语音信号是在时间和幅度上连续的模拟信号。类似这种模拟的信源信息要在数字通信系统中传输，首先就要在信源编码部分把模拟信号转换为数字信号，即进行模/数（A/D）转换，再通过数字信道进行传输。然后在接收端进行相应的反变换，即数/模（D/A）转换，以最终得到与发送端相应的模拟信号。这种模拟信号数字化一般包括抽样、量化和编码 3 个步骤。同时收发双方必须严格同步。

将模拟信号数字化的方法有很多种。例如，根据信号波形的幅度进行编码的脉冲编码调制（PCM）、根据波形的幅度变化量进行编码的增量调制（DM，或称 ΔM）、差值脉冲编码调制（DPCM）和自适应差值脉冲编码调制（ADPCM）等。本章主要介绍应用比较广泛、信号质量较高的 PCM 技术及 ΔM 技术。

本章知识体系思维导图：

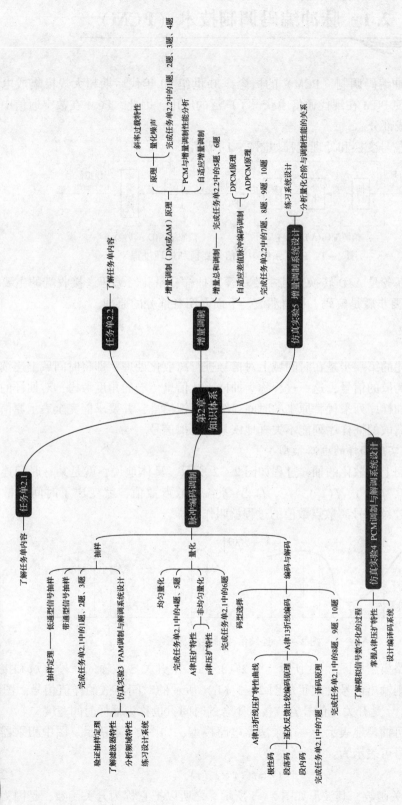

2.1 脉冲编码调制技术（PCM）

1937 年提出脉冲编码调制（PCM）的概念，20 世纪 70 年代后期超大规模集成电路的 PCM 编码的出现，使 PCM 在现代通信中获得了广泛的应用，因此，PCM 在数字通信中已是一个十分重要的组成部分。

PCM 系统中的信号变换和处理过程如图 2-1 所示。

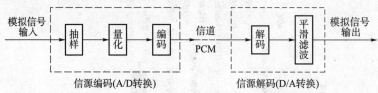

图 2-1 PCM 系统中的信号变换和处理过程

发送端的主要任务是 A/D 转换，其主要步骤为抽样、量化、编码。接收端的主要任务是 D/A 转换，其主要步骤是解码、平滑滤波。下面介绍各部分的原理。

2.1.1 抽样

模拟信号数字化的第一步是在时间域上对信号进行离散化处理，即将时间域上连续的信号处理成时间域上离散的信号，这一过程称为抽样。从信息传输的角度考虑，对抽样的要求应是用时间离散的抽样序列来代替原来的时间连续的模拟信号，并要求能完全表示原信号的全部信息，也就是离散的抽样序列能不失真地恢复原模拟信号。

1. 抽样定义及实现抽样的电路模型

连续信号在时间上离散化的抽样过程如图 2-2 所示。具体地说，就是某一时间连续信号 $f(t)$，仅取 $f(t_0)$，$f(t_1)$，$f(t_2)$，$\cdots$，$f(t_n)$ 等各离散点数值，就变成了时间离散信号 $f_s(t)$。这个取时间连续信号离散点数值的过程就叫作抽样。

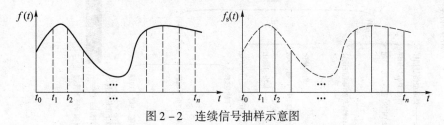

图 2-2 连续信号抽样示意图

实现抽样的电路模型如图 2-3 所示。图 2-3（a）中开关 S 在输入信号 $f(t)$ 和接地点之间周期地开闭，则输出信号就成了如图 2-3（b）所示的时间离散的样值信号。图中 T_s 是开关的开闭周期；τ 是开关与信号 $f(t)$ 接点闭合的时间，也称为抽样时间宽度。

抽样电路模型可抽象地表示为一个乘法器电路模型，如图 2-4 所示。图中相乘器抽样电路输出的样值信号可表示为：

$$f_s(t) = f(t) \times s_T(t) \tag{2-1}$$

式中，$s_T(t)$ 称为开关函数，其波形如图 2-5 所示。之所以把它称为开关函数，是因为它刚

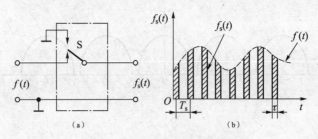

图2-3 抽样及抽样波形示意图

(a) 抽样电路模型；(b) 抽样波形

好与图2-3所示抽样器的开关控制过程相对应，脉冲为"1"时，对应于开关与信号接点闭合；脉冲为"0"时，即对应于开关与接地点闭合。故式（2-1）中$s_T(t)$的作用就相当于图2-3（a）的开关。

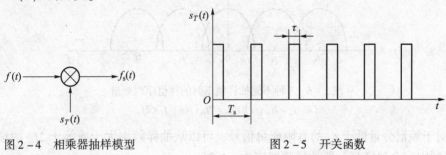

图2-4 相乘器抽样模型　　　　　　图2-5 开关函数

2. 抽样定理

（1）低通型信号抽样

低通型信号是指低端频率从0或某一低限频率f_0到某一高限频率f_m的带限信号，并有$f_0 < f_m - f_0$的限制条件。然而，对低通型的模拟信号进行抽样应满足什么样的条件才能由抽样后的离散序列样值不失真地恢复原始模拟信号呢？抽样定理圆满地回答了这一问题。

抽样定理可表述为：设时间连续信号$f(t)$，其最高截止频率为f_m。如果用时间间隔为$T_s \leqslant 1/(2f_m)$的开关信号对$f(t)$进行抽样，则$f(t)$就可被样值信号$f(t_s) = f(nT_s)$来唯一地表示。即要从样值序列无失真地恢复原时间连续信号，其抽样频率应选为$f_s \geqslant 2f_m$。这就是著名的奈奎斯特抽样定理，简称抽样定理。

f_m与f_s有3种不同取值情况，即$f_s > 2f_m$、$f_s = 2f_m$和$f_s < 2f_m$的情况，如图2-6所示。

从图2-6可以看出，对于$f_s > 2f_m$和$f_s = 2f_m$的情况，两个相邻边带之间都是不产生重叠的；而对于$f_s < 2f_m$的情况，则两个相邻边带之间有一部分要相互重叠。因此，对于前两种情况，都可用一个适当的低通滤波器取出一个完整的不受干扰的原信号频谱；而对于后一种情况，则无法用低通滤波器取出不受干扰的原信号频谱。

由此，证明了对高频分量小于f_m的带限信号可唯一地由其在小于或等于$1/(2f_m)$的均匀间隔上的离散样点值所确定。或者说，以抽样频率$f_s \geqslant 2f_m$抽样才可能从离散样值序列无失真地恢复原被抽样的信号。

至此，可以用下述两种彼此等价的方式来表示有限能量频带受限信号的抽样定理：

1）对于频谱分量低于f_m的有限能量信号，可以用间隔小于或等于$1/(2f_m)$的此信号瞬时样值来完全描述。

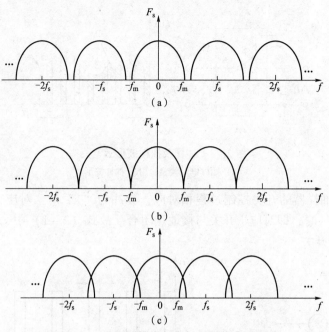

图 2-6　3 种不同抽样频率时的样值序列频谱

(a) $f_s > 2f_m$；(b) $f_s = 2f_m$；(c) $f_s < 2f_m$

2）对于频谱分量低于 f_m 的有限能量信号，可以从抽样频率大于或等于 $2f_m$ 的该信号瞬时样值序列中完全地恢复，即抽样频率应为 $f_s \geqslant 2f_m$。

语音信号的最高频率限制在 3 400 Hz，这时满足抽样定理的最低抽样频率应为 $f_{smin} = 6\ 800$ Hz。为了留有一定的防卫带，ITU – T 规定语音信号的抽样频率为 $f_m = 8\ 000$ Hz，这样，就留出了 8 000 – 6 800 = 1 200 Hz 作为滤波器的防卫带。

应当指出，抽样频率 f_s 不是越高越好，f_s 太高时，将会降低信道的利用率，也会增加设备的复杂性。所以，只要能满足 $f_s \geqslant 2f_m$，并有一定频带宽度的防卫带即可。

（2）带通型信号抽样

上面讨论了低通信号的抽样定理，但是通信系统中还有带通信号。若以 $B = f_m - f_0$ 表示信号的带宽，上述 $f_0 < B$ 时，称为低通型信号；而对 $f_0 > B$ 的信号，一般称为带通型信号。

对于带通型信号的抽样频率 f_s，如仍按 $f_s \geqslant 2f_m$ 选取，虽然能满足样值序列频谱不产生频谱重叠的要求，但所选取的抽样频率太高，将会降低信道传输效率。例如一个 60 回路超群，其信号所占频带为 312 ~ 552 kHz。如果按其频谱最高频率限界的 2 倍来选用抽样频率，则 $f_s = 1\ 104$ kHz。实际上，并不需要这样高，从提高传输效率考虑，应尽量降低抽样频率。下面简单介绍一下带通信号的均匀抽样定理。

对带通型信号抽样时，抽样频率 f_s 不一定要大于 $2f_m$，如能使 n 次下边带置于 0 ~ f_0 区域内（$n = 1$，2，…），就可以使 $f_s < 2f_m$，并使抽样后的样值序列频谱不产生重叠。

对于一般 $nB \leqslant f_0 \leqslant (n+1)B$ 情况，抽样频率应满足下述条件：

① $nf_s - f_0 \leqslant f_0$，即 $f_s \leqslant \dfrac{2f_0}{n}$（抽样频率上限）；

② $(n+1)f_s - f_m \geqslant f_m$，即 $f_s \geqslant \dfrac{2f_m}{n+1}$（抽样频率下限）。

故
$$\frac{2f_m}{n+1} \leqslant f_s \leqslant \frac{2f_0}{n} \qquad (2-2)$$

式中，n 为 $\frac{f_0}{B}$ 的最大整数。带通信号抽样的样值序列频谱示意图如图 2-7 所示。

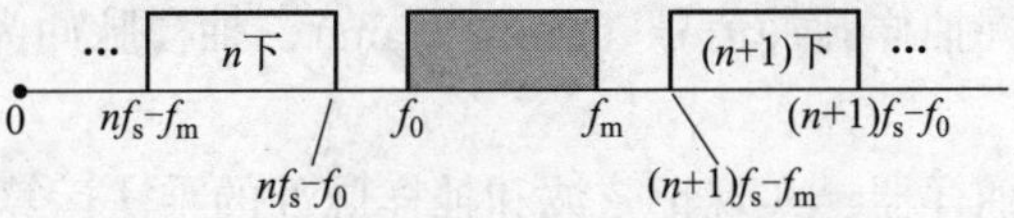

图 2-7 带通型信号样值序列的频谱

如果使原始信号频带与其两侧两邻的频带间隔相等，由图 2-7 及式（2-2）可有
$$f_0 - (nf_s - f_0) = [(n+1)f_s - f_m] - f_m$$

即
$$f_s = \frac{2}{2n+1}(f_0 + f_m) \qquad (2-3)$$

【例 2-1】 试求载波 60 路群信号 312~552 kHz 的抽样频率应为多少？

解： $B = f_m - f_0 = 552 - 312 = 240$（kHz）

$$\frac{f_0}{B} = 1.3, \quad n = 1$$

上限 $f_s = \frac{2f_0}{n} = 624$ kHz；下限 $f_s = \frac{2f_m}{n+1} = 552$ kHz

或
$$f_s = \frac{2}{2n+1}(f_0 + f_m) = 576（kHz）$$

注意：如果 $f_0 < B$，此时 $\frac{f_0}{B} < 1$，即 n 不是整数，则带通型抽样定理不再适应，其原因是 $0 \sim f_0$ 频段空隙安排不下一个边带，因此仍应按低通型信号处理，即按 $f_s \geqslant 2f_m$ 的要求来选择抽样频率。

当 $f_0 \gg B$ 时，n 很大，所以不论 f_s 是否为带宽的整数倍，式（2-3）可简化为 $f_s \approx 2B$。

实际中广泛应用的高频窄带信号就符合这种情况，这是因为 f_m 大而 B 小，f_0 当然也大，很容易满足 $f_0 \gg B$ 的条件。由于带通信号一般为窄带信号，容易满足 $f_0 \gg B$，因此带通信号通常可按 $2B$ 速率抽样。

从提高传输效率考虑，在满足抽样定理的前提条件下，应尽量降低抽样速率，让延拓的频谱在频率上排密一些，只要不产生频谱混叠，留够防卫带就可以了。抽样定理不仅为模拟信号的数字化奠定了理论基础，它还是时分多路复用及信号分析、处理的理论依据。

仿真实验 3　PAM 调制与解调系统设计

仿真实验 3
PAM 调制与
解调系统设计

设计目的： 验证低通信号的抽样定理。

设计内容： 验证不同抽样频率下信号还原的失真大小。

设计步骤：

1）设置系统时钟（参考抽样点数为 1 024，抽样频率为 1 000 Hz）。

2）从信源图标中选择模拟信号源（Sinusoid），设定模拟信号源为幅度 1 V、频率 100 Hz的正弦波。

3）从信源图标中选择抽样脉冲信号（Pulse Train），抽样脉冲为窄脉宽矩形脉冲，频率为 500 Hz。

4）选择乘法器代替抽样器，实现正弦波和抽样脉冲的乘法运算，形成抽样信号。

5）选择算子库图标，找出低通滤波器（Linear Sys Filters/Analog/Lowpass），频率设置为 100 Hz。（采用三阶巴特沃兹低通滤波器）

注：低通滤波器设置如图 2 - 8 所示。

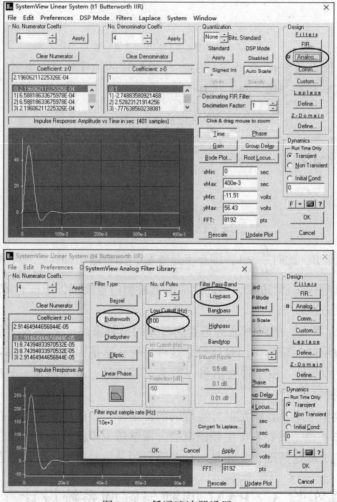

图 2 - 8　低通滤波器设置

后面章节中将用到带通滤波器，设置与此相类似，区别在于"Filter Pass - Band"栏选择"Bandpass"，后文将不再赘述。

6）分别在模拟信源、抽样脉冲、抽样信号输出和信号恢复输出处设置观察窗。

7）运行系统。

问题：

1）设计该实验的仿真系统原理图。

2）分别选取 100 Hz、200 Hz、500 Hz 等几种不同的抽样频率，观察抽样信号的变化及恢复信号的波形变化，分析失真情况。

3）设计一个完成相同功能的系统，用开关电路代替乘法器。

参考设计方案如图 2 - 9 所示。

参考波形如图 2 - 10 所示。

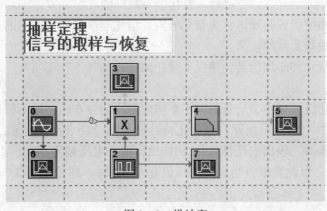

图 2 - 9　设计窗

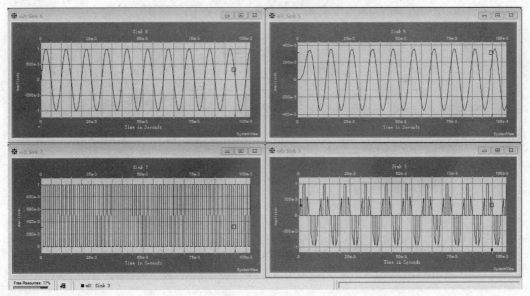

图 2 - 10　分析窗

2.1.2　量化

抽样后的信号虽然在时间上是离散的抽样值，但抽样值的幅度仍然是连续变化的，即幅度取值有无限多个，因而系统不能直接对它进行编码，还需要对抽样信号进行幅度上的离散化。其工作原理是：在量化器内预先置定有限个电平，将输入到量化器的每个抽样点的瞬时值用最接近的预置电平代替，量化器的输出就成为时间上和幅度上都是离散的脉冲序列，这个过程称为幅度量化。

量化的过程就是将抽样信号的幅度变化范围划分为若干个小间隔，每一个小间隔称为一个量化级，每一个量化级的电平称为一个量化值。当抽样信号的值处于某一个量化级附近时，就用这个量化值（用 Δ 表示）来代替实际的抽样值。相邻的两个量化值之差称为量化级差或量化台阶。根据量化级差是否相等，量化分为均匀量化和非均匀量化。

用有限个量化值表示无限个抽样值总是有误差的，因为这个误差是在量化过程中造成的，所以称为量化误差，用 $e(t)$ 表示。

$$e(t) = 量化值 - 抽样值$$

量化误差在电路中形成的噪声称为量化噪声。量化噪声是数字通信的主要噪声源。量化信噪比直接影响到通信质量的优劣。

下面分析均匀量化和非均匀量化情况下量化信噪比的特点。

1. 均匀量化

均匀量化的量化级差在整个信号的电平范围内是均匀分布的，即不管信号的大小，量化级差都相同，如图 2 – 11 （a）所示。该量化特性曲线共分为 8 个量化级。例如，输入电压幅度在 $(0 \sim 1)\Delta$ 范围时，输出电压都量化为 0.5Δ；输入电压幅度在 $(1 \sim 2)\Delta$ 范围时，输出电压都量化为 1.5Δ；以此类推，当输入电压值超过 4Δ 时，都量化为 3.5Δ。抽样值为负的情况与此类似。

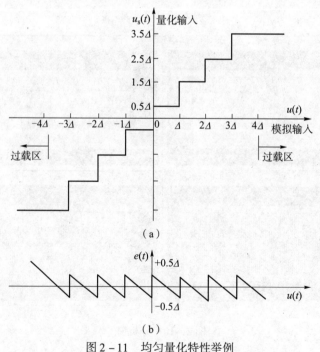

（a）

（b）

图 2 – 11　均匀量化特性举例

（a）均匀量化；（b）量化误差与输入电压的关系

根据量化误差的公式，绘出量化误差与输入电压的关系曲线如图 2 – 11 （b）所示。从图中可以看出，未过载时，量化值与抽样值的最大差值为 0.5Δ；过载时，量化误差会超过 0.5Δ，实际应用中应尽量避免。解决的方法是在量化之前加限幅器，使量化器的输入电压不进入过载区。这里只分析未过载情况下的量化噪声。

在均匀量化情况下，无论信号多大，量化噪声都是相同的，所以大信号时信噪比大，小信号时信噪比小。通过对语音信号的分析知道，出现小信号的概率要大于出现大信号的概率，所以要提高通信质量，重点就是提高小信号时的信噪比，也就是减小小信号的量化级差。但是在均匀量化情况下，减小量化级差就意味着量化级的增多，也就需要用更多位数的代码去表示每一个量化级，这样就需要提高传输速率，将给信号的传输和设备制造带来困难，为此提出了非均匀量化的概念。

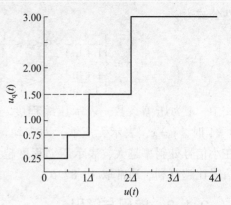

图 2-12 非均匀量化特性举例

2. 非均匀量化

非均匀量化对大、小信号采用不同的量化级差，大信号时量化级差大一些，小信号时量化级差小一些。图 2-12 所示是一种非均匀量化的例子。该例中共有 8 个量化级，图中画出了正极性的 4 个量化级，各量化级的量化级差如表 2-1 所示。由图中可见，与均匀量化相比，小信号时量化级差小，量化信噪比提高了，大信号时信噪比虽然下降了，但是也能满足要求。

表 2-1 非均匀量化的量化间隔 Δ_i 与量化值

量化级序号	量化级电平范围	量化级差 Δ_i	量化值 Δ
1	$(0 \sim 0.5)\Delta$	0.5Δ	0.25
2	$(0.5 \sim 1.0)\Delta$	0.5Δ	0.75
3	$(1.0 \sim 2.0)\Delta$	1.0Δ	1.5
4	$(2.0 \sim 4.0)\Delta$	2.0Δ	3.0

实现非均匀量化的方法之一是采用压缩扩张技术。压缩扩张技术的要点是在发送端对输入信号进行压缩处理后再均匀量化，在接收端进行扩张处理，原理如图 2-13 所示。由图可见，在发送端均匀量化之前，先对信号进行压缩处理，压缩过程实际上是一个非线性放大过程，它对小信号进行放大，而对大信号进行缩小；经过压缩的信号再进行均匀量化编码，实际上相当于对原信号进行了非均匀量化。对经过非均匀量化的信号进行编码，经传输后，在接收端通过解码恢复的信号仍然是被压缩了的信号。为了恢复原信号，接收方要对解码之后的信号进行扩张。扩张是压缩的逆过程，与压缩的特性严格相反，这样接收方恢复的信号才不会失真。

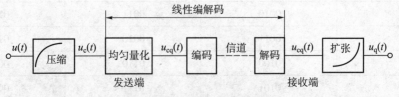

图 2-13 非均匀量化的实现

对语音信号的压缩特性，ITU-T 的建议有两个标准，一个是 A 律，另一个是 μ 律。我国和西欧大多数国家采用 A 律，而美国和日本等国则采用 μ 律。下面主要介绍 A 律的特点。设压缩器的输入信号为 x，输出信号为 y（x、y 均为归一化值，最大值为1），则 A 律压缩特性公式为：

$$y = \begin{cases} \dfrac{Ax}{1+\ln A}, & 0 \leqslant x \leqslant \dfrac{1}{A} \\ \dfrac{1+\ln Ax}{1+\ln A}, & \dfrac{1}{A} \leqslant x \leqslant 1 \end{cases}$$

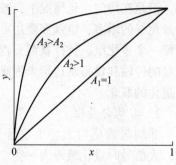

式中，A 为压缩系数，表示压缩程度。如图 2-14 所示，$A=1$ 时，$y=x$，表示无压缩，即为均匀量化；A 值越大，在小信号处斜率越大，表示压缩程度越大，对提高小信号信噪比越有利。通常取 $A=87.6$。

图 2-14　A 律压缩特性示意图

2.1.3　编码与解码

将每一个量化值用一组二进制代码表示的过程称为编码。在实际的设备中，编码和量化是同时完成的。编码器的类型有很多种，下面介绍最常用的逐次反馈比较型 PCM 编码器的编码过程。

1. 码型

编码过程所要符合的规律就是码型。常见的码型有普通二进制码、折叠二进制码及循环二进制码等。表 2-2 是以 4 位码为例构成的各种码型的码组。

由表中可知，折叠二进制码与普通二进制码的对应关系是以编码电平值的中线为界，折叠二进制码的下半部分与普通二进制码是一样的，上半部分除第 1 位码外，后面的代码与下半部分是对称的，所以称为折叠二进制码。表中普通二进制码和折叠二进制码的第 1 位码均表示信号的极性，即抽样值为正时，第 1 位码为 "1"；抽样值为负时，第 1 位码为 "0"。除第 1 位码之外，其余的码表示的是抽样值的幅度。从折叠二进制码的特性可以看出，只要量化电平的绝对值相同，幅度编码就是相同的，也就是说，幅度编码与极性没有关系。这样在编码时就可以先根据极性确定极性码，后面的编码就不用考虑极性了，可以使编码过程大为简化。

逐次反馈比较型编码器就是采用折叠二进制码对抽样值信号进行编码的。

表 2-2　4 位码构成的码组与所表示数值的对应关系

电平序号	普通二进制码	循环二进制码	折叠二进制码
0	0000	0000	0111
1	0001	0001	0110
2	0010	0011	0101
3	0011	0010	0100
4	0100	0110	0011
5	0101	0111	0010
6	0110	0101	0001

电平序号	普通二进制码	循环二进制码	折叠二进制码
7	0111	0100	0000
8	1000	1100	1000
9	1001	1101	1001
10	1010	1111	1010
11	1011	1110	1011
12	1100	1010	1100
13	1101	1011	1101
14	1110	1001	1110
15	1111	1000	1111

2. A律13折线压缩特性曲线

在我国，实际中的编码器是用一小段折线来近似模拟A律压缩特性的，如图2-15所示。设在直角坐标系中，x轴与y轴分别表示压缩器的输入信号和输出信号的取值范围，而且都为归一化数值。将x轴的信号正向取值区间（0，1）不均匀地分为8段，分段点为1、1/2、1/4、1/8、1/16、1/32、1/64、1/128、0，然后把每一段均匀地分为16个量化级，这样在0~1范围内共有$8 \times 16 = 128$个量化级。各段之间的量化级差$\Delta_i (i = 1, 2, \cdots, 7, 8)$是不相同的，而在各段内的量化级差是相同的，最大的量化级差为$1/2 \div 16 = 1/32$，最小的量化级差为$1/128 \div 16 = 1/2\,048$。设$\Delta = 1/2\,048$为量化级差的一个基本单位。x轴上各量化电平值见表2-3。

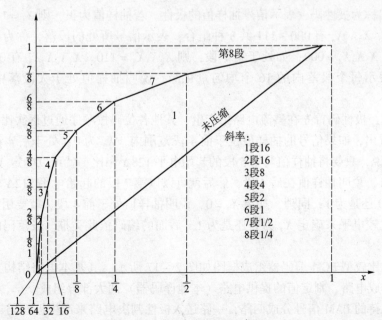

图2-15　A律13折线压缩特性

表 2-3　各段起始电平与量化级差（基本单位为 Δ）

段落	起始电平	量化电平	量化级差 Δ_i
1	0	0, 1, …, 15	1
2	16	16, 17, …, 31	1
3	32	32, 34, …, 62	2
4	64	64, 68, …, 124	4
5	128	128, 136, …, 248	8
6	256	256, 272, …, 496	16
7	512	512, 544, …, 992	32
8	1 024	1 024, 1 088, …, 1 984	64

再将 y 轴均匀地分为 8 段，分段点为 1、7/8、6/8、5/8、4/8、3/8、2/8、1/8、0。每段再均匀地分为 16 等份，这样就得到了均匀量化的 128 个量化级。将 x 轴上各段的起始电平作为横坐标，把 y 轴上的各段的起始电平作为纵坐标，则可在坐标系的第一象限上得到 9 个点。将相邻的点用直线连起来，得到 8 条折线，因为第 1、2 条折线的斜率相等，再考虑到 $-1\sim0$ 区间，总共得到 13 条折线。由这 13 条折线构成的压缩特性具有 A 律压缩特性的特点，所以称为 13 折线压缩特性。

3. 编码过程

由于 13 折线压缩特性将整个信号电平范围分为 256 个量化级，所以需采用 8 位二进制码组来表示每一个量化级。这 8 位码的安排如下：

极性码　段落码　段内码

X_1　　$X_2X_3X_4$　　$X_5X_6X_7X_8$

其中：X_1 称为极性码，表示信号抽样值的极性。若抽样值为正，则 $X_1=1$；若抽样值为负，则 $X_1=0$。$X_2X_3X_4$ 有 000～111 共 8 种组合，表示信号所处的段落，称为段落码。如处于第 1 段，则 $X_2X_3X_4=000$；如处于第 7 段，则 $X_2X_3X_4=110$。$X_5X_6X_7X_8$ 有 0000～1111 共 16 种组合，表示每个段落内的 16 个均匀量化级，说明抽样值处于大段落中的某一小区间内。

在编码时，极性码首先在整流电路中产生，其他各位码按顺序通过逐次比较产生。从表 2-3 中可以看出，如果信号的抽样值位于前 4 段范围内，X_2 为 0；处于后 4 段范围内，X_2 为 1。也就是说，只要将抽样值与第 5 段的起始电平 128Δ 相比，就可以确定 X_2 为 0 还是为 1。如果 $X_2=1$，说明抽样值在后 4 段，然后就可以以第 7 段的起始电平 512Δ 作为比较电平来确定 X_3 为 0 还是为 1；同理，如果 $X_2=0$，说明抽样值处于前 4 段，就要用第 3 段起始电平 32Δ 作为比较电平来确定 X_3 为 0 还是为 1。后面的编码依此类推。段落码的编码过程如图 2-16 所示。

逐次反馈比较型 PCM 编码器组成框图如图 2-17 所示。其基本电路结构主要由极性判决和比较码形成电路、判定值的提供电路（本地译码器）两大部分组成。

经抽样保持的 PAM 信号分成两路，一路送入极性判决电路来产生极性码 X_1；另一路经全波整流送入比较码形成电路与本地译码器产生的判定值进行比较编码，用来产生 $X_2\sim X_8$。

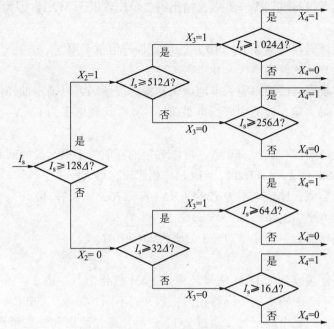

图 2–16　段落码的编码过程

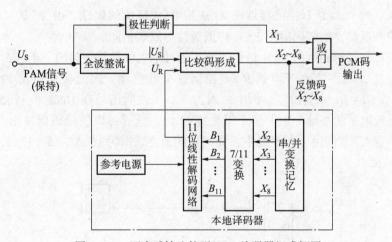

图 2–17　逐次反馈比较型 PCM 编码器组成框图

本地译码器的作用是将 $X_2 \sim X_8$ 逐位反馈，经串/并变换并记忆为 $X_2 \sim X_8$，再将 $X_2 \sim X_8$ 经 7/11 逻辑变换得到相应的 11 位线性码 $B_1 \sim B_{11}$，它们分别与权值 1 024Δ、512Δ、256Δ、$\cdots$、4Δ、2Δ、Δ 对应，最后由 $B_1 \sim B_{11}$ 控制线性解码网络产生相应的判定值 U_R（或 I_R），且 $U_R = (1\,024B_1 + 512B_2 + \cdots + 2B_{10} + B_{11})\Delta$。

下面以对抽样值 $|U_s| = +169\Delta$ 编码为例，具体说明编码过程。

第 1 步：整流器将 U_s 与 0 比较，因为 $U_s > 0$，所以 $X_1 = 1$。X_1 编出之后，后面的代码就与抽样值的极性没有关系了，以下只需对 $|U_s|$ 编码即可。同时，保持电路将抽样脉冲展宽，以保证在编码过程中脉冲幅度不变。

第 2 步：本地译码器输出 128Δ 电平至比较器与 $|U_s|$ 进行比较，因为 $|U_s| \geqslant 128\Delta$，所以 $X_2 = 1$；X_2 在输出同时又反馈到本地译码器，使其产生第 2 个比较电平。

第 3 步：本地译码器收到 $X_2 = 1$ 后，输出第 2 个比较电平 512Δ，因为 $|U_S| \leqslant 512\Delta$，所以 $X_3 = 0$。

第 4 步：本地译码器收到 $X_2X_3 = 10$ 后，确定抽样值位于第 5、6 段，因此输出第 3 个比较电平 256Δ，与 $|U_S|$ 比较后得 $X_4 = 0$。

第 5 步：此时段落码已经编完，本地译码器根据段落码可以确定抽样值位于第 5 段。第 5 段的量化级差为 8Δ，第 5 段的中心点电平值即第 4 个比较电平为 $128\Delta + 8\Delta \times 8 = 192\Delta$，与 $|U_S|$ 相比较后得 $X_5 = 0$。

第 6 步：本地译码器收到 $X_5 = 0$ 后，可以确定抽样值位于第 5 段的前 8 个区间，输出第 5 个比较电平为 $128\Delta + 8\Delta \times 4 = 160\Delta$，与 $|U_S|$ 相比较，得 $X_6 = 1$。

第 7 步：与上类似，比较电平为 $128\Delta + 8\Delta \times 6 = 176\Delta$，得 $X_7 = 0$。

第 8 步：比较电平为 $128\Delta + 8\Delta \times 5 = 168\Delta$，得 $X_8 = 1$。

因此，得到抽样值为 $+169\Delta$ 的 PCM 编码为 11000101。

4. 解码

解码的作用是将接收到的 PCM 信号还原成 PAM 量化信号。图 2 – 18 为 PCM 译码器原理框图，它与图 2 – 17 中的本地译码器相似，但又有不同。接收到的 PCM 串行码经串/并变换变为并行码，并由记忆电路记忆，通过 7/12 变换、寄存读出和线性解码网络输出相应的 PAM 量化信号。

根据接收到的 PCM 信号中的极性码 X_1 决定 PAM 样值的极性。由 X_1 是 "1" 还是 "0" 来控制极性控制电路，使解码后的 PAM 样值极性与发端相同。

为了保证接收端解码后的 PAM 量化误差不超过本大段量化级差的一半（$\Delta_i/2$），在接收端要加入补差项 $\Delta_i/2$，并由新增的 B_{12} 来控制这个补差项。因此要进行 7/12 变换，即将 $M_2 \sim M_8$ 变换成 $B_1 \sim B_{12}$。例如在上例中，因为 $X_8 = 1$ 说明信号在 168Δ 和 176Δ 之间，所以就在第 7 个比较电平的基础上加上半个量化级差 4Δ。这样可以使译码器输出与原信号抽样值的差别减小到 4Δ 范围内。在上例中，译码器的最终输出为 $168\Delta + 4\Delta = 172\Delta$，量化误差为 $172\Delta - 169\Delta = 3\Delta$。

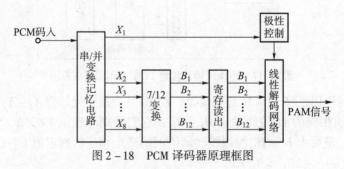

图 2 – 18　PCM 译码器原理框图

寄存读出的作用是把经 7/12 变换后的 $B_1 \sim B_{12}$ 码存入寄存器中，在适当的时候送到线性解码网络中。

2.1.4　单片集成 PCM 编解码器

由于 PCM 通信，特别是数字电话，通信双方均同时存在编码和解码过程。因此，在实际应用中常把编码和解码集成在一块芯片中，形成所谓的单路 PCM 编解码器。常见的单片集成 PCM 编解码器有 Intel 2914 单路编解码器、MC14403 单路编解码器和 TP3067 单路编解码器等。

这里主要介绍 Intel 2914 单路编解码器的特性及功能。

Intel 2914 单路编解码器的结构框图如图 2-19 所示。它由发送（编码单元）、接收（解码单元）和控制（控制逻辑）三大部分构成。

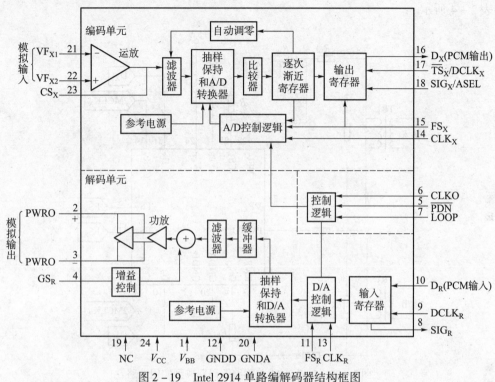

图 2-19 Intel 2914 单路编解码器结构框图

（1）发送部分

发送部分包括输入运算放大器、带通滤波器、抽样保持和 A/D（模/数）转换器、比较器、逐次渐近寄存器、输出寄存器以及 A/D 控制逻辑、参考电源等。

待编码的模拟语音信号首先经过运算放大器放大。该运算放大器有 2.2 V 的共模抑制范围，增益可由外接反馈电阻控制。运算放大器输出的信号，经通带为 300 ~ 3 400 Hz 的带通滤波器滤波后送到抽样保持、比较、本地 A/D 转换等编码电路进行编码，在输出寄存器寄存，由主时钟（CGR 方式）或发送数据时钟（VBR 方式）读出，由数据输出端输出。整个编码过程由 A/D 控制逻辑控制。此外，还有自动调零电路来校正直流偏置，保证编码器正常工作。

（2）接收部分

接收部分包括输入寄存器、D/A 控制逻辑、抽样保持和 D/A 转换器、低通滤波器及输出功放等。在接收数据输入端出现的 PCM 数字信号，由时钟下降沿读入输入寄存器，由 D/A 控制逻辑控制进行 D/A 转换，将 PCM 数字信号转换成 PAM 抽样值并由抽样值电路保持，再经缓冲器送到低通滤波器，还原成语音信号，经输出功放后送出。功放由两级运放电路组成，是平衡输出放大器，可驱动桥式负载，需要时也可单端输出，其增益可由外接电阻调整，可调范围为12 dB。

（3）控制部分

控制部分主要是一个控制逻辑单元，通过$\overline{PDN}$（低功耗选择）、CLKO（主时钟选择）、LOOP（模拟信号环回）3个外接控制端控制芯片的工作状态。

Intel 2914 单路编解码器采用24脚引线，典型实用电路如图2-20所示，其各引脚的功能如表2-4所示。

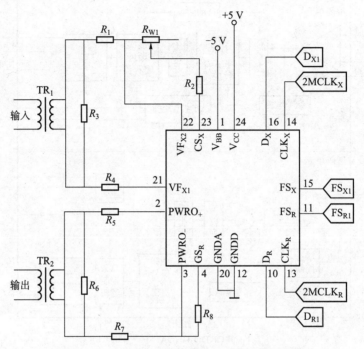

图2-20　Intel 2914单路编解码器典型实用电路

表2-4　Intel 2914单路编解码器引脚及功能

引脚编号	名称	功能说明
1	V_{BB}	电源（-5 V）
2，3	$PWRO_+$、$PWRO_-$	功放输出
4	GS_R	接收信道增益调整
5	$\overline{PDN}$	低功耗选择，低电平有效，正常工作时接 +5 V
6	CLKO	主时钟选择，CLKO = V_{BB}时，主时钟频率为 2 048 kHz
7	LOOP	模拟信号环回，高电平有效；接地则正常工作，不环回
8	SIG_R	收信令比特输出，A律编码时不用
9	$DCLK_R$	VBR时为接收数据速率时钟，CGR时接 -5 V
10	D_R	接收信道输入（接收 PCM 信号输入）
11	FS_R	接收帧同步时钟，即接收端路时隙脉冲 TS_R

引脚编号	名称	功能说明
11	TS_R	接收帧同步和时隙选通脉冲，该脉冲为正时数据被时钟下降沿收下
12	GNDD	数字地
13	CLK_R	接收主时钟，即接收端 2 048 kHz 时钟
14	CLK_X	发送主时钟，即发送端 2 048 kHz 时钟
15	FS_X	发送帧同步时钟，即发送端路时隙脉冲（TS_X）
15	TS_X	发送帧同步和时隙选通脉冲，该脉冲为正时输出寄存器数据被时钟上升沿送出
16	D_X	发送数字输出，即发送端数据输出
17	$\overline{TS_X}$	数字输出的选通
17	$DCLK_X$	VBR 时发送数据速率时钟
18	SIG_X	发送数字信令输入
18	ASEL	μ 律、A 律选择，接 −5 V 时选 A 律
19	NC	空
20	GNDA	模拟地
21，22	VF_{X1}、VF_{X2}	模拟信号输入
23	CS_X	增益控制端（输入运放）
24	V_{CC}	电源（+5 V）

目前，单路编解码器主要有以下 4 个方面的应用：

1）传输系统的音频终端设备，如各种容量的数字终端机（基群、子群）和复用转换设备。

2）用户环路系统和数字交换机的用户系统、用户集线路等。

3）用户终端设备，如数字电话机。

4）综合业务数字网的用户终端。

仿真实验 4　PCM 调制与解调系统设计

仿真实验 4
PCM 调制与
解调系统设计

设计目的：测试模拟信号数字化的过程及还原的过程。

设计内容：设计脉冲编码调制仿真图。

设计步骤：

1）设置系统时钟。（参考抽样点数为 1 024，抽样频率为 1 000 Hz）

2）选择信源图标，信源采用高斯噪声（Noise/PN/Gauss Noise）。

3）选择算子库图标中的滤波器（Filters/Systems/Linear Sys Filters），单击"属性（Parameters）"设置一个低通滤波器（发端）对高斯噪声滤波模拟随机的语音信号。（参考频率为 20 Hz）

4）选择通信库图标，找到压缩器（Processors/Compander），设置压缩特性。压扩特性选择 A 律标准。

5）选择逻辑库图标，找到 A/D 转换器（Mixed Signal/ADC）和 D/A 转换器（Mixed Signal/DAC），转换器采用 8 位二进制码。

6）选择信源图标，找到脉冲信号（Periodic/Pulse Train），作为 ADC 的时钟信号，输入到 ADC 的 Clock 端。（参考频率为 100 Hz，注：此频率即抽样频率，需满足抽样定理的条件）

7）选择通信库图标，找到扩展器（Processors/DeCompander），设置扩张特性。压扩特性选择 A 律标准。

8）选择算子库图标中的滤波器（Linear Sys Filters），设置一个低通滤波器（收端），低通频率设置与步骤3）中相同。

9）选择观察窗，在发送端滤波器、ADC、DAC、接收端滤波器处分别设置观察窗。

10）运行系统。

问题：

1）设计并运行 PCM 编码压缩扩张仿真实验原理图。

2）将压扩特性改成 μ 律，重新运行系统，并进行分析。

参考设计方案如图 2 - 21 所示。

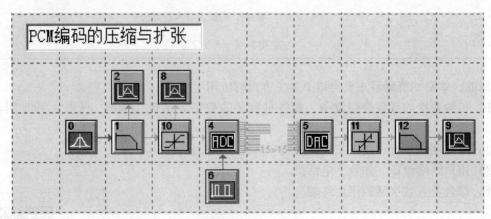

图 2 - 21 设计窗

参考波形如图 2 - 22 所示。

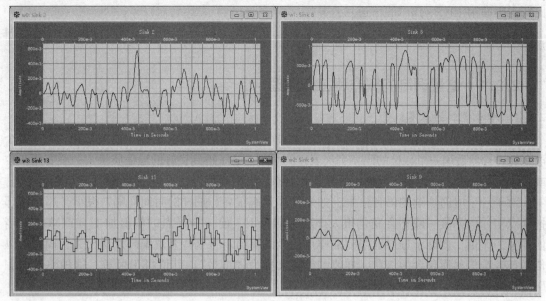

图 2 – 22 分析窗

 学完本节内容后请完成附录 C 中的任务单2.1。

2.2 增量调制

增量调制简称 ΔM 或增量脉码调制方式（DM），ΔM 增量调制是 Delta Modulation 的缩写，它是继 PCM 后出现的又一种模拟信号数字化的方法。1946 年由法国工程师 DeLoraine 提出，目的在于简化模拟信号的数字化方法。增量调制主要广泛应用在军事通信和卫星通信中，有时也作为高速大规模集成电路中的 A/D 转换器使用。

这种调制方法是一种把信号前一抽样的样值作为预测值的单纯预测编码方式。增量调制是预测编码中最简单的一种。它将信号瞬时值与前一个抽样时刻的量化值之差进行量化，而且只对这个差值的符号进行编码，而不对差值的大小编码。因此量化只限于正和负两个电平，仅用一比特传输一个样值。如果差值是正的，就发"1"码，若差值为负则发"0"码。因此数码"1"和"0"只是表示信号相对于前一时刻的增减，而不代表信号的绝对值。同样，在接收端，每收到一个"1"码，译码器的输出相对于前一个时刻的值上升一个量阶，相反，每收到一个"0"码就下降一个量阶。当收到连"1"码时，表示信号连续增长，当连续收到"0"码时，表示信号连续下降。译码器的输出再经过低通滤波器滤去高频量化噪声，从而恢复原信号，只要抽样频率足够高，量化阶距大小适当，接收端恢复的信号与原信号非常接近，量化噪声就可以下降到很小。

增量调制与 PCM 比较主要有以下 3 个特点：

1）在比特率较低时，增量调制的量化信噪比高于 PCM。

2）增量调制抗误码性能好，可用于比特误码率为 $10^{-3} \sim 10^{-2}$ 的信道，而 PCM 则要求比特误码率为 $10^{-6} \sim 10^{-4}$ 的信道。

3）增量调制通常只有单纯的比较器和积分器作为编译码器（预测器），结构比 PCM 简单。

2.2.1 增量调制的概念和工作原理

1. 增量调制的基本概念

在 PCM 系统中，编码是根据每个瞬时的抽样值进行的，每一个抽样值被量化为 $N = 2^n$ 个电平之一，然后用一个 n 位的码字来代表它的大小。为了得到良好的通信质量，一般要用 7 位或 8 位编码。由于码位多，因而编码设备较复杂，同时也使码速提高，占用的信道频带较宽。

对于一个时间连续的语音信号，如果抽样频率很高，抽样的时间间隔 T_s 很小，那么相邻抽样点信号的幅度一般不会变化很大。通常情况下，前一抽样点的幅值加上（或减去）当前样值的差值，就能十分逼近当前抽样点信号的幅值。将这些差值编码发送出去，同样可以传送该连续信号所包含的信息。样值的差值又称为"增量"，其值可正可负。这种将差值编码用于通信的方式就称为增量调制。

2. 增量调制原理

为了更清楚地对上述概念加以说明，我们首先看图 2-23（a）。图中 $f(t)$ 代表随时间连续变化的语音信号波形。我们将横轴 t 分为许多相等的时间段 T_s，如 T_s 很小，则 $f(t)$ 在间隔 T_s 时刻上，相邻值的差值也将很小，如果把代表 $f(t)$ 幅度的纵轴也分为许多相等的小区间 Δ，那么，模拟信号 $f(t)$ 就可用图中的阶梯波 $f'(t)$ 来近似地代表它。显然，只要 T_s 和 Δ 都足够小，则 $f'(t)$ 和 $f(t)$ 将会相当接近。阶梯波 $f'(t)$ 只有上升一个量阶 Δ 和下降一个量阶 Δ 两种情况，因此，我们可以把上升一个量阶 Δ 用"1"码表示，下降一个量阶 Δ 用"0"表示，这样图中的模拟信号 $f(t)$ 就可以用二进制代码序列表示。接收端译码器接收数码序列后，收到"1"码的输出上升一个量阶 Δ，收到"0"码的输出下降一个量阶 Δ，从而恢复出近似信号 $f'(t)$，完成了数/模转换。

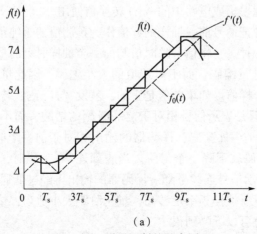

（a）

图 2-23 增量调制的基本原理

（a）用阶梯或锯齿波逼近模拟信号

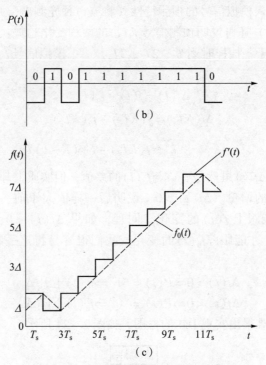

图 2 - 23　增量调制的基本原理（续）

（b）二进制数码序列；（c）原信号近似信号

当然，也可以用图 2 - 23（a）中虚线所示的斜变信号 $f_0(t)$ 来近似代表 $f(t)$。因为斜变信号 $f_0(t)$ 也只有两种变化，按斜率 Δ/T_s 上升和按斜率 $-\Delta/T_s$ 下降。我们可用"1"码表示按正斜率线上升 Δ，用"0"码表示按负斜率线性下降 Δ。由于斜变信号 $f_0(t)$ 更容易在电路上实现，因此通常采用 $f_0(t)$ 来近似 $f(t)$。

综上所述，在一定条件下可以用传输近似曲线 $f_0(t)$ 来代替模拟信号 $f(t)$，而 $f_0(t)$ 可用一位码组成的二进制序列来近似表征，从而实现用仅由一位码组成的二进制数字信号来表示模拟信号；这样，接收端很容易根据二进制序列恢复出近似信号 $f_0(t)$，完成数/模转换。不过，在这种情况下，接收端不可能不失真地还原出原信号 $f(t)$，而只能还原出原信号的近似信号 $f_0(t)$。而 $f(t)$ 与 $f_0(t)$ 两信号之间的差异，即在这种转换过程中产生的误差，就是所谓的量化噪声。

2.2.2　DM 的实现

为了得出 DM 的实现框图，首先分析一下近似曲线的特点，由图 2 - 23（a）可以看出：

$$f_0(4T_s) \approx f(3T_s)$$

$$f_0(5T_s) \approx f(4T_s)$$

$$\cdots$$

$$f_0(KT_s) \approx f[(K-1)T_s] \qquad (2-4)$$

即在某时刻 KT_s 的近似信号 $f_0(t)$ 的值 $f_0(KT_s)$ 与模拟信号 $f(t)$ 在前一抽样时刻 $(K-1)T_s$ 的值 $f[(K-1)T_s]$ 近似相等。量阶 Δ 和抽样间隔 T_s 越小，则近似程度越高。由式（2-4）

可以看出，$f_0(t)$ 具有输入模拟信号的预测特性（将 $f(t)$ 预先测出，并记忆下来），故也称为预测信号。图 2-23（a）还可说明预测信号 $f_0(t)$ 的两种变化趋势：上升 Δ 和下降 Δ，究竟是上升还是下降，取决于各抽样时刻 T_s、$2T_s$、$3T_s$、……模拟信号 $f(t)$ 与预测信号 $f_0(t)$ 的差值 $\Delta f(t)$，即：

$$\Delta f(t) = f(t) - f_0(t)$$
$$\Delta f(KT_s) = f(KT_s) - f_0(KT_s) \qquad (2-5)$$
$$\approx f(KT_s) - f\left[(K-1)T_s\right]$$

式（2-5）说明，$\Delta f(t)$ 虽然是 $f(t)$ 与 $f_0(t)$ 的差值，但实质上却体现出输入模拟信号在一个抽样间隔 T_s 内样值的增量。$\Delta f(t) > 0$，说明后一样值大于前一样值，$f(t)$ 在上升，故 $f_0(t)$ 要上升一个 Δ 才能跟上 $f(t)$ 的变化。同理，如果 $\Delta f(t) < 0$，则说明 $f_0(t)$ 在下降，$f_0(t)$ 要下降一个量阶 Δ 才能跟踪 $f_0(t)$ 的变化。我们很容易将这一特点和二进制数码联系起来，即：

$$\Delta f(t) > 0 \Rightarrow P(t) = \text{“1”} \Rightarrow f_0(t) \text{上升} \Delta$$
$$\Delta f(t) < 0 \Rightarrow P(t) = \text{“0”} \Rightarrow f_0(t) \text{下降} \Delta$$

根据上述分析，不难得出实现 DM 的框图，如图 2-24 所示。

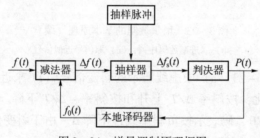

图 2-24　增量调制原理框图

发送端的编码器是由比较器、判决器、本地译码器及抽样脉冲产生器（脉冲源）组成的一个闭环反馈电路。

比较器实际上是一个减法器，它的作用是取出差值 $\Delta f(t)$，使 $\Delta f(t) = f(t) - f_0(t)$。

判决器也称为数码形成器，它的作用是对 $\Delta f_s(t)$ 的极性进行识别和判决，以便在抽样时刻 T_s、$2T_s$、$3T_s$、……（由控制脉冲进行控制）输出数码 $P(t)$。当 $\Delta f(t) > 0$ 时，输出“1”码；当 $\Delta f(t) < 0$ 时，输出“0”码。

本地译码器由积分器和极性变换电路组成，它的作用是根据 $P(t)$ 形成预测信号 $f_0(t)$，即 $P(t)$ 为“1”时，$f_0(t)$ 上升 Δ：$P(t)$ 为“0”时，$f_0(t)$ 下降 Δ，进而与 $f(t)$ 进行幅度比较。

接收端解码器由译码器和低通滤波器组成。

译码器的电路构成及作用与发送端本地译码器基本相同，主要完成由 $P(t)$ 恢复 $f_0(t)$。为了区别收、发两端完成同一任务的部件，我们称发送端的译码器为本地译码器。

低通滤波器的任务是滤除 $f_0(t)$ 中的高频成分（即波形平滑），使滤波后的信号 $f_0(t)$ 更加接近原模拟信号 $f(t)$。

发送端译码器与接收端本地译码器都是由一个 RC 积分器来实现的，积分器的结构和工作过程这里不做介绍，有兴趣的读者可以参看相关书籍。这里我们主要介绍译码的基本工作原理。译码器的译码原理是：

与编码相对应，译码也有两种情况，一种是收到"1"码上升一个量阶 Δ（跳变），收到"0"码下降一个量阶 Δ（跳变），这样把二进制代码经过译码变成 $f'(t)$ 这样的阶梯波。另一种是收到"1"码后产生一个正斜变电压，在抽样间隔 T_s 时间内上升一个量阶 Δ，收到一个"0"码后产生一个负斜变电压，在 T_s 时间内均匀下降一个量阶 Δ。这样，二进制码经过译码后变为如 $f_0(t)$ 这样的锯齿波。考虑电路上实现的难易程度，一般情况下均采用后一种方法。这种方法可用一个简单 RC 积分电路把二进制码变为 $f_0(t)$ 波形，再将锯齿波经低通滤波器滤波后就可以得到复制的模拟信号 $f(t)$，所以增量调制信号的译码器可由积分器和低通滤波器组成，如图 2 – 25 所示。

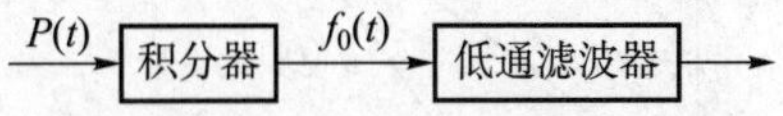

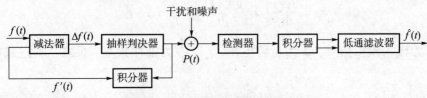

图 2 – 25　增量调制译码原理框图

2.2.3　简单增量调制

在前面介绍了增量调制的原理及实现方法，如果按图 2 – 26 所示实现的增量调制，是最简单的形式，称为简单增量调制。

图 2 – 26　简单增量调制系统框图

从前面的讨论可以看出，由于增量调制是按台阶 Δ 来量化的（增、减一个 Δ 值），因而造成了 $f(t)$ 与 $f_0(t)$ 的差异，产生所谓的"量化噪声"。ΔM 系统中的量化噪声有两种形式，一种是过载量化噪声，另一种是一般量化噪声（粒状噪声）。下面分别进行讨论。

1. 斜率过载特性

增量调制过载的原因与 PCM 系统的不同。在 PCM 系统中过载是由于输入信号幅度超出量化范围（$-V \sim +V$）引起的。而在增量调制中过载却是由于译码器输出的预测信号 $f_0(t)$ 跟踪不上输入模拟信号 $f(t)$ 所引起的。这是因为在简单增量调制中量阶电压 Δ 是固定值，而每秒钟的量阶数也是固定值，所以译码器输出信号 $f_0(t)$ 的斜率 Δ/T_s 也是一个固定值。如果收到的是连"1"码或连"0"码，那么解调器（译码器）输出的是斜率为 $+\Delta/T_s$ 或 $-\Delta/T_s$ 上升或下降的直线段，如图 2 – 27 所示。

当 $\dfrac{\Delta}{T_s} = \Delta \cdot f_s \geqslant \left| \dfrac{\mathrm{d}f(t)}{\mathrm{d}t} \right|$（输入信号斜率）时，$f_0(t)$ 完全有能力逼近 $f(t)$。在图 2 – 28 中，是以 1100111010110 来逼近。相反，当 $\dfrac{\Delta}{T_s} = \Delta \cdot f_s < \left| \dfrac{\mathrm{d}f(t)}{\mathrm{d}t} \right|$ 时，$f_0(t)$ 将跟踪不上 $f(t)$，如图 2 – 29 所示。

这时 $f_0(t)$ 在很长一段时间内将有很大的误差，引起译

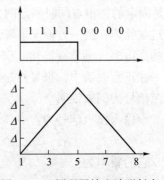

图 2 – 27　译码器输出波形斜率

码后的信号严重失真。这种现象称为过载现象，其失真称为"过载失真"，产生的噪声称为"过载噪声"。又由于它是因为斜率跟不上而产生过载，故又称为"斜率过载"。

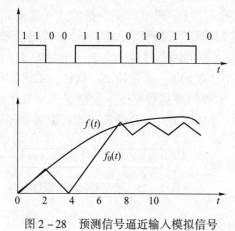

图 2 - 28　预测信号逼近输入模拟信号

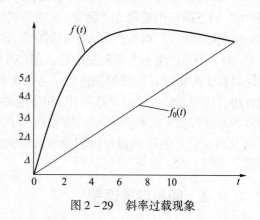

图 2 - 29　斜率过载现象

由上述分析可知，产生过载的条件是：

$$\left|\frac{\mathrm{d}f(t)}{\mathrm{d}t}\right| > \left|\frac{\mathrm{d}f_0(t)}{\mathrm{d}t}\right| = \frac{\Delta}{T_s} = \Delta \cdot f_s \qquad (2-6)$$

式中，$f(t)$ 为输入模拟信号，Δ 为量阶电压，$f_s = \dfrac{1}{T_s}$ 为抽样频率。反之，不过载的限制条件为：

$$\left|\frac{\mathrm{d}f(t)}{\mathrm{d}t}\right| \leq \Delta \cdot f_s \,(\text{不过载条件})$$

$$\left|\frac{\mathrm{d}f(t)}{\mathrm{d}t}\right|_{\max} = \Delta \cdot f_s \,(\text{临界条件}) \qquad (2-7)$$

由图 2 - 27 与式（2 - 7）可以看出，当 $\left|\dfrac{\mathrm{d}f(t)}{\mathrm{d}t}\right|$ 较大时（即信号快速变化期间），过载噪声是主要问题。为了不发生过载，必须增大量阶 Δ 和抽样频率 f_s，使 Δ 与 f_s 的乘积达到一数值，从而满足式（2 - 7）的要求。当 $\left|\dfrac{\mathrm{d}f(t)}{\mathrm{d}t}\right|$ 较小时（信号变化慢），一般量化噪声是主要问题，如果 ΔM 大，量化噪声也大，ΔM 小，一般量化噪声则小。而简单增量调制的量阶 Δ 是固定的，很难同时满足两方面的要求。不过提高 f_s 是有好处的，因为 f_s 增大一方面能减少过载噪声，另一方面又能降低一般量化噪声。在 ΔM 系统中，抽样频率一般要比 PCM 系统的高得多（通常要高出 2 倍以上，典型值为 16 kHz 或 32 kHz。）

在正常通信中，很显然是不希望出现这种过载的。因此，对输入信号应有所限制，现以正弦信号为例来说明。

设输入模拟信号为：

$$f(t) = A\sin\omega t$$

它的斜率为：

$$\frac{\mathrm{d}f(t)}{\mathrm{d}t} = A\omega\cos\omega t$$

其最大斜率为 $A\omega$。根据上面的分析，只要满足下列条件：

$$A\omega \leqslant \Delta \cdot f_s \qquad (2-8)$$

就不会发生过载现象，所以临界过载输入电压 A 可以由下式决定：

$$A_{max} = \frac{\Delta \cdot f_s}{\omega} = \frac{\Delta \cdot f_s}{2\pi f} \qquad (2-9)$$

式（2-9）中 f 为输入正弦信号的频率。在其他条件一定时，过载电压与 f 成反比。其物理意义很容易解释，因为当信号幅度一定时，频率越高，它的斜率越大，反过来，信号斜率一定时，信号频率越高，允许的幅度也就越小。所以在这种简单增量调制通信系统中，当信号频率增大时，允许的输入信号幅度比低频信号时小。如果被传送的模拟信号是均匀频谱（频带内信号功率较均匀），那么在信号的高频段将容易出现过载。

2. 量化噪声

由于在实际应用中都是防止工作到过载区域，因此这里只分析一般的量化噪声（粒状噪声）。由图 2-24 可知，在简单增量调制中接收端解调出来的为 $f_0(t)$，显然模拟信号 $f(t)$ 与 $f_0(t)$ 之间的差值 $\Delta f(t)$ 就是量化误差，如图 2-30 所示。

从图 2-30 可以看出，在不过载的区域，$\Delta f(t)$ 的幅度总在 $\pm\Delta$ 内，假设随时间随机变化的 $\Delta f(t)$ 在区间（$-\Delta$，$+\Delta$）内均匀分布，其概率密度函数为 $1/(2\Delta)$。这时没有经过低通滤波器的一般量化噪声功率为：

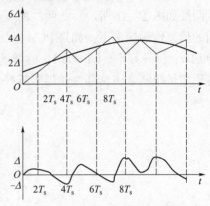

图 2-30　增量调制中的量化

$$N_q = \int_{-\Delta}^{\Delta} \frac{\varepsilon^2}{2\Delta} d\varepsilon = \frac{\Delta^2}{3} \qquad (2-10)$$

量化噪声功率与信号幅度无关，而量化噪声与 PCM 的均匀量化噪声相差 4 倍。这是由于增量调制的量化误差范围为（$-\Delta \sim +\Delta$），而 PCM 的量化误差范围为（$-\Delta/2 \sim +\Delta/2$）所造成的。而经过低通（设其截止频率为 f_0）滤波器后的噪声功率就为：

$$N_q = \frac{\Delta^2}{3} \cdot \frac{f_0}{f_s} \qquad (2-11)$$

式中，f_0/f_s 是可以通过低通的噪声分量比值，f_0 通常为 3 400 Hz。

现在我们来求量化信噪比。由于未过载时，量化噪声与信号幅度无关，而信号越大则信噪比也越大，在临界状态时信噪比最大。例如，对频率为 f 的正弦信号来说，信号功率为：

$$P_{smax} = \frac{1}{2} A_{max}^2 \qquad (2-12)$$

根据不过载条件式（2-8），有临界点的信号幅度为：

$$A_{max} = \frac{\Delta \cdot f_s}{2\pi f} \qquad (2-13)$$

故

$$P_{smax} = \frac{1}{8} \cdot \frac{f_s^2 \Delta^2}{\pi^2 f^2} \qquad (2-14)$$

因而最大信噪比为：

$$\text{SNR}_{\max} = \frac{S_{\max}}{N_q} = \frac{P_{s\max}}{N_q} = \frac{3}{8\pi^2} \cdot \frac{f_s^3}{f_0 f^2} \approx 0.04 \frac{f_s^3}{f_0 f^2} \tag{2-15}$$

式（2-15）说明了在临界时最大量化信噪比与抽样频率f_s、信号频率f的关系。但通常情况下语音信号幅度不可能都在临界状态，而量化噪声在未过载时又与信号幅度A无关。因此，信号幅度小于$A_{\max}$时，信噪比将随信号成比例下降。这就使得简单增量调制难以使用。

2.2.4　PCM 与 ΔM 系统性能比较

在 2.2.3 节我们对最基本的 PCM 和 ΔM 系统分别做了性能分析，为了进一步了解这两种调制方式的相对性能，这里对它们的抗噪声能力做一简要说明。

在无误码（或误码率极低）以及相同的信道传输速率的条件下，PCM 与 ΔM 系统的比较曲线如图 2-31 所示。此曲线的详细推导过程可参阅相关书籍。由图 2-31 可看出，在相同的信道传输速率下，如果 PCM 系统的编码位数 N 小于 4，则它的性能比低通截止频率f_0 = 300 Hz、信号频率f_s = 1 000 Hz 的增量调制系统的差；如果 $N > 4$，则随着 N 的增大，PCM 相对于增量调制来讲，其性能越来越好。

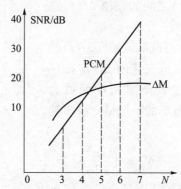

图 2-31　PCM 系统与 ΔM 系统不同 N 时信噪比比较

在有信道误码的情况下，由于增量调制中每一位码元都代表着相同的增量，即每一位码元有相同的加权数值，因而发生误码时只会造成 $\pm\Delta$ 的误差。但在 PCM 中，它的每一位码元都有不同的加权数值，例如，处于最高位的码元将代表$2^n - 1$ 个量化级的数值，因而将引起较大的误差。所以误码对 PCM 系统的影响要比对增量调制系统的影响更严重些。这也就是说，为了获得相同的性能，PCM 系统将比增量调制系统要求更低的误码率。

2.2.5　自适应增量调制

通过对简单增量调制性能的讨论，我们知道，根据信号斜率的大小来改变量阶 Δ，使量阶能够自动适应信号斜率的变化，是在适当的抽样频率下减小量化噪声（过载噪声和一般量化噪声）的有效方法。

自适应增量调制（ADM），就是一种自动调节量阶 Δ 的增量调制方式。在 ADM 中，因量阶 Δ 不再固定，这就相当于非均匀量化，因此这种调制方式也称作压扩式自适应增量调制。

为了使 ΔM 的量化级能够自适应，人们研究了各种各样的方法。但是所有方法都有一个共同点，那就是当检测到斜率过载时开始增大量阶 Δ；斜率减小时降低量阶 Δ。有的方法是直接测量输入信号斜率和直接发生量阶信息，有的则是从传输数码中找出量阶信息。

ADM 又分为连续音节压扩增量调制和数字音节压扩增量调制两种。

（1）连续音节压扩增量调制

连续音节压扩增量调制是一种利用语音信号在一个音节内的平均幅度来控制量化阶距 Δ，使 A 随平均幅度做连续变化的技术。

我们知道，人们讲话时，语音的频率和振幅都是在不断变化的。语音信号的振幅包络变化周期的统计平均值约为 10 ms。我们称包络的变化周期为一个音节，一般一个音节约为 10 ms，相当于包络变化速率为 100 Hz 左右。Δ 值按音节改变就是指在某一音节内保持不变，而在不同音节则各不相同。由于信号幅度小时音节内平均斜率小，信号幅度大时，音节内平均斜率大，因此，音节压扩就是使 Δ 随音节内的平均斜率的大小而变化。

连续音节压扩增量调制系统的方框图如图 2–32 所示，图中微分、整流、平滑 3 个单元的作用是取得音节的平均斜率，这个斜率是频率为 100 Hz 的低频信号，这个信号使原来减法器输出的增量值在每一音节内都增加了一个平均斜率值。语音信号是一种平均值为零的交变电压，通过 ΔM 后输出的信码中，"1" 与 "0" 的平均数基本上是相等的，一旦增量加上平均斜率值后，就会使原来判为 "0" 码的一些增量改判为 "1" 码，从而使 "1" 码与 "0" 码的平均数变得不等。显然，平均斜率值大的音节 "1" 码数多，平均斜率值小的音节 "1" 码数少。在反馈回路中，通过平滑电路得到各音节 "1" 和 "0" 码的平均值，由这个平均值来控制脉幅调制器，从而得到不同幅度的脉冲，幅度大的脉冲通过积分器输出的阶距 Δ 大，幅度小的脉冲通过积分器输出的 Δ 就小，这样，使信号音节平均斜率大时 Δ 大，平均斜率小时 Δ 小，以达到压扩和自适应的目的。显然，连续音节压扩 ΔM 调制器的动态范围比 Δ 固定的增量调制器的动态范围大，因为小信号时 Δ 比较小，所以小信号时的信噪比大大提高了。

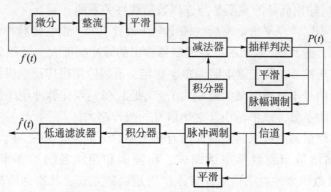

图 2–32 连续音节压扩增量调制框图

连续音节压扩 ΔM 的电路比较简单，但系统的稳定性相对较差，这主要是因为模拟电路较保持码序列中 "1" 码的平均数目与音节强度成正比的缘故。

（2）数字音节压扩增量调制

图 2–33 所示为数字音节压扩 ΔM 的方框图，它与连续压扩 ΔM 的框图 2–32 比较，取消了由微分、整流、平滑 3 个单元组成的前向控制电路，而仅在反馈电路中，多加了一个连 "1" 连 "0" 检测电路，稳定性比前者好。

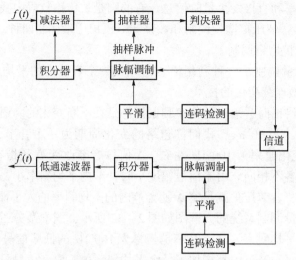

图 2 – 33　数字音节压扩增量调制框图

在 ΔM 系统中输入信号的波形上升得越快，输出的连"1"码就越多，同样下降得越快连"0"码越多，而输入信号较平坦时输出的连"1"连"0"码就较少，连"1"（或连"0"）的多少可以反映输入信号的斜率变化。因此可以通过连"1"（或连"0"）数的多少来从中取出控制变化的信息。数字音节压扩增量调制正是利用了这一原理，利用连码检测器取出这一信息，通过脉幅调制器和积分器达到改变 A 的目的，最常用的连码检测器是 3 连"1"或 4 连"1"检测器。以 4 连"1"检测器为例，当 $P(t)$ 出现 4 个或大于 4 个连"1"时，四"1"检测器便输出一个与信号元宽度相同的脉冲，如果 $P(t)$ 是 5 个连"1"码，则连码检测器的脉冲就加宽一个码元，当 $P(t)$ 输出为 n 个连"1"时，检测器输出脉冲的宽度就为 $n - 4 + 1$，这时输出脉冲的宽度是与连码数呈线性关系的。

由于脉冲宽度不同，经平滑电路后的输出电压值就不同，由它经脉冲调幅调制器输出的脉冲幅度也就不同，连"1"数大的脉幅调制器输出的脉冲幅度大，经积分器后得到的 Δ 就大。这种数字音节压扩 ΔM 调制器电路简单、稳定，所以应用很广泛。设没有控制电压时的最小阶距为 Δ_0，而信号不过载时最大阶距为 Δ_{max}，把 Δ_0 / Δ_{max} 叫作脉冲压缩比，它是衡量压扩增量调制压缩程度的参数，该值越小，对小信号的改善越大。

数字音节压扩增量调制进入实用阶段已有几十年的历史。我国在 20 世纪 70 年代已将这种方式定为通用的增量调制数字电话制式，在美国和西欧各国的军事通信网中也采用 16 Kb/s 或 32 Kb/s 数码率的数字检测音节压扩增量调制方式。其通话质量能够完全符合一般军事通信与中等通话质量要求，语音清晰度和自然度良好。当然，早期的数字检测音节压扩增量调制是由分立元件与小规模集成电路组成的，现已有集成单片可供选用。

2.3　增量总和调制

在 2.2 节中已经讨论过简单增量调制的过载电压幅度随信号频率提高而下降，为了将这一特性以适应高频端频谱丰富的信号源的要求，提出了增量总和调制（Δ – Σ 调制）。Δ – Σ

调制基本原理框图如图 2-34 所示。它与简单增量调制的主要区别在于将输入信号先进行积分，使信号高频分量幅度下降，然后再进行增量调制。与输入信号的积分相对应，在接收端必然要进行一次微分，用来补偿发送端积分后引起的频率失真。若积分器与微分器是互补的，则接收端积分器与微分器均可以省去，使电路得到简化，如图 2-35 所示。但 $\Delta-\Sigma$ 调制的 SNR_{max} 值将与简单增量调制略有不同，有：

$$SNR_{max\Delta-\Sigma} \approx 0.12 \frac{f_s^3}{f_h^3} \tag{2-16}$$

式中，f_h 为低通滤波器的截止频率；f_s 为抽样频率。

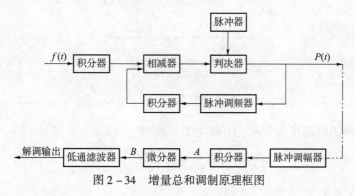

图 2-34 增量总和调制原理框图

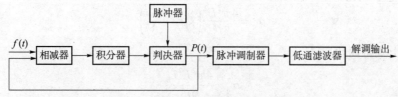

图 2-35 增量总和调制简化框图

为使式（2-16）得到证明，我们给出以下过程。由简单 ΔM 调制量化噪声功率式可知，图 2-34 中 A 点的 $\sigma_q^2 = \Delta^2/3$。由于量化噪声功率谱可近似认为均匀分布在 $(0, f_s)$ 内，A 点的噪声功率谱密度为：

$$G_A(f) = \frac{\Delta^2}{3f_s} \tag{2-17}$$

B 点的噪声功率谱的密度为：

$$G_B(f) = G_A(f) \mid D(f) \mid^2 \tag{2-18}$$

$$I(f) = \frac{\dfrac{1}{j\omega C}}{R + \dfrac{1}{j\omega C}} \tag{2-19}$$

$$\mid I(f) \mid = \frac{f_1}{\sqrt{f_1^2 + f^2}} \tag{2-20}$$

其中，$D(f)$ 是微分网络 $\dfrac{d}{dt}$ 的频率响应。若采用 RC 型积分网络（见图 2-36），则有：

$$\mid D(f) \mid^2 = \frac{f_1^2 + f^2}{f_1^2} \tag{2-21}$$

51

其中，$f_1 = 1/(2\pi RC)$。由于 $D(f) = 1/I(f)$，因此，把式（2-21）代入式（2-18），则有：

$$G_B(f) = \frac{\Delta^2}{3f_s}\left(\frac{f_1^2 + f^2}{f_1^2}\right) \tag{2-22}$$

设低通滤波器上截止频率为f_h，下截止频率接近于零，求得：

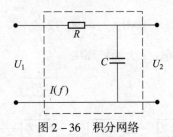

图 2-36 积分网络

$$\sigma_q^2 = \int_0^{f_h} G_B(f)\,\mathrm{d}f = \frac{\Delta^2}{3f_s f_1^2}\left(f_1^2 f_h + \frac{f_h^3}{3}\right) \tag{2-23}$$

又设脉冲发生器输出的幅度为 $\pm E$，且 $RC \gg T_s$，则有：

$$\Delta \approx \frac{E}{RC}T_s = \frac{2\pi E f_1}{f_s} \tag{2-24}$$

将式（2-24）代入式（2-23），求得：

$$\sigma_q^2 = \frac{4\pi^2 E^2}{3f_s^3}\left(f_1^2 f_h + \frac{f_h^3}{3}\right) \tag{2-25}$$

假设$f_1 \ll f_h$，上式可简化成：

$$\sigma_q^2 = \frac{4\pi^2 E^2 f_h^3}{9f_s^3} \tag{2-26}$$

$\Delta - \Sigma$ 调制与 ΔM 的不同点在于输入信号要先进行一次积分，在接收端相应地进行微分。因此临界过载时，输入的正弦波的最大幅度为：

$$A_{\max\Delta-\Sigma} = A_{\max\Delta M}\,|D(f)| = \frac{A_{\max\Delta M}}{|I(f)|} = A_{\max\Delta M}\left[\frac{f_1^2 + f^2}{f_1^2}\right]^{\frac{1}{2}} \tag{2-27}$$

式中，$A_{\max\Delta M}$ 表示 ΔM 的临界幅度。通常f_1很低，所以$f \gg f_1$，于是上式可简化成：

$$\begin{aligned} A_{\max\Delta-\Sigma} &= \left(\frac{f}{f_1}\right)A_{\max\Delta M} \\ &= \left(\frac{f}{f_1}\right)\cdot\frac{\Delta \cdot f_s}{2\pi f} = E \end{aligned} \tag{2-28}$$

由式（2-28）可知 $\Delta - \Sigma$ 调制的临界过载电压幅度与信号频率无关，临界过载时的信号功率为：

$$S = \frac{A_{\max\Delta-\Sigma}^2}{2} = \frac{E^2}{2} \tag{2-29}$$

于是有：

$$\mathrm{SNR}_{\max} = \left(\frac{S}{\sigma_q^2}\right)_{\max\Delta-\Sigma} \approx 0.12\frac{f_s^3}{f_h^3} \tag{2-30}$$

这便是式（2 – 16）给出的结果。

由于实际语音的高频分量较小，一般电话机内都有预加重网络，加强高频分量以提高清晰度，因此电话机输出的语音频谱具有较平坦的特性，而 Δ – Σ 调制的频率响应能较好地与电话机输出频谱相匹配。

2.4 自适应差值脉冲编码调制

现有的 PCM 编码需采用 64 Kb/s（单路话数码率）的 A 律或 μ 律对数压扩的方法，才能符合长途电话传输语音的质量标准。在最简单的二进制基带传输系统中，传送 64 Kb/s 数字信号的最小频带理论值为 32 kHz。而模拟单边带多路载波电话每路语音占用的频带为 4 kHz。可以看出，PCM 占用频带要比模拟单边带通信系统宽很多倍。因此，在频带宽度严格受限的传输系统中，能传送的 PCM 电话路数要比模拟单边带通信方式传送的电话路数少得多。这样，对于费用昂贵的长途大容量传输系统，尤其是对卫星通信系统来讲，采用 PCM 数字通信方式的经济性能很难和模拟通信相比。至于在超短波波段的移动通信网中，由于其频带有限（每路电话必须小于 25 kHz），64 Kb/s PCM 更难得到应用。因此，几十年来，人们一直致力于压缩数字化语音占用频带的研究工作，也就是在相同质量指标的条件下，努力降低数字化语音数码率，以提高数字通信系统的频带利用率。

一般情况下，人们把降低数码率的语音编码方法称为语音压缩编码技术。语音压缩编码方法很多，如差值脉码调制（DPCM）、子带编码（SBC）、变换域编码（ATC）、多脉冲激励线性预测编码（MPLPC）、参数或波形矢量编码（VQ）以及码激励预测编码（CELP）等。多年来，大量的研究表明，自适应差值脉码调制（ADPCM）是语音压缩编码中复杂度较低的一种方法，它能在 32 Kb/s 数码率上达到符合 64 Kb/s 数码率的语音质量要求，也就是符合长途电话的质量要求。

需要指出的是，ADPCM 编码方法在更低的数码率（如 16 Kb/s、8 Kb/s 等）上应用时，其语音质量明显下降，不能达到高质量通信系统的要求。但它可和其他语音编码方法（如子带编码等）组合起来，达到较高的质量。还值得指出的是，对图像信号也可进行 ADPCM 编码，以获得高质量的数字化图像信号。

ADPCM 是在差值脉码调制（DPCM）基础上发展起来的，因此在介绍 ADPCM 工作原理之前先介绍 DPCM。

2.4.1 差值脉码调制（DPCM）的原理

1. DPCM 的基本概念

PCM 是对抽样值进行量化编码，其量化噪声及 SNR 的大小取决于样值取值范围 V 和量化级数。由于抽样值在一个较大的范围内变化，故要满足一定的 SNR，量化级数必须足够大，通常 $N = 256$，每个样值要编 8 位码。这样就使得单路语音数码率较高（64 Kb/s）。其实语音信号相邻的抽样值之间存在着很强的相关性，即信号的一个抽样值到相邻的一个抽样值不会发生迅速地变化，因此就没有必要直接传送原始信号的抽样序列，而只需传送差值序列就行了。由于样值差值的动态范围要比样值本身的动态范围小得多，这样就有可能在保证语音质量要求的情况下，降低数码率。但在 ΔM 中，差值 $\Delta f(t)$ 被量化成用一位二进制码表示的两个电平（$+1$ 或 -1），编成"1"码或"0"码。即 $\Delta f(t) > 0$ 时，编为"1"码；$\Delta f(t) < 0$ 时，编为"0"码。如果将差值 $\Delta f(t)$ 量化为 N 个（$N > 2$）量化级，即对每个差值编为 $n(n > 1)$ 位二进制码，则这种编码方式称为差值脉码调制（DPCM）。这种制式是综合 ΔM 和 PCM 两种系统的优点而构成的。

　　2. DPCM 的原理框图

　　先讨论由差值序列恢复样值序列的原理框图。

　　（1）样值序列的恢复

　　图 2-37（a）中，设语音信号样值序列为 $S(0)$、$S(1)$、$S(2)$、$\cdots$、$S(n)$，设 $\varepsilon(i)$ 为本时刻样值与前抽样时刻样值的差值，即：$\varepsilon(i) = S(i) - S(i-1)$，如图 2-37（b）所示（并设 $\varepsilon(0) = S(0)$）。

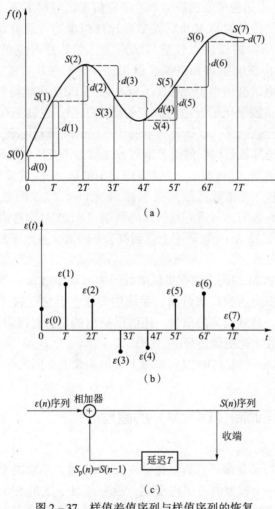

图 2-37　样值差值序列与样值序列的恢复

（a）样值序列；（b）差值序列；（c）记忆 T 时间

　　从图 2-37（a）可看出：

$$S(0) = \varepsilon(0)$$

$$S(1) = \varepsilon(0) + \varepsilon(1) = S(0) + \varepsilon(1)$$
$$S(2) = \varepsilon(0) + \varepsilon(1) + \varepsilon(2) = S(1) + \varepsilon(2)$$
$$\cdots$$

$$S(n) = \sum_{i=0}^{n} \varepsilon(i) = S(n-1) + \varepsilon(n) \qquad (2-31)$$

从式（2-31）和图 2-37（a）可以看出：样值 $S(n)$ 等于从开始到现在所有差值的积累。由此可见，假设信道是理想的，在发送端发送差值脉冲序列 $\varepsilon(0)$、$\varepsilon(1)$、$\varepsilon(2)$、…，那么在接收端即可恢复原始样值脉冲序列 $S(0)$、$S(1)$、$S(2)$、…。具体地讲，在接收端只要能将前一样值 $S(n-1)$（所有过去差值的累积和）记忆一个抽样周期 T（这可由迟延 T 回路完成），然后与本时刻的 $\varepsilon(n)$ 叠加，就可恢复出 $S(n) = S(n-1) + \varepsilon(n)$。可根据图 2-37（c）具体说明如下：

1）第 1 个差值 $S(0) = \varepsilon(0)$ 到达接收端，与迟延回路输出的 $S_p(0)$ 相加，相加器输出 $S_p(0) = \varepsilon(0) = S(0)$，因初始状态（$t=0$ 时），$S_p(0) = 0$。收端恢复信号为 $S(0)$。

2）经过 T 时间后，$\varepsilon(1)$ 出现在相加器输入端，这时 $S(0)$ 通过迟延 T 回路也反馈到相加器输入端，即 $S_p(1) = S(0)$，因此接收端恢复信号为：$S_p(1) + \varepsilon(1) = S(0) + \varepsilon(1) = S(1)$。

3）同理，当差值以 $\varepsilon(2)$ 到达相加器输入端时，$S_p(2) = S(1)$，相加器输出为 $S_p(2) + \varepsilon(2) = S(1) + \varepsilon(2) = S(2)$。

从上述分析可得出结论：接收端只需要一个逐次记忆回路（迟延 T 回路）和相加器，就可以完成差值的积累，从而达到恢复出原始样值脉冲序列的目的。

（2）DPCM 的原理框图

1）解码和重建。

图 2-38 是 DPCM 的原理框图。与图 2-37（c）不同的是，因为发送端的差值以 $\varepsilon(n)$ 量化为 $\varepsilon'(n)$ 后，经编码器编码为 $C(n)$ 送往信道，所以接收端先要将二进制码组 $C(n)$ 经解码电路恢复为差值的量化值 $\varepsilon'(n)$，然后再经过逐次记忆回路和相加器，恢复出原始样值的近似值 $S'(n)$（称为样值的量化值序列）。显然

$$S'(n) = \sum_{i=0}^{n} \varepsilon'(i) \qquad (2-32)$$

而 $S'(n)$ 与 $S(n)$ 的差别，即为 DPCM 的量化误差 $e(n)$：

$$e(n) = S(n) - S'(n) \qquad (2-33)$$

再将 $S'(n)$ 经重建低通滤波器，就可重建出语音信号 $f'(t)$（有量化失真）。

下面着重讨论发送端框图的构成原理。因为 DPCM 是将差值脉冲序列进行量化编码后送到信道传输的，因此，对发送端来说，首先要解决差值的检出，也就是说关键问题在于怎样检测出前一抽样值。

2）差值的检出——预测值的形成。

根据式（2-31），可得：

$$S(n-1) = \sum_{i=0}^{n-1} \varepsilon(i) \approx \sum_{i=0}^{n-1} \varepsilon'(i) \qquad (2-34)$$

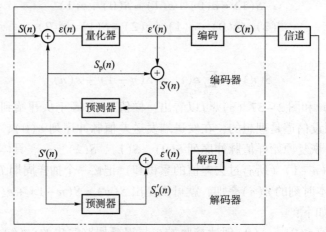

图 2 – 38　DPCM 原理框图

因为 DPCM 要将差值 $\varepsilon(i)$ 量化为 $\varepsilon'(i)$，因此前一抽样值只能由差值的量化值 $\varepsilon'(i)$ 形成（这同 ΔM 一样，预测信号只能是前一样值的近似值）。由图 2 – 37（c）和上述分析可知：

如果图 2 – 37（c）输入为 $\varepsilon'(i)$ 序列，则经相加和迟延后有：

$$S_{\mathrm{p}}(n) = \sum_{i=0}^{n-1} \varepsilon'(i) = \varepsilon'(0) + \varepsilon'(1) + \cdots + \varepsilon'(n-1)$$

$$\approx S(n-1) \tag{2-35}$$

即在 nT 时刻的 $S_{\mathrm{p}}(n)$ 值是所有过去的差值量化值的积累，可近似为样值 $S(n)$ 的一种预测值（前一样值），因此可分析图 2 – 38 所示框图预测、量化编码的过程。具体分析如下。

①$t = 0$ 时刻：$S_{\mathrm{p}}(n) = 0$，$\varepsilon(0) = S(0) - S_{\mathrm{p}}(0) = S(0)$，将差值以 $\varepsilon(0)$ 量化为 $\varepsilon'(0)$ 编码后送到信道传输出去，这时的样值量化值 $S'(0)$ 与差值量化值 $\varepsilon'(0)$ 的关系如下：

$$S'(0) = S_{\mathrm{p}}(0) + \varepsilon'(0) = 0 + \varepsilon'(0) = \varepsilon'(0) \tag{2-36}$$

②$t = T$ 时刻：$S'(0)$ 经 T 时间延迟后，于 $t = T$ 时刻出现在预测器输出端，此时 $S_{\mathrm{p}}(1) = S'(0) = \varepsilon'(0)$。

差值 $\varepsilon(1) = S(1) - S_{\mathrm{p}}(1)$，其量化值为 $\varepsilon'(1)$，$\varepsilon'(1)$ 被编码后送至信道。这时样值量化值 $S'(1) = S_{\mathrm{p}}(1) + \varepsilon'(1) = \varepsilon'(0) + \varepsilon'(1)$。

③$t = 2T$ 时刻：$S'(1)$ 经过 T 时间延迟后，在 $t = 2T$ 时刻，$S_{\mathrm{p}}(2) = S'(1)$，差值 $\varepsilon(2) = S(2) - S_{\mathrm{p}}(2)$，其量化值为 $\varepsilon'(2)$，$\varepsilon'(2)$ 被编码后送至信道。这时 $S'(2) = S_{\mathrm{p}}(2) + \varepsilon'(2) = \varepsilon'(0) + \varepsilon'(1) + \varepsilon'(2)$。

由此类推，有：

$$S_{\mathrm{p}}(n) = \sum_{i=0}^{n-1} \varepsilon'(n) = S'(n-1) \tag{2-37}$$

所以

$$S'(n) = S_{\mathrm{p}}(n) + \varepsilon'(n) \tag{2-38}$$

（3）量化误差

由式（2 – 33）、式（2 – 38）和图 2 – 38 可知：

$$e(n) = S(n) - S'(n)$$
$$= [S_{\mathrm{p}}(n) + \varepsilon(n)] - [S_{\mathrm{p}}(n) + \varepsilon'(n)]$$

$$= \varepsilon(n) - \varepsilon'(n) \tag{2-39}$$

由此可以得出一个重要结论：样值的量化误差 $e(n)$ 等于差值的量化误差，并仅由差值量化器决定。

2.4.2　自适应差值脉冲编码调制（ADPCM）

在实际中随着通话人的不同，或语声内容不同，以及通话过程信号电平的变化，为了能在相当宽的变化范围内仍能得到最佳的性能，DPCM 也与 ΔM 相似，需要采用自适应系统（自适应预测和自适应量化）。有自适应系统的 DPCM 称为自适应差值脉冲编码调制，简称 ADPCM。大量研究表明，ADPCM 是语音压缩编码中复杂度较低的一种编码方法，它能在 32 Kb/s（每个差值编 4 位码）上达到符合 64 Kb/s 比特率的语音质量要求。也就是说能符合长途电话通信的质量要求。因此，CCITT 建议将 32 Kb/s 的 ADPCM 作为长途传输中的一种新型国际通用的语音编码方法。

ADPCM 的实现有两种方案，一种是预测固定，量化自适应；另一种是兼有预测自适应和量化自适应。

1．自适应量化

上面已概要地介绍了 DPCM 的工作原理，我们知道，在 DPCM 中量化是将幅度为无限多值的差值以 $\varepsilon(n)$ 变为幅度为有限个值 $\varepsilon'(n)$ 的过程。在实际电话网中，由于说话人声音强弱不同，传输电路衰耗不同，语音信号的功率变化范围可达 45 dB 左右，而量化器输入的 $\varepsilon(n)$ 显然与信号功率有关。自适应量化的基本思想就是：让量化阶距（量化电平范围）、分层电平能够自适应于量化器输入信号 $\varepsilon(n)$ 的变化，从而使量化误差最小。现有的自适应量化方案有两类：一类是其输入幅度由输入信号本身估值，这种方案称为前馈式自适应量化器。另一类是其阶距根据量化器的输出来进行自适应调整，或等效地用输出编码信号进行自适应调整，这类自适应量化方案称为反馈自适应量化器。图 2-39、图 2-40 所示分别为采用固定预测的前馈式（前向型）ADPCM 原理框图和反馈式（后向型）ADPCM 原理框图。

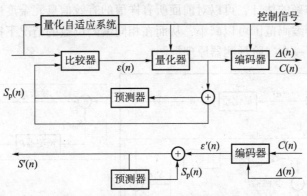

图 2-39　前馈式 ADPCM 原理框图

在前向自适应量化时，输入信号能量的估计值没有受到非线性量化器的影响，因估值准确是它的优点，但其缺点是阶距信息要与语音信息一起送到接收端解码器，否则接收端无法知道发送端该时刻的量阶值。另外阶距信息需要若干比特的精度，因而前向自适应量化不宜采用瞬时自适应量化方案。

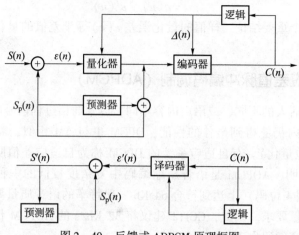

图 2-40　反馈式 ADPCM 原理框图

后向自适应量化的特点是：不需要阶距信息，因为阶距信息可以从接收信码中提取；另一特点是可采用音节或瞬时或者两者兼顾的自适应量化方式。其缺点是因量化误差而影响其估值的准确度，但自适应动态范围愈大，则影响程度也愈小。尽管有缺点，但这种方案仍不失其特色，所以被广泛采用。

不论是前馈式还是反馈式自适应量化都可以希望得到超过固定量化 10～12 dB 的改善。

2．自适应预测

（1）高阶预测

在图 2-38 所示的 DPCM 原理框图中预测器输出的值是前一个抽样值的近似值，而差值 $\varepsilon(n)$ 为前后两个相邻样值的差值（仅利用了前面一个样值）。这种情形我们称为一阶预测。在一阶预测的情况下，差值信号的概率分布与原始语音信号差不多，因为这时在差值信号中仍保留有大部分原语音信息。实际的语音信号其样值前后是有一定的关联的，当然如果知道前面的一些样值，再猜后面接着的一个样值，则知道得越多，越容易猜出。因此，为了对下一个输入样值产生准确的估计，可以对前面所有样值的有效信息冗余度进行加权求和。在较好估计情况下，预测编码范围可以减小，从而在相同编码位数的情况下提高信噪比。

图 2-41 给出了一个二阶预测器原理框图。

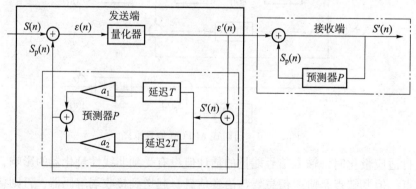

图 2-41　二阶预测器原理框图

从图 2-41 中可看出，二阶预测器输出信号为：

$$S_p(n) = a_1 S'(n-1) + a_2 S'(n-2)$$

$$\approx a_1 S(n-1) + a_2 S(n-2)$$

$$(2-40)$$

式（2-40）说明，二阶预测器输出与前 2 个样值有关。式中的 a_1、a_2 称为短时预测系数。同理可推广到 N 阶预测。N 阶预测是利用过去的 N 个样值，来预测目前输入样值，比一阶预测能提供更好的性能。

（2）自适应预测

自适应预测的基本思想就是使预测系数 $a_i(n)$ 的改变与输入信号幅值相匹配，从而使预测误差 $\varepsilon(n)$ 为最小值（尽可能小）。已知预测信号 $S_p(n)$ 为：

$$S_p(n) = \sum_{i=1}^{N} a_i(n) S'(n-i)$$

$$= \sum_{i=1}^{N} a_i(n) S(n-i)$$

$$(2-41)$$

则预测误差为：

$$\varepsilon(n) = S(n) - S_p(n)$$

$$\approx S(n) = [a_1 S(n-1) + a_2 S(n-2) + \cdots + a_N S(n-N)]$$

$$(2-42)$$

在自适应预测中采用了两项措施：一是增加用于预测的过去样值的数量（即增加阶数）；二是使分配给过去每个样值的加权系数是可调的。从而使音频语音得到约 13 dB 的预测增益。

同自适应量化一样，自适应预测也有前馈式和反馈式两种。图 2-42 给出了反馈式（后向型）兼有自适应量化与自适应预测的 ADPCM 原理框图。后向型自适应预测系数 $a_i(n)$ 是从重建后的信号 $S'(n)$ 中估算出来的。调整后的 $a_i(n)$ 信息也可直接送到接收端的预测器去控制其预测系数，但通常不传送 $a_i(n)$ 信息，它可在接收端通过预测自适应系统估算出来。

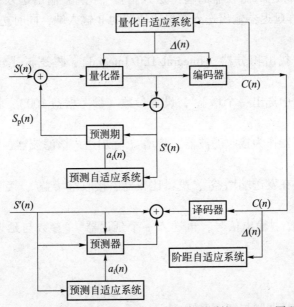

图 2-42　反馈式兼有自适应量化和自适应预测的 ADPCM 原理框图

仿真实验5 增量调制系统设计

仿真实验5
增量调制
系统设计

设计内容：增量调制与解调仿真系统。

设计目的：设计增量调制系统，并分析量阶 Δ 的大小与解调性能的关系。

设计步骤：

（1）调制

1）设置系统时钟（参考抽样点数为128，抽样频率为100 Hz）。

2）选择信源图标，信源采用高斯噪声（Noise/PN/Gauss Noise）。

3）选择算子库图标中的滤波器（Filters/Systems/Linear Sys Filters），单击"属性（Parameters）"设置一个低通滤波器（发送端）对高斯噪声滤波模拟随机的语音信号。（参考频率为10 Hz）

4）选择算子库图标，从中找出系统增益[1]（Gain/Scale/Gain），设置参数（可用默认参数），将滤波器输出信号进行放大。

5）选择算子库图标，找到逻辑比较器（Logic/Compare），设置比较方式（$a > b$）、真值（1）和假值（-1）。

6）将步骤4）中的放大信号送入逻辑比较器的 A 输入端。

7）选择算子库图标，找出抽样延迟器（Delays/Samp Delay），设置参数（参考选用默认参数）。

8）选出一个加法器和一个增益[2]并设置增益[2]参数（参数设置决定了量化级差 Δ 的大小，参考增益100），将逻辑比较器的输出送入增益[2]，增益[2]输出送入加法器，加法器输出送入抽样延迟器，抽样延迟器输出送入逻辑比较器的 B 输入端，同时送入加法器。

（2）解调

1）选择算子库，找出积分器（Integral/Diff/Integral），将逻辑比较器的输出送入积分器中。

2）再次从算子库中选出一个增益[3]，设置参数（参考增益100），将积分器的输出送入该增益[3]。

3）复制发送滤波器作为接收滤波器，将增益[3]输出送入该滤波器，输出即为还原的输入信号。

4）选择观察窗，在发送端增益[1]、逻辑比较器、接收端增益[3]、接收端滤波器处分别设置观察窗。

注：可在发送端增益[1]输出信号，再送入一个延迟器[2]（参数与延迟器[1]同），再送入观察窗。

5）运行系统。

问题：

1）设计并运行增量调制与解调系统。

2）改变增量调制的 Δ 值，观察输出信号的失真情况。

参考设计方案如图2-43所示。

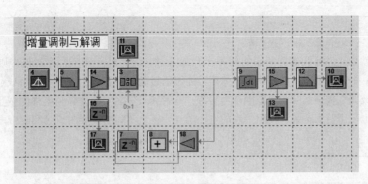

图2-43 设计窗

参考波形如图2-44所示。

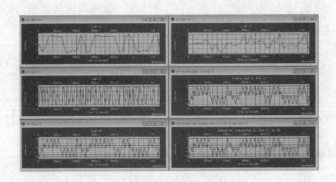

图2-44 分析窗

 学完本节内容后请完成附录C中的任务单2.2。

🔄 本章小结

模拟信号必须经过数字化处理后才能在数字通信系统中传输。模拟信号的数字化过程包括抽样、量化和编码3个过程。抽样可以实现模拟信号时间上的数字化,抽样频率应该高于模拟信号最高频率的2倍。量化使模拟信号的抽样值电平离散化,然后用数字代码去表示每一个量化值,也就是编码。比较常用的模拟信号数字化方法是脉冲编码调制(PCM)。量化会造成失真,采用非均匀量化可以提高小信号的量化信噪比,改善系统性能。非均匀量化可以通过压缩、扩张的方法来实现,常用的是A律13折线压缩特性。逐次反馈型编码器多用于PCM编码。

本节还讲述了增量调制(ΔM)的概念和工作原理,增量调制与PCM的特点、性能的比较。还包括自适应增量总和调制、自适应差值脉冲编码调制(ADPCM)的调制原理等内容。

闯关游戏二

滤波器连连看
滤波器的功能就是允许某一部分频率的信号顺利地通过，而另外一部分频率的信号则受到较大的抑制，它实质上是一个选频电路。滤波器中，把信号能够通过的频率范围，称为通频带或通带；反之，信号受到很大衰减或完全被抑制的频率范围称为阻带；通带和阻带之间的分界频率称为截止频率；理想滤波器在通带内的电压增益为常数，在阻带内的电压增益为零；实际滤波器的通带和阻带之间存在一定频率范围的过渡带。

你来连一连		
低通滤波器		允许一定频段的信号通过，抑制低于或高于该频段的信号、干扰和噪声。
高通滤波器		抑制一定频段内的信号，允许该频段以外的信号通过。
带通滤波器		允许信号中的低频或直流分量通过，抑制高频分量或干扰和噪声。
带阻滤波器		允许信号中的高频分量通过，抑制低频或直流分量。

第3章

数字信号的基带传输

本章节重难点：

数字基带信号的波形及频谱

数字基带信号的常用线路码型

数字基带信号的传输准则

基带传输中继系统

数字信号的传输方式可分为基带传输和频带传输。在某些有线信道中，特别是传输距离不太远的情况下，未经调制的、所占据的频带通常从直流和低频开始的电脉冲信号（即数字基带信号），可以直接传送，通常称之为数字信号的基带传输。而在另外一些信道，特别是无线信道和光信道中，要传输数字基带信号则必须先经过调制，即将基带信号频谱搬移到高频信号（即载波）上，才能由高频信号携带着在信道中传输，这种传输称为数字信号的频带传输（或载波传输）。目前，基带传输不仅用于近程和低速数据传输，而且还用于高速数据传输中。同时，基带传输的许多问题也是频带传输必须考虑的。如果把调制与解调过程看作是广义信道的一部分，则任何数字传输系统均可等效为基带传输系统。可见，数字信号的基带传输是数字通信的基础，掌握数字信号的基带传输原理是十分重要的。

本章将着重介绍数字信号基带传输的基本原理和方法。

本章知识体系思维导图：

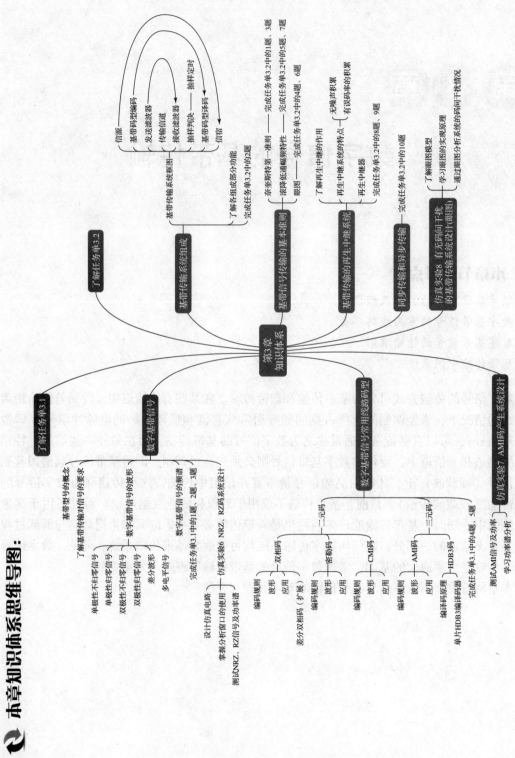

3.1 数字基带信号

3.1.1 数字基带信号的波形与频谱

1. 基带信号的基本概念

通常，数字信号的振幅是用2个（或3个、4个、8个，视进制而定）不同的电压来表示的，而将其频谱从0开始的未经变换处理的信号称为数字基带信号。在数字传输中，基带处理的对象就是这样的信号。无论是周期信号还是非周期信号，其周期和频谱或时间函数和频谱函数都有一一对应的关系。波形和频谱从两个侧面表现了信号的本质。对于实际的信号，波形与频谱互相制约，不能既选择一定形式的波形，又要求一定形状的频谱。波形是时间 t 的实函数，而频谱是频率的复函数，所以，频谱有幅度谱和相位谱。周期信号的频谱是线谱（又称离散谱），非周期信号的频谱是连续谱。如果把频谱的第1个零点作为信号的有效带宽的衡量标准，那么，虽然不同波形都有同样的信号持续时间 τ，但有效带宽却并不相同。这就是说，既要可靠地传输波形，又要有效地利用传输频带，就需要合理地选择传输波形。因此，研究数字传输，首先要研究波形和传输网络间的关系，从理论上阐明它们如何配合才能使传输既可靠又有效。

2. 基带传输对传输信号的要求

由数据终端设备输出的表示不同代码的数据信号一般不适合在基带传输系统或频带传输系统中直接使用。这是因为实际的传输存在各种缺陷，其中以频率特性的不理想和噪声对信号传输的影响为最大。为了适应实际信道的客观需要，通常需要对原始数据信号进行码型变换和波形处理，使之成为真正适合于相应系统中传输的基带信号。

由于基带传输是不搬移频谱的直接传输，以不同的电压或电流波形表示的原始二进制信号一般是单极性的直流信号，有的虽经波形变换，但仍含有直流成分，所以基带传输有直流传送和交流传送两种方式。这两种方式中，交流传送方式较为优越，因为它要求基带信号不含有直流成分，便于信号通过变压器进行匹配传输，对信号波形一般只要求双极性脉冲即可。因此，对传输码型的选择，应主要考虑以下几点：

1）码型中低频、高频分量尽量少。

2）码型中应包含定时信息，以便定时提取。

3）码型变换设备要简单可靠。

4）码型具有一定检错能力，若传输码型有一定的规律性，则可根据这一规律性来检测传输质量，以便做到自动监测。

5）编码方案对发送消息类型不应有任何限制，适合于所有的二进制信号。

6）编码效率高。

7）误码增殖低（单个的数字传输错误在接收端解码时造成错误码元的平均个数增加）。

3. 数字基带信号的波形

对于不同的基带传输系统，由于信道传输特性和要求的不同而采用不同的基带信号波形。基带信号波形有矩形、三角形、高斯脉冲及升余弦脉冲等，其中矩形脉冲为最常用的波形。因为矩形脉冲易于形成和变换，所以下面以矩形脉冲为例介绍常用的几种基带波形，并在给定代码的情况下，画出相应的二进制脉冲序列波形，如图3-1所示。

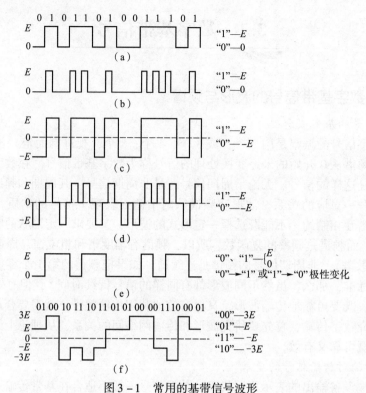

图3-1 常用的基带信号波形

（a）单极性不归零码；（b）单极性归零码；（c）双极性不归零码；

（d）双极性归零码；（e）差分波形；（f）多电平脉冲

（1）单极性不归零信号（NRZ）

设消息代码由二进制符号"0""1"组成，则单极性不归零信号的时域波形如图3-1（a）所示，其中基带信号的0电位对应于二进制符号"0"；正电位对应于二进制符号"1"。单极性不归零信号在一个码元时间内，不是有电压（或电流），就是无电压（或电流），电脉冲之间没有间隔，不易区分识别，采用归零码可以改善这种情况。

（2）单极性归零信号（RZ）

设消息代码由二进制符号"0""1"组成，则单极性归零信号的时域波形如图3-1（b）所示，发"1"码时对应于正电位，但持续时间短于一个码元的时间宽度，即发出一个窄脉冲，当发"0"码时，仍然完全不发送电流，所以称这种信号为单极性归零信号。

（3）双极性不归零信号（Bi-NRZ）

设消息代码由二进制符号"0""1"组成，则双极性不归零信号的时域波形如图3-1（c）所示，其中基带信号的负电位对应于二进制符号"0"；正电位对应于二进制符号"1"。

（4）双极性归零信号（Bi-RZ）

双极性归零信号是双极性波形的归零形式，双极性归零信号的时域波形如图3-1（d）所示，其中负的窄脉冲对应于二进制符号"0"；正的窄脉冲对应于二进制符号"1"，此时对应每一符号都有零电位的间隙产生，即相邻脉冲之间有零电位的间隔。

（5）差分波形

如图3-1（e）所示，在差分波形中，不是用电平的绝对值来代表码"1"和"0"，而是以电平的跳变或不跳变来表示代码"1"或"0"。若用电平跳变表示"1"，则称为传号差分波形（这是借用了电报通信中把"1"称为传号，"0"称为空号的概念）。若用电平跳变表示"0"，则称为空号差分波形。由于差分波形的电平与"1"和"0"之间不存在绝对的对应关系，而是用前后码元电平的相对变化来传输信息，这就使接收端的码元极性即使与发送端的完全相反，也能做出正确的判决。

（6）多电平信号

多电平脉冲的幅度取值是多值的（大于3个值）。它的每一个值可用多位二进制码来表示。对于 n 位二进制码而言，可以用 $M = 2^n$ 种电平来传输。这与二电平脉冲传输相比，传输时所需的信道频带降为 $1/n$，即频带利用率提高至 n 倍。图 3 – 1 （f） 示出了 4 电平脉冲波形。为了减少接收时因错判脉冲幅度而引起误码，通常采用格雷码表示。由于多电平脉冲的频带利用率高，所以它不仅用于频带受限的高速数据传输系统中，而且广泛地应用于调制传输中。

4. 基带信号的频谱

基带信号的时域波形只能表示信号的电压或电流在时间上的瞬时值，真正要了解基带信号特性，就需了解其频域特性，以便信号在信道中有效传输。

在实际通信中，被传送的信息都是收信者事先未知的，即除特殊情况（如测试信号）外，数字基带信号通常都是随机的脉冲序列（即随机信号）。由于随机信号不能用确定的时间函数表示，也就没有确定的频谱函数。因此也就只能从统计的角度出发，用功率谱来描述其特性。

设一个二进制的随机脉冲序列如图 3 – 2 所示。可以用 $g_1(t)$ 表示二进制符号"1"，$g_0(t)$ 表示二进制符号"0"，码元宽度为 T_s。需要注意的是，图 3 – 2 中虽然把 $g_1(t)$、$g_0(t)$ 都画成了高度不同的三角形脉冲，但实际上 $g_1(t)$ 和 $g_0(t)$ 可以是任意的脉冲。

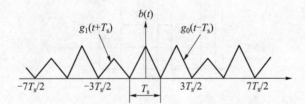

图 3 – 2　任意随机脉冲序列示意波形

若假设此基带二进制信号 $b(t)$ 中在任一码元时间 T_s 内 $g_1(t)$ 和 $g_0(t)$ 出现的概率分别为 P 和 $1 - P$，且二者的出现是不相关的，则 $b(t)$ 的一般表达式为：

$$b(t) = \sum_{x = -\infty}^{\infty} D_n g_1(t - nT_s) + \sum_{x = -\infty}^{\infty} (1 - D_n) g_0(t - nT_s)$$

$$= \sum_{x = -\infty}^{\infty} [D_n g_1(t - nT_s) + (1 - D_n) g_0(t - nT_s)] \tag{3 – 1}$$

其中

$$D_n = \begin{cases} 1, 概率为 P, 对应于 g_1(t - nT_s) \\ 0, 概率为 1 - P, 对应于 g_0(t - nT_s) \end{cases}$$

于是，只能根据功率密度谱定义来求 $b(t)$ 的功率密度谱。

二进制随机脉冲序列的功率谱形状主要取决于单个波形的频谱函数，码型规则仅起到加权作用，使功率谱形状有所变化。功率谱一般包含连续谱和离散谱，其中，连续谱总是存在的，通过其分布可以看出信号功率在频谱上的分布，从而确定传输数字信号的带宽。

离散谱的存在与否与脉冲波形及其出现的概率有关，它关系到能否从脉冲序列中直接提取位定时信号。因此离散谱非常重要。一般而言，"0""1"码元等概率时双极性码无直流成分，归零码存在位定时信息（离散谱），可以直接提取。如二进制随机脉冲序列的功率谱中无离散谱，则要设法变换基带信号的波形（码型）使功率谱中出现离散部分，以利定时信号的提取。

另外，码元时域的占空比越小，谱零点带宽越宽。

3.1.2 数字基带信号常用线路码型

为了满足基带传输的实际需要，一般情况下都要求把单极性脉冲序列经过适当的基带编码，以保证传输码型中不含有直流分量，并且具有一定的检测错误信号状态的能力和适应不同信源统计特性的能力。在基带传输中，目前传输码型已逾百种，ITU-T建议使用的也有20余种。下面以最常用的传输码型为例，对其编码原理和特点进行详细的介绍。

1. 双相码

双相码又称曼彻斯特码（Manchester 码）。其编码规则是：消息代码中的"0"用传输码中的"01"（零相位的一个周期的方波）表示；消息代码中的"1"用传输码中的"10"（π 相位的一个周期的方波）表示。其波形图如图 3-3（a）所示。

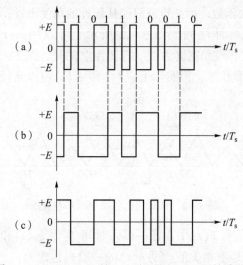

图 3-3 Manchester 码、Miller 码和 CMI 码的波形图
(a) Manchester 码；(b) Miller 码；(c) CMI 码

例如：

二进制码序列　　　1　　1　　0　　1　　0　　0　　1

Manchester 码序列　10　　10　　01　　10　　01　　01　　10

Manchester 码的特点：

1）由 Manchester 码确定的基带信号无直流分量。

2）Manchester 码能提供足够的定时分量。

3）编码简单。

2. Miller 码（密勒码）

Miller 码又称延迟调制码，它可看成是双相码的一种变形。其编码规则是：消息代码中的"1"用"10"或"01"表示。消息代码中的"0"分两种情况：单个"0"在码元持续时间内不出现电平跳变，且与相邻码元的边界处也不跳变；连"0"串在两个"0"码的边界处出现电平跳变，即"00"与"11"交替。其波形图如图3-3（b）所示。

例如：

二进制码序列　　1　1　0　1　0　0　1

Miller 码序列　　01　10　00　01　11　00　10

Miller 码的特点：

1）由 Miller 码确定的基带信号无直流分量。

2）Miller 码中出现最大宽度为 $2T_s$ 的波形，这一性质可用于误码检测。

3．CMI 码

CMI 码又称传号反转码。其编码规则是：消息代码中的"1"用"11"或"00"交替表示；消息代码中的"0"用"01"表示。其波形图如图3-3（c）所示。

例如：

二进制码序列　　1　1　0　1　0　0　1

CMI 码序列　　11　00　01　11　01　01　00

CMI 码的特点：CMI 码型中有较多的电平跃变，因此含有丰富的定时信息。

4．传号交替反转码

传号交替反转码又称 AMI 码。其编码规则是："1"交替变成"+1"和"-1"；"0"仍保持为"0"。占空比为50%，属于双极性归零码。

例如：

二进制码序列　0　1　0　1　1　0　1　0　0　1　1　1

AMI 码序列　　0　+1　0　-1　+1　0　-1　0　0　+1　-1　+1

AMI 码有以下特点：

1）没有直流分量，低频成分少。

2）译码电路简单。

3）能发现错码。

4）出现长串连"0"时，将使接收端无法取得定时信息。

5．HDB3 码

HDB3 码是3阶高密度双极性码的简称。HDB3 码保留了 AMI 码所有优点，还可将"0"码限制在3个以内，即克服了 AMI 码不能限制长连"0"个数对提取时钟不利的缺点。

HDB3 码型变换规则为：

1）将消息码变换成 AMI 码。

2）检查 AMI 码中连"0"的情况：

①当没有发现4个以上（包括4个）连"0"时，则不作改变，AMI 码就是 HDB3 码。

②当发现4个或4个以上连"0"的码元串时，就将第4个"0"变成与其前一个非"0"码元（"+1"或"-1"）同极性的码元。将这个码元称为"破坏码元"，并用符号"V"表示，即用"+V"表示"+1"，用"-V"表示"-1"。

3）为了保证相邻"V"的符号也是极性交替：

①当相邻"V"之间有奇数个非"0"码元时，这是能够保证的。

②当相邻"V"之间有偶数个非"0"码元时，不符合此"极性交替"要求。这时，需将这个连"0"码元串的第1个"0"变成"$+B$"或"$-B$"。B的符号与前一个非"0"码元的符号相反；并且让后面的非"0"码元符号从V码元开始再交替变化。

例如：

二进制码序列　　 1 0 0 0 0 1　 1　 0 0 0 0　 0 1

AMI码序列　　 $+1$ 0 0 0 0 -1　 $+1$　 0 0 0 0　 0 -1

HDB3码序列　　 $+1$ 0 0 0 $+V$ -1　 $+1$　 $-B$ 0 0 $-V$　 0 $+1$

HDB3码的特点：

1）由HDB3码确定的基带信号无直流分量，且只有很小的低频分量。

2）HDB3中连"0"串的数目至多为3个，易于提取定时信号。

3）编码规则复杂，但译码较简单。

总之，作为上述几种典型的基带信号码型，在交流传送方式中各有其特点。

1）双相码、密勒码、AMI码和HDB3码都不含直流成分，可作为线路传输码型。其中密勒码和HDB3码更适用于速率低于9 600 b/s的场合。

2）从所占频带宽度来看，以双极性不归零码最窄，为$0 \sim f_0/2$；双相码最宽，为$0 \sim 2f_0$；其他码型介于两者之间，为$0 \sim f_0$。

3）从提取定时信号的难易程度来看，不归零码、单极性归零码、密勒码和AMI码在原始数据中出现连"0"码时，将使提取定时信号变得困难，因而这几种码型不具有透明性，其他码型则是透明的。

4）在传输过程中，如2根传输线对调接线位置，双相码解码后易发生极性错误，其他码型则不会发生极性错误。

5）在各种码型发送峰值相同条件下，AMI码和HDB3码的发送功率低于其他码型的发送功率，故对邻近线对的干扰小。

6）从抗干扰性能而言，以二电平码为最好，因为可用限幅器削除叠加在信号电平上的噪声。

7）密勒码、AMI码和HDB3码均有较好的检测错误的能力，这是利用了相邻信号之间存在的某种相关特性。

由此可见，选择基带信号码型不但要考虑功率密度和输出能量谱，而且还要对抗干扰能力、传输距离和速率、编码和译码电路实现的难易程度以及成本高低等诸多因素加以综合考虑。

6. 单片HDB3编译码器应用

在这里介绍一种采用CMOS大规模集成电路的HDB3编译码器——CD22103，其引脚及内部框图如图3-4所示。它可同时实现HDB3编译码、误码检测及AIS码检测等功能，具有以下特点：

1）编译码规则符合ITU-T的G.703建议，工作速率为50 kb/s～10 Mb/s。

2）具有HDB3和AMI编译码选择功能。

3）所有输入、输出接口都与TTL兼容。

4）接收部分具有误码检测和AIS信号检测功能。

5）具有内部自环测试功能。

图3-5给出了实用的HDB3编码/译码电路。电路的发送部分在时钟作用下，将CRC编码电路送入的NRZ码编成两列单极性$+$HDB3和$-$HDB3，经外部驱动门送往输出变压器

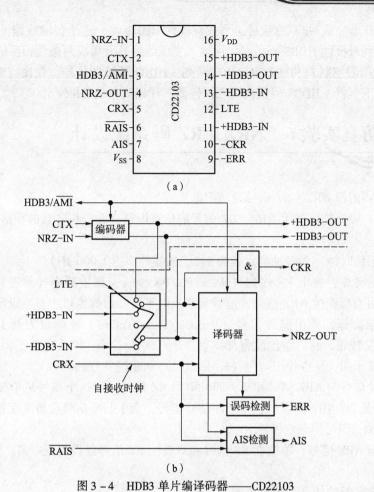

图 3 – 4　HDB3 单片编译码器——CD22103
（a）CD22103 的引脚图；（b）CD22103 的内部框图

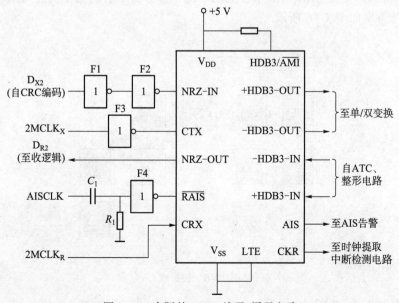

图 3 – 5　实际的 HDB3 编码/译码电路

汇总，输出变压器完成单/双变换后，形成双极性 HDB3 码，送给传输线路。电路接收部分从传输线路收到双极性 HDB3 码后，先由输入变压器将其分离成两极性相反的 HDB3 码；再经 ATC（自动门限控制）和整形电路形成两列 ±HDB3 单极性信号，在接收端 2MHz 主时钟的上升沿作用下，将 ±HDB3 码依次写入译码器，译码后输出 NRZ 码。

仿真实验6　NRZ、RZ 码系统设计

设计目的：测试 NRZ、RZ 信号及功率谱。

设计内容：设计能够产生 NRZ、RZ 信号的仿真电路，并分析各自的频谱。

设计步骤：

1）设置系统时钟（参考抽样点数为 512，抽样频率为 1 000 Hz）。

2）选择信源库，找出 PN 序列（Noise/PN/PN Seq），设置频率（参考频率为 50 Hz），"PN Seq"项可直接产生 NRZ 信号，信号频率及电平值在参数窗口中直接设定。

3）选择信源库，找出脉冲信号（Periodic/Pulse Train），频率设为与 PN 相同，单击"Square Wave"按钮，将占空比设为 50%。

4）选择算子库，从中找出与门（Logic/And）和非门（Logic/Not）。

5）将脉冲信号与 NRZ 信号相与，即可得到 RZ 信号，但这个信号是单极性的，想得到双极性 RZ 信号，将 NRZ 码反相，与脉冲信号相与，产生归零信号后再次反相，再与单极性的 RZ 信号相加，即可得到双极性 RZ 码。

6）在输出 NRZ 信号、单极性 RZ 信号和双极性 RZ 信号处设置观察窗。

问题：

1）设计该实验的仿真系统原理图。

2）在分析窗口生成 NRZ、RZ 信号的功率谱，并分析二者的抗干扰能力强弱。

参考设计方案如图 3-6 所示。

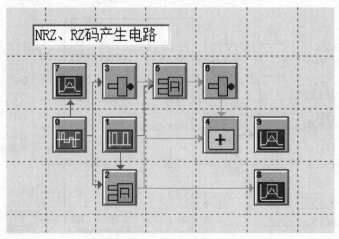

图 3-6　设计窗

参考波形如图 3-7 所示。

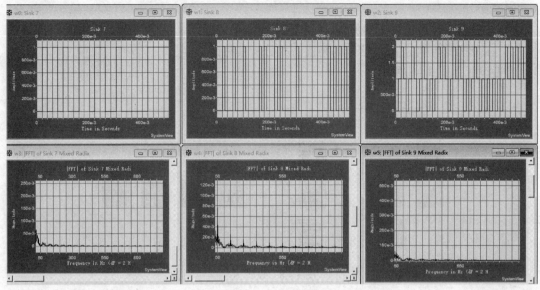

图3-7　分析窗

仿真实验7　AMI码产生系统设计

仿真实验7
AMI码产生
系统设计

设计目的： 测试AMI信号及功率谱。

设计内容： 设计能够产生AMI信号的仿真电路，并分析各自的频谱。

设计步骤：

1）设置系统时钟（参考抽样点数为512，抽样频率为1 000 Hz）。

2）选择信源库图标，找出PN序列（Noise/PN/PN Seq），设置频率（参考频率为50 Hz）。

3）在信源库中找出脉冲信号（Periodic/Pulse Train），设置频率（参考频率为50 Hz）。

4）选择信源库中的直流源，即"Aperiodic"组的"Step Fct"项（Amplitude：1V），作用是向JK触发器的Set、Clear端子提供高电平。

5）从信源库中找出正弦波（Periodic/Sinusoid），设置频率（参考频率为50 Hz）。

6）在算子库中找出JK触发器，即Logic库"FF/Latch/Reg"组的"FFJK"项。JK触发器共有5个输入端，带∗号为负电平有效。

7）在算子库中找出与门，"Logic"组的"And"项为与门。

8）在算子库中找出微分器，即Operator库"Integral/Diff"组的"Derivative"项。

9）在算子库中找出抽样器，即"Sample/Hold"组的"Sampler"项，抽样频率为50 Hz。

10）在算子库中找出保持器，即"Sample/Hold"组的"Hold"项。

11）将PN序列与脉冲信号相与，送入JK触发器的Clock端，将直流源送入JK触发器的Set、Clear、J端子，将正弦波送入JK触发器的K端。

12）将从JK触发器输出的信号依次送入微分器、抽样器和保持器，输出送入观察窗。

13）运行系统。

问题：

1）试分析上述设计方案的原理。

2）在分析窗口生成 AMI 信号的频谱，并分析其频谱特性。

参考设计如图 3-8 所示。

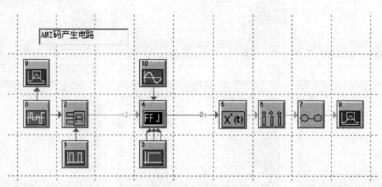

图 3-8　设计窗

参考波形如图 3-9 所示。

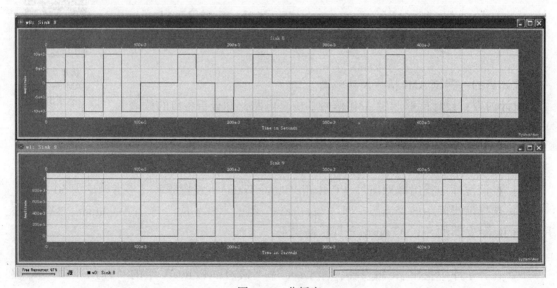

图 3-9　分析窗

 学完本节内容后请完成附录 C 中的任务单 3.1。

3.2　基带传输系统

基带传输系统的组成如图 3-10 所示。

基带传输系统的输入信号是由信源（如数据终端设备）产生的脉冲序列。为了使这种序列适合于信道传输的要求，一般要对其进行码型变换和波形处理。码型变换是为了满足信道对传输码型的要求，而波形处理则是为了信号在基带传输系统内减少码间串扰。信号通过传输信道的传输之后，由于信道传输特性的不理想，信号波形将发生畸变，引起码元之间的波形串扰。此外，由于信道中存在随机的加性噪声干扰，使信号波形发生随机变化，从而有可能造成接收端的判决错误。因此，信号到达接收端时，需要进入匹配滤波，滤除其带外噪声，然后再经过均衡器，校正包括发、收滤波器在内的因信道传输特性不理想而产生的波形失真或码间串扰。最后，在抽样定时脉冲作用下，做出正确判决，恢复原始基带信号。

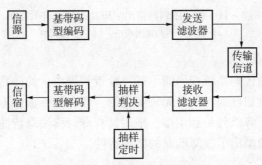

图 3 - 10　基带传输系统框图

数字基带信号直接在信道上进行传输，所要研究的问题主要有 3 个方面：数字信号的频谱特性；信道的传输特性；经过信道后数字信号的波形。下面介绍后两个问题。

3.2.1　数字基带信号传输的基本准则

1. 奈奎斯特第一准则

如何才能保证信号在传输时不出现或少出现码间干扰？这是关系到信号可靠传输的一个关键问题。奈奎斯特对此进行了研究，提出了不出现码间干扰的理论条件：当一个数字基带信号的码元在某一理想低通信道中传输时，若信号的传输速率为 $R_b = 2f_c$（f_c 为理想低通截止频率），各码元的间隔 $T_b = 1/R_b = 1/(2f_c)$，则此时在码元响应的最大值处将不产生码间干扰，且信道的频带利用率达到最高极限，为 $2T_b = 2\text{Bd}/\text{Hz}$。

上述条件是传输数字基带信号的一个重要准则，通常称为奈奎斯特第一准则。也就是说，传输数字基带信号所要求的信道带宽 B 应该是码元传输速率的一半，即 $B = f_c = R_b/2 = 1/(2T_b)$。

当满足这一条件时，其他码元的拖尾振幅在对应于某一码元响应的最大值处刚好为 0。设某一脉冲序列为…1101001…，当它们以 $R_b = 2f_c$ 的速率发送时，其输出响应将如图 3 - 11（a）所示。因此，码元传输过程不存在码间干扰时，接收端要对传输过来的数字信号进行检测就显得较为容易，因为只要抽样判决与码元传输速率同步，并在对应码元相应的最大值处进行，就可以检测传输进来的数字信号是"0"码还是"1"码，其示意图如图 3 - 11（b）所示。同时，在给定发送信号能量和信道噪声条件下，在奈奎斯特判决上能得到最大的信噪比。

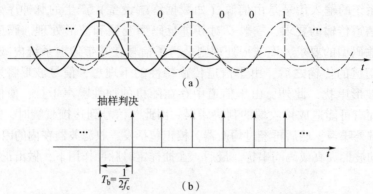

图3-11 脉冲序列的输出响应及抽样判决示意图

（a）脉冲序列的输出响应；（b）抽样判决

2. 滚降低通幅频特性

综上所述，理想低通传输系统在码间干扰、频带利用率、抽样判决点处信噪比等方面都能达到理想要求。然而理想低通特性是无法实现的，即实际传输中不可能有绝对理想的基带传输系统。这样，不得不降低频带利用率，采用具有奇对称滚降特性的低通滤波网络作为传输网络。图3-12定性地画出了滚降低通的幅频特性。

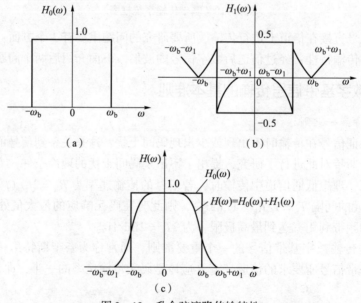

图3-12 升余弦滚降传输特性

（a）理想滤波特性；（b）奇对称滚降特性；（c）升余弦滚降特性

具有滚降特性的低通滤波网络，由于幅频特性在 f_c 处呈平滑变化，所以容易实现。问题的关键是滚降低通滤波网络作为传输网络是否满足无码间干扰的条件，或者说，当滚降低通特性符合哪些要求时，可做到其输出波形在抽样判决点无码间干扰。

根据推论得出结论：只要滚降低通的幅频特性以点 $C(\omega_b, 1/2)$（设该幅频特性的振幅最大值为1）呈对称滚降，则可满足无码间干扰的条件（此时仍满足传输速率 $R_b = 2\omega_b/(2\pi)$）。

参见图3-12，定义滚降系数 α 为：

$$\alpha = \frac{(\omega_b + \omega_1) - \omega_b}{\omega_b} \tag{3-2}$$

式中，$(\omega_b + \omega_1)$ 表示滚降低通的截止频率，即滚降低通网络的带宽；α 不同，可以有不同的滚降特性。满足奇对称滚降条件时的 ω_1 的最大值等于 ω_b，由图 3 – 12 可以看出，这时 $\alpha =$ 100%，这样的滚降特性称为滚降系数为 100% 的滚降特性；如果取 $\omega_1 = \omega_b/2$，则构成滚降系数为 50% 的滚降特性。当 $\alpha = 0$ 时，滚降低通转化为理想低通滤波器。

用滚降低通作为传输网络时，实际占用的频带展宽了，而传输效率有所下降，当 $\alpha =$ 100% 时，传输效率即频带利用率只有 1 b/(s·Hz)，比理想低通小了一半。

3.2.2　眼图

在实际信道中，传输特性总是偏离理想情况。特别是信道特性不完全确定时，得不到定量分析方法。在实际工作中，常用示波器来观察接收信号波形以判决系统的传输质量，其方法是把示波器的扫描周期调整到码元间隔 T 的整数倍。在这种情况下，示波器荧光屏上就能显示出一种由多个随机码元波形所共同形成的稳定图形，类似于人眼，因此称为眼图。

具体的做法是：用一台示波器跨接在接收滤波器的输出端，然后调整示波器扫描周期，使示波器水平扫描周期与接收码元的周期严格同步，并适当调整相位，使波形的中心对准抽样时刻，这样在示波器屏幕上出现了 1 个或几个接收到的信号波形。当第 1 个波形过去之后，由于荧光屏的残像作用，使多个波形重叠在一起，形成眼图。从眼图上可以观察出码间干扰和噪声的影响，从而可估计系统优劣程度。

为解释眼图和系统性能之间的关系，图 3 – 13 给出了无噪声情况下，无码间干扰和有码间干扰基带信号的波形及眼图。

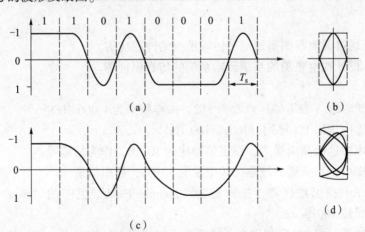

图 3 – 13　基带信号波形及眼图
(a) 无码间干扰基带信号的波形；(b) 无码间干扰基带信号的眼图；
(c) 有码间干扰基带信号的波形；(d) 有码间干扰基带信号的眼图

为了分析符号间干扰和噪声对传输质量的影响，将眼图模型化，并指出它与系统性能的关系，如图 3 – 14 所示。

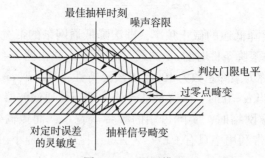

图3-14 眼图模型

从图中得到以下的分析：

1）对于接收波形的最佳抽样时刻应出现在眼的最张开处。

2）眼孔随抽样时刻变化而改变其闭合的程度，表示系统对定时误差的灵敏度，也就是眼图上边（或下边）的两条人字形斜线收得越拢，灵敏度越高，对系统的影响越大。

3）噪声边际或噪声容限是由抽样时刻（不一定是最佳时刻）距离判决门限最近的迹线到判决门限的距离所决定的。

4）有些接收机的定时标准是从通过判决门限点的平均位置决定的，这时过判决门限点的失真越大，对定时标准的提取越不利。

5）眼图上、下横区中较高的高度代表最佳抽样时刻的信号失真。

通过上述5个方面，可以掌握传输的基本质量。

仿真实验8　有无码间干扰的基带传输系统设计（眼图）

设计目的：通过观测眼图衡量基带传输系统的性能优劣。

设计内容：设计观察眼图的基带传输系统的仿真原理图。

设计步骤：

1）设置系统时钟（参考抽样点数为512，抽样频率为1 000 Hz）。

2）从信源库中选出 PN 序列（Rate = 100 Hz）。

3）从信源库中选出高斯噪声，设定信噪比为 10 dB，作为信道噪声。

4）在算子库中找出低通滤波器，频率设为 50 Hz，模拟信道。

仿真实验8
有无码间干扰的
基带传输系统
设计（眼图）

5）在算子库中找出抽样器，抽样器为"Sample/Hold"组中的"Sampler"项，速率设成 100 b/s。

6）选出加法器，将 PN 序列和高斯噪声送入加法器中，输出送入低通滤波器中。

7）将滤波器输出送入抽样器中，抽样器输出送入一个观察窗。

8）运行系统。

9）在接收计算器中设置时间切片参数：单击接收计算器图标，选择"Style"项，将时间切片设为 20 ms。

10）在分析观察窗中便能观测到眼图。

问题:

1) 设信道可用的带宽为 3 000 Hz,若传送的信号是余弦滚降二进制脉冲,考虑滚降系数为 0.25、0.5 和 1 三种情况时,可用的传输比特率分别为多少? 试用 SystemView 仿真验证。

2) 如果随机序列为三元码,对应的脉冲波形为升余弦波形,观察其眼图,应该为几只"眼"? 四元码又如何? 用 SystemView 仿真验证。

参考设计方案如图 3 – 15 所示。

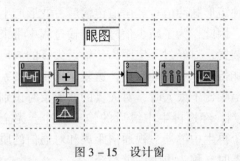

图 3 – 15 设计窗

参考波形如图 3 – 16 所示。

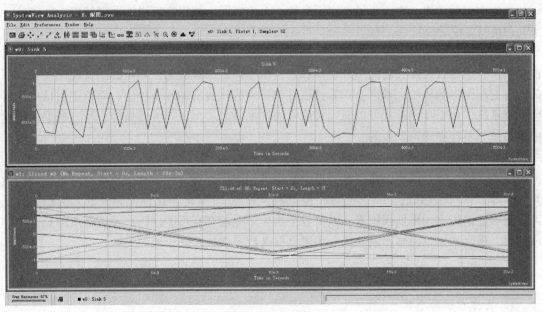

图 3 – 16 分析窗

3.2.3 基带传输的再生中继系统

1. 再生中继系统的作用

由于信道对信号存在衰减作用,以及信道的带宽不够和各种噪声干扰等因素的存在,使得数字信号通过信道传输时造成失真。而且,传输距离越长,波形失真越严重,当传输距离增加到一定长度时,接收到的信号将很难识别,造成误码率增加,通信质量下降。

图 3 – 17 展示了一个带宽为 0.4 μs、幅度为 1 V 的矩形脉冲分别通过长度 l 为 461 m、

927 m、1 397 m、1 800 m 的电缆传输后的波形示意图。

图 3 – 17　脉冲波形经不同长度电缆传输后的变化示意图

由图 3 – 17 可见，这种矩形脉冲信号经信道传输后，波形产生失真，电缆越长，信号幅度越小，拖尾现象越严重。因此，为了减少信号在传输过程中带来的波形失真，在传输通路的适当距离设置再生中继装置，对经过一定距离传输后失真的波形进行整形，再生出与发送端一样的标准脉冲，使之能传输到更远的距离，这就是再生中继系统的作用。

再生中继的目的是当信噪比不太大时，对失真的波形及时识别判决（识别出是"1"码还是"0"码），只要不误判，经过再生中继后的输出脉冲会完全恢复为原数字信号序列。一个通信系统需设置多少个再生中继器，视通信距离和对通信的质量要求而定。当一个通信系统包含有多个再生中继器时，称为再生中继系统。

2. 再生中继系统的特点

再生中继系统中，由于每隔一定距离加一个中继器，所以它有以下两个特点。

（1）无噪声积累

数字信号在传输过程中会产生信号幅度的失真。模拟信号也是如此，传送一定的距离后也要用增音设备对衰减失真的信号加以放大，但噪声也会被放大，噪声的干扰无法去掉，因此随着通信距离的增加，噪声会积累，信号和噪声的比值变得越来越小。而数字通信中的再生中继系统，由于噪声干扰可以通过对信号的均衡放大、再生判决后去掉，所以理想的再生中继系统是不存在噪声积累的。

（2）有误码率的积累

所谓误码，就是信息码在中继器再生判决过程中因存在各种干扰，导致判决电路的错误判决，即"1"码误判成"0"码，或"0"码误判成"1"码。这种误码现象无法消除，反而会随着通信距离的增加而积累。因为各个再生中继器都有可能误码，通信距离越长，中继站越多，误码积累也越多。消除误码积累是提高数字信号传输距离的关键。

3.2.4　再生中继器

1. 再生中继器原理

再生中继器主要是由均衡放大电路、时钟提取电路和判决再生电路 3 部分组成。再生中继器的组成框图如图 3 – 18 所示。

（1）均衡放大器电路

均衡放大器的主要功能是对输入信号予以放大和均衡。放大的目的是为了补偿线路对信号的衰减，为后级电路提供合适的信号幅度。均衡即为频率和相位的补偿，用于修复输入信号的波形畸变，为判决再生电路提供良好的波形。自动增益控制（AGC）电路用于自动控制均衡放大器的电压增益，以保证均衡放大器既能工作于不同长度的中继段，又能适应传输线路的时变衰减特性，使判决门限电平始终处于最佳值。

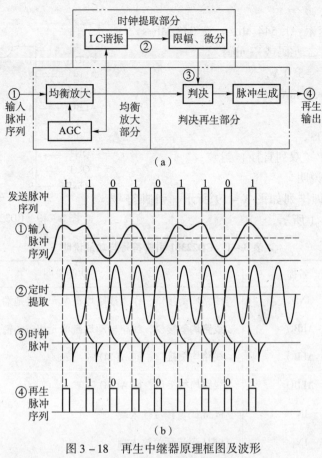

图 3 – 18　再生中继器原理框图及波形

（a）组成框图；（b）框图中各点波形

（2）时钟提取电路

时钟提取电路的主要功能是从输入信号中提取时钟信号，为判决再生电路提供与发送端同频同相的时钟脉冲。它由 LC 谐振电路、限幅和微分电路组成。LC 谐振电路用于提取时钟频率，限幅和微分电路用于产生时钟脉冲。只要输入序列不是全"0"码，即使其波形存在严重畸变，在输入脉冲序列的频谱中必定含有该序列的基波频率分量。因此，通过 LC 谐振电路便可将它们分离出来，从而获得输入信号的时钟频率，即基波分量，其波形如图 3 – 18（b）中的波形②所示。由谐振电路分离出来的基波正弦信号经限幅变为方波，再通过微分便得到尖脉冲，即时钟脉冲，其波形如图 3 – 18（b）中的波形③所示。时钟脉冲所以要选用尖脉冲，是为了保证判决电路能准确动作。

（3）判决再生电路

抽样判决与码元形成就是判决再生，也叫识别再生，识别是指从已经均衡好的均衡波形中识别出"1"码还是"0"码；再生就是将判决出来的码元进行整形与变换，形成半占空的双极性码，即码元形成。为了达到正确的识别，抽样判决应该在最佳时刻进行，即在均衡波的波峰处进行识别。

2．大规模集成电路再生中继器

CD22301 是单片集成的 PCM 线路再生中继器，通常用于 PCM 基群信号传输中。

（1）技术特点

1）典型工作速率：1.544 Mb/s，2.048 Mb/s。

2）编码码型：二元码或三元码。

3）电源电压：+5.0 V。

4）电源电流：22 mA。

5）功耗：110 mW。

6）工艺：CMOS。

7）18 引脚 DIP（双列直插）封装。

（2）引脚功能说明

CD22301 的引脚排列如图 3-19 所示。引脚符号与功能说明如表 3-1 所示。

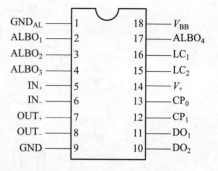

图 3-19　CD22301 引脚排列图

表 3-1　CD22301 引脚符号与功能说明

引脚编号	名称	功能说明
1	GND_{AL}	线路均衡接口，作为线路均衡单元的接地端
2	$ALBO_1$	线路均衡接口，线路自动均衡单元相应的输出接口与偏量端
3	$ALBO_2$	线路均衡接口，同 $ALBO_1$
4	$ALBO_3$	线路均衡接口，同 $ALBO_1$
5	IN_+	PCM 码流预放输入端
6	IN_-	PCM 码流预放输入端
7	OUT_+	PCM 码流预放输出端
8	OUT_-	PCM 码流预放输出端
9	GND	地
10	DO_2	数码输出，经 PCM 再生后输出 PCM 码对之一，与 DO_1 一起，经输出变压器合成再生的 PCM 双极性码流
11	DO_1	数码输出，经 PCM 再生后输出 PCM 码对之一，与 DO_2 一起，经输出变压器合成再生的 PCM 双极性码流
12	CP_1	定时信号输入端，再生中继器提取时钟 CP_0 经过适当移相进入 CP_1 端
13	CP_0	时钟限幅输出端，通常时钟输出 CP_0 与 CP_1 之间接一电容作定时移相用
14	V_+	正电源
15	LC_2	接回路端，LC_2 和 LC_1 分别接外部 LC 回路的终端与抽头端，构成从码流中提取定时的选频电路

续表

引脚编号	名称	功能说明
16	LC_1	接回路端，LC_1 和 LC_2 分别接外部 LC 回路的终端与抽头端，构成从码流中提取定时的选频电路
17	$ALBO_4$	线路均衡接口，同 $ALBO_1$
18	V_{BB}	衬底，通常接地

（3）电路组成

CD22301 的电路组成如图 3 – 20 所示。

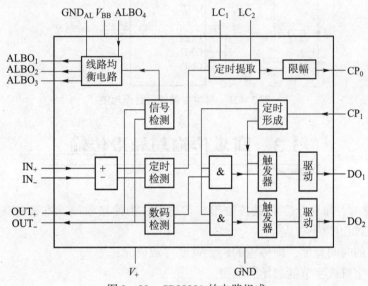

图 3 – 20　CD22301 的电路组成

CD22301 的组成主要包括输入信号预放、信号门限检测、定时提取、数码整形、定位与缓冲输出、外界线路均衡接口等。双极性 PCM 码流经输入变压器后成为两种单极性输入 IN_+ 及 IN_- 码对，经预放进行门限检测，从中由 LC 回路提取定时信号，移相后整形、恢复出同步的定时序列，对检测后数据加以选通、定位和缓放，从 DO_1、DO_2 输出一对单极性码，再经输出耦合变压器，再生出双极性 PCM 码流。

（4）应用

以 CD22301 为中心的实用的再生中继器电路原理图如图 3 – 21 所示。来自信道的输入 PCM 码流经输入耦合变压器，得到两路单极性输出，分别进入 CD22301 的 IN_+ 和 IN_-。经预放后的输出 OUT_+、OUT_- 经反馈电路分别接 IN_+、IN_-，起到增益控制的功能。根据实际信道特性进行适当的均衡，均衡后的信号经定时检测和定时提取电路适当调节 LC_1、LC_2 外接的 LC 谐振回路，即可在 CP_0 端得到所需的主时钟 CP_0。经电容移相后，将得到的 CP_1 送给判决电路，将判决输出的单极性信号 DO_1、DO_2 经输出耦合变压器转换成双极性 PCM 再生码，送往信道。

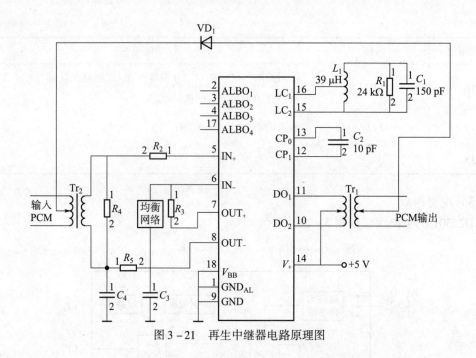

图 3-21 再生中继器电路原理图

3.3 同步传输与异步传输

在串行传输时，每一个字符是按位串行传送的，为使接收端能准确地接收所传输的信息，接收端必须知道以下 3 点：

1）每一位的时间宽度，即传输的码元宽度（或码元速率）。

2）每一个字符或字节的起始和结束。

3）每一个完整的信息块（或帧）的起始和结束。

上述 3 个要求分别称为比特（位）或时钟同步、字符（字或字节）同步、帧（群或块）同步（注意：有的分类方式是将字符同步与帧同步统称为群同步）。

通常，用异步传输和同步传输来实现同步。这两种传输方法的区别在于：对异步传输，发送器的时钟和接收器的时钟是不同步的；而对于同步传输，发送器的时钟和接收器的时钟是同步的。

3.3.1 同步传输

同步传输（即同步数据或同步通信）是一种面向块的串行传输方式，每次传送 1 个数据块。1 个数据块可包含多个字节，甚至是任意位数（不是字节的整数倍）。在同步传输中，收发设备使用共同的时钟。为了使接收端确定数据块的开始和结束，还需要另外一级的同步。为了做到这一点，每个数据块用一个前文位模式开始，用一个后文位模式结束。加有前文符号和后文符号的数据称为帧。前文符号和后文符号的特性取决于数据块是面向字符的还是面向位的。如果采用面向字符的方案，每个数据块以 1 个或多个同步字符作为开始。同步字符通常称为 SYNC，它的选择依据是其位模式与传输的任何正规字符都有明显的差别。后文字符是另一个唯一的字符。这样，接收端就要注意由 SYNC 字符引导进入的数据块，并且接收数据，直到发现后文字符为止，然后接收端就寻找下一个 SYNC 字符。

在短距离通信时，时钟信号由一条控制线传输；在远距离通信时，时钟信号包含在信息块中。收发设备间的同步由同步数据链路控制（SDLC）协议实现。按选用的链路控制协议，同步传输又可分为以字符为单位和以位为单位的两种情况。其中由 IBM 制定的 BSC 称为二进制同步通信协议，它所支持的同步传输以字符为单位，每次传送若干字符；由 IBM 制定的 SDLC 协议和由 ISO 制定的高级数据链路控制（HDLC）协议以位为传输单位，每次传送若干位。HDLC 协议现已成为全世界统一采用的标准，IEEE 802. LLC 协议就是在 HDLC 协议基础上发展起来的，Ethernet（以太网）帧与 HDLC 帧极为相似。两个最普通的面向位的方案 HDLC 和 SDLC，把模式"01111110"（称为标志）既作为前文字符使用也作为后文字符使用。为了避免在数据流中出现这种模式，发送端总是在所发送的数据中每当出现 5 个连续"1"之后，插入一个附加的"0"，当接收端检测到 5 个连续"1"的序列时，就检查以后的 1 位数据，若该位是"0"，接收端就删除它，这种规程就是所谓的位插入。

3.3.2　异步传输

1. 异步传输概述

异步传输亦称异步通信，是指具有不规则数据段传送特性的串行数据传输。这种数据链路的控制形式是面向字符传输的，每个数据位的集合组成一个字符，每个字符有其自己的帧数据格式。

异步数据链路控制支持 5～8 位的数据位格式，几乎所有与 IBM PC 有关的异步通信都使用 7 位或 8 位数据位。IBM PC 选定的字符格式是目前通用的 ASCII 码，该字符集的前面 128 个是标准的 7 位 ASCII 码，只包含有这些字符格式的文件（文本文件）可用 7 位数据格式进行正确传输，当传输包含有特殊的扩展字符（这些字符的 ASCII 值大于 127）的文件（二进制文件）时，7 位数据格式就会发生错误。为了正确地接收这些数据，必须使用 8 位数据位进行通信，并且不带校验位。如果使用 7 位数据位的数据格式，则 PC 机必须使用一个特定的文件传输协议，以实现对包含 8 位字符（即二进制数据）的传输和接收。该协议必须在发送端将数据转换为 7 位形式，在接收端将数据重新构造为 8 位形式。Kermit 文件传输协议就具有这种功能。除了 ASCII 码外，IBM 和其他一些厂商使用 EBCDIC 码在小型及大型机上存储文本文件，并在各机器之间实现通信。当在 PC 机上安装了正确的终端仿真适配器和软件后，IBM PC 就可以将大型机上的 EBCDIC 文件以 ASCII 格式存储起来。当需要将文件从 PC 机传到主机时，通信软件可将文件从 ASCII 形式转变为 EBCDIC 格式。

字符传输时，每次只能传送 1 个字符（由 5～8 位组成）的数据格式，每个字符用 1 个起始位引导，用 1 个停止位结束。起始位的编码为"0"，占用 1 位码元的时间宽度，换句话说，起始位是具有"0"值的一位。停止位的值为"1"，而且有一个决定于系统的 1～2 位码元时间的最小持续周期。如果没有发送的数据，那么发送端就发送连续的停止位。当异步数据线路从空闲的标志状态（逻辑"1"电压）变为逻辑"0"电压，并持续了 1 个位周期（1 个码元的时间宽度）后，表示起始位到来，它唤醒接收设备准备接收数据位。接收端根据从"1"→"0"的跳变来识别一个新字符的开始。对于数据信号，可以用曼彻斯特编码完成这种功能。在串行异步传输中，收发双方使用各自的本地时钟，收发双方的同步

（收发协调）由异步数据链路控制协议实现。异步传输的数据链路控制协议也称为起止位协议或起止位方法。在传输的 8 位字前加 1 位码元的起止位，在 8 位字符之末加 1~2 位码元的停止位，起止位标志传输字符的开始，停止位则表示字符的结束。起止位用于控制接收设备的接收操作，成为异步传输的同步（收发协调）信息。时钟同步的方法有两种：一种可能是在发送端和接收端之间提供一条单独的时钟线，否则，必须把时钟信息放入数据信号之中。载波频率本身可以根据载波的相位与接收端同步。

2．异步通信的速度匹配

在串行传输中总是存在延迟或者使用中断，这样就造成了速度上的差异，导致需要对数据传送进行流控制。流控制在很大程度上依赖于 PC 机中所使用的通信单元和该单元的通信速度。数据流速度匹配技术有很多形式，其中大多数都可以划分为开–关流控制标志和暂时数据存储机制中的一类。下面讨论应用这些技术的异步通信。

（1）通信缓冲区

通信缓冲区是保留的内存单元，用来暂时存放数据，以补偿处理速率和接收速率之间的差别。通信软件在数据的发送端和接收端提供通信缓冲区。例如，当一个 PC 机要把文件传送到远程计算机时，它首先从本地磁盘上读取该文件，将文件一块块地顺序拷贝到传送缓冲区，直到填满为止，然后暂时中断拷贝，用一个中断驱动的过程将缓冲区的内容通过串行口发送给远程计算机。

缓冲区中数据的传送遵守先进先出的原则：按拷入的顺序发送出去，当中断处理过程已将缓冲区中的内容减少到所定义的最低点时，PC 机就从磁盘文件中继续读出更多的数据并存入传送缓冲区，新数据紧接在缓冲区剩余数据后面，以使它们在被送出串行口时保留正确的顺序，这个过程持续下去直到整个文件被拷贝到传送缓冲区并被发送出去。

通信软件的设计决定了通信缓冲的容量大小。一些通信软件也允许用户改变缓冲区的容量以优化某些操作。如果传送缓冲区容量太小，会降低 PC 机文件传输吞吐率，而且数据是以突发而不是连续的形式传给远程计算机的。同时，如果通信软件只是简单地将数据从磁盘拷贝到缓冲区中，而不检查可用缓冲区容量大小，则传送缓冲区可能出现数据溢出，溢出缓冲区的数据永远不能被传输到远程计算机。典型的传送缓冲区的容量为 512 B 到数千字节。

与传送缓冲区相比，接收缓冲区容量大小的确定更为重要。如果容量太小，在一次通信中就装满了数据，则 PC 机将会丢失数据。接收缓冲区的操作与传送缓冲区的操作相似，其操作过程稍微复杂一些。终端仿真软件通常显示、打印这些数据或者将其存入文件中。显示和存储速度较快，一般不会造成缓冲区超载，但打印则相对慢得多，可能会导致接收缓冲区的数据溢出。因此，在设计通信软件时，通常除了开设缓冲区外，还要增加一些流控制的协议，共同来调整通信的双方，使它们能尽可能地不发生丢失数据的事故。

缓冲区容量大小的设计和用以实现的语言有一定的关系，C 语言、汇编语言效率高、处理速度快，缓冲区就可小些；如果利用 BASIC 或其他高级语言来实现，就可能需要较大一些的缓冲区，因为其缓冲区的操作远比前者慢。

IBM 建议在进行高速数据通信时，缓冲区的容量为 1 024 B，但是在进行大型文件传输时可能需要 4 096 B 甚至更大的缓冲区才能保证不丢失数据。这些都需要在实际工作中去实践。

（2）中断处理程序

在基于 DOS 的通信软件中，通信缓冲区要求将中断处理程序作为 PC 机硬件和通信软件的界面。通信缓冲区通常是内存的一部分，接收缓冲区和发送缓冲区都有一个中断处理程序装入内存，启动它们后，它们就成为独立的支持通信的函数。这些函数作为 DOS 和 BIOS 的扩充。

发送缓冲区和发送中断处理程序与异步通信硬件的关系非常密切，当通信软件有 1 B 的数据需要发送时，它就将该字节放在内存中有固定地址的发送缓冲区中，如果这时通信硬件收到了正确的信号，则中断处理程序就会将该字节从发送缓冲区移到异步通信适配器，异步通信适配器将该字节从并行形式转为串行形式，并从串行口发送出去。发送中断处理程序必须与发送缓冲区和发送设备相协调，以避免发送缓冲区溢出。

同样，接收缓冲区和接收中断处理程序与异步通信硬件的接收部分关系密切。当 1 B 的数据到达异步通信硬件的接收寄存器时，硬件将该数据字节转换成计算机内部并行数据总线兼容的形式，并发送中断信号。接收中断处理程序立即将该字节送到接收缓冲区中，通信软件则一直在查看接收缓冲区，并对从中找到的数据进行处理。接收中断处理程序必须在新数据到来前将异步通信硬件中的数据送入接收缓冲区。该中断处理程序必须与接收设备和接收缓冲区协调，以避免缓冲区溢出。

因为两个中断处理程序都是独立工作的，通信软件必须按要求正确地启动和终止它们。在一些通信软件中，中断处理程序是和通信软件关联在一起的。因此，启动通信软件后完成的首要工作之一就是定义中断处理程序并启动它们。终止通信软件时，通信软件终止前最后应做的工作之一就是关闭通信中断处理程序并释放缓冲区（否则将始终占用部分内存）。也有一些通信软件将中断处理程序的设置、缓冲区的初始化以及关闭和释放作为通信软件的单独部分来实现，这就需要用户在使用时按上述要求来运行。实际上，一个通信软件主要由两部分组成：一部分是与通信硬件和缓冲区打交道的中断处理程序；另一部分是具有特定功能的通信软件，如终端仿真通信程序、文件传输程序，这些应用程序通过对缓冲区的管理来完成特定的任务。例如终端仿真程序就是将远程计算机作为主机，而将自己作为一台某种类型的远程终端，对远程计算机送来的字符流按一定的规则进行解释并显示，同时把本地从键盘接收的信息送给远程计算机去处理。

（3）XON/XOFF 数据控制协议

它是一种数据流控制机制，是一种主动的而不是被动的机制。若数据流速度很不匹配且XON/XOFF 正在传输一个文件，则很可能是通信缓冲区的容量不能满足要求，但是应用XON/XOFF 协议便能使数据流开通或关闭，从而可防止缓冲区溢出。

如果通信软件或硬件在通信链路两端的主机和 PC 上提供了 XON/XOFF 协议，则不需用户干预协议就可实现流控制。当接收缓冲区中暂存的数据接近缓冲区的最大容量时，软件就会给主机发送一个 XOFF（XOFF 采用 ASCII 字符集中的控制字符 DC3）。接收到 XOFF 后，主机就会暂停数据传送，等待 PC 机对接收缓冲区中的数据进行处理。当接收缓冲区中的数据量降到以前定义的最低限制时，PC 机上的软件就会给主机发送 XON 字符（XON 采用ASCII 字符集中的控制字符 DC1），它通知主机可重新开始数据传输。在数据文件传输过程中，这个循环可自动重复多次。

大多数的主机支持 XON/XOFF 流控制技术，但并非 PC 机上的通信软件都提供这种能力。几乎所有用汇编语言和 C 语言实现的通信软件都应用 XON/XOFF 协议进行流控制，但应用 BASIC 语言实现的通信软件则不一定能支持这种协议。

（4）传输协议

它是另一种数据流控制协议。通信链路两端的通信软件都必须能够对同一个用于传输一定长度信息块的 ASCII 控制字符集进行识别和响应。在异步通信中，这种协议通常是在传输整个文件的程序中使用，这种块传输协议通常被称为"文件传输协议"。

 学完本节内容后请完成附录 C 中的任务单 3.2。

🔄 本章小结

在某些有线信道中，特别是传输距离不太远的情况下，未经调制的、所占据的频带从直流和低频开始的电脉冲信号（即数字基带信号），可以直接传送，通常称之为数字信号的基带传输。

针对数字基带信号码型（或波形）如何适应信道传输特性要求的问题，讨论了数字基带信号的码型如何适应信道传输特性的要求，介绍了数字基带信号常用线路码型。

提高传输速率和通信可靠性是现代通信的必然要求。奈奎斯特第一准则揭示了数字通信速率与信道带宽之间的数量关系，是数字基带信号传输的基本准则。它是提高传输速率与通信可靠性的理论基础。

数字基带信号常用线路码型抗干扰能力强，具有自行检测与纠正误码的能力，有利于接收端提取位同步信号，也为字符同步信号和帧同步信号的提取奠定了基础。通过观测"眼图"可以宏观监测和调整信道的传输特性，通过再生中继系统可以消除信道的噪声干扰和衰减以延长通信距离。

在串行传输时，每一个字符是按位串行传送的，为使接收端能准确地接收所传输的信息，分别要求比特（位）或时钟同步、字符（字或字节）同步、帧（群或块）同步。通常通过异步传输和同步传输来实现同步。其区别在于：对异步传输，发送器的时钟和接收器的时钟是不同步的；而对于同步传输，发送器的时钟和接收器的时钟是同步的。

🔄 闯关游戏三

HDB3 码破解
抗战时期，情报工作者在隐秘的战线上负责监听、破译密码、无线电侦查等，在残酷的环境中以大无畏的勇气直面生死，为中国的抗战事业做出了巨大贡献，立下了汗马功劳。 情报人员在侦查工作中获得一段密码波形，外勤特派员得悉此段波形是 HDB3 码波形，作为破译密码组工作人员，你来破译一下吧。

续表

截获波形	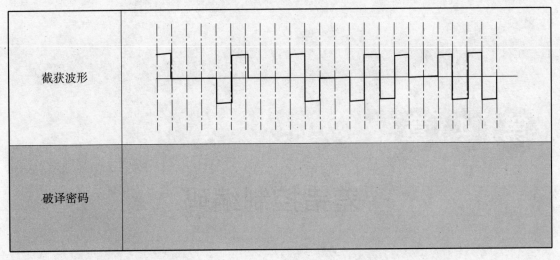
破译密码	

第 4 章

差错控制编码

本章节重难点：

差错控制方式
差错控制原理
几种常用差错控制编码方法

数字信号在信道中传输时，由于信道内存在噪声、信道特性的不理想以及外界的干扰，可能造成误码。误码会使通信质量下降，严重时会使通信中断。因此，提高通信的可靠性，将误码率降到最低，须借助差错控制技术来解决。

差错控制是指设法找出差错并加以纠正，以保证通信质量。差错控制的方式有忽略差错、回程校验、自动请求重发（ARQ）、前向纠错（FEC）、混合纠错（HEC）、无附加监督位纠错等方式。差错控制的核心是抗干扰编码（或称差错纠正编码）。它的基本思想是通过对信息序列作某种变换，使原来彼此独立的、互不相关的信息码元变成具有一定的相关性、一定规律的数据序列，从而在接收端能够根据这种规律性检查错误码元，即进行检错；或者进而纠正错误码元，即进行纠错。采用不同的变换方法也就构成不同差错控制编码方法。

本章知识体系思维导图：

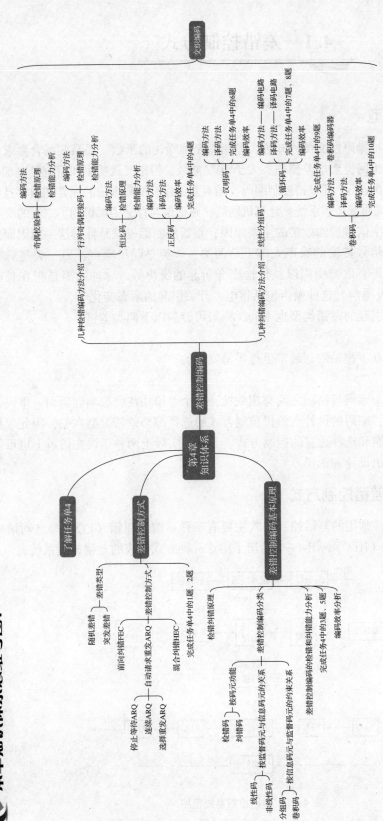

4.1 差错控制方式

4.1.1 差错类型

由数字传输系统的抗噪声性能可以知道，差错率是信噪比的函数。而某些场合要求差错率很低，例如局部计算机网，要求差错率不大于 10^{-9} 量级，但是发送功率和信道带宽却受限制，这时就必须采用信道编码，即差错控制编码。随着差错控制编码理论的完善和数字技术的发展，信道编码在各种高质量通信系统、计算机网络、磁记录与存储中都得到了广泛的应用。

信道噪声是造成数字信号传输差错的主要原因，差错控制编码就是针对这一原因而采取的技术措施。危害数字信号传输的噪声大体上有两类，一类是随机噪声，另一类是脉冲噪声。随机噪声包括热噪声、散弹噪声以及传输媒介引起的噪声等。脉冲噪声是指在长时间"安静"之后出现的突发噪声，这种噪声包括雷电、开关引起的瞬态变化等。

噪声的类型不同，引起的差错类型也不同，一般可分为以下两类差错。

1. 随机差错

差错是相互独立、互不相关的，通常也是零星发生的。

2. 突发差错

指成串出现的错码。错码与错码之间有相关性，一个差错往往会影响到后面一串码。

在差错控制技术中，编码的设计与差错控制方式的选择都与差错类型有关，因此要根据错误的性质设计编码方案和选择适宜的控制方式。当然，实际上两种错误在信道上也可能并存，那就要结合实际做出设计和选择。

4.1.2 常用的差错控制方式

在差错控制系统中，常用的差错控制方式主要有三种：前向纠错（FEC）、自动请求重发（ARQ）和混合纠错（HEC）。图 4-1 给出了由这三种方式构成的差错控制系统。

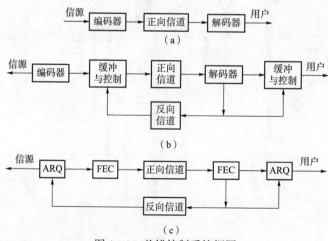

图 4-1 差错控制系统框图

（a）前向纠错系统；（b）自动请求重发系统；（c）混合纠错系统

1. 前向纠错（FEC）

前向纠错系统如图 4 - 1（a）所示，发送端经编码发出能够纠正错误的码，接收端收到这些码组后，通过译码能自动发现并纠正传输中的错误。

前向纠错方式的主要优点是不需要反向信道，且实时性好。由于只要求正向信道，特别适合于只能提供单向信道的场合，也适合一点发送多点接收的广播方式。由于能自动纠错，不要求检错重发，因而接收信号的延时小，实时性好。前向纠错的主要缺点是插入的监督码较多，传输效率低，译码设备复杂。为了使纠错后获得低差错率，纠错码应具有较强的纠错能力。但纠错能力愈强，译码设备就愈复杂。

2. 自动请求重发（ARQ）

自动请求重发系统如图 4 - 1（b）所示。发送端经编码后发出能够检错的码，接收端收到后进行检验，如认为正确，则通过反向信道反馈给发送端一个 ACK 的应答信号。发送端收到正确应答信号后继续发送下一组数据。如果接收端认为有错则反馈 NACK 的应答信号，发送端收到 NACK 后，就把存储在缓冲存储器中的原有码组复本读出后重新传输，直到接收端认为已正确收到信息为止。

ARQ 法有若干种实现方案，如停止等待 ARQ、选择重发 ARQ、连续 ARQ 方案。

（1）停止等待 ARQ

该方案规定发送方每发送一帧后就要停下等待接收方的确认返回，仅当接收方确认正确接收后再继续发送下一帧，停止等待 ARQ 协议（stop - and - wait）的工作原理如下：

1）发送点对接收点发送数据包，然后等待接收点回复 ACK 并且开始计时。

2）在等待过程中，发送点停止发送新的数据包。

3）当数据包没有成功被接收点接收时，接收点不会发送 ACK，这样发送点在等待一定时间后，重新发送数据包。

反复以上步骤直到收到从接收点发送的 ACK。

发送点的等待时间应当至少大于传输点数据包发送时间（数据包容量除以发送点传输速度）、数据在连接上的传送时间、接收点检验接收数据是否正确的时间、发送点接收 ACK 的接收时间之和。在实际应用中，等待时间是这个和的 2～3 倍。

停止等待 ARQ 方案的收、发双方仅须设置一个帧的缓冲存储空间，便可有效地实现数据重发并保证接收方接收数据不会重复。该方案最主要的优点就是所需的缓冲存储空间最小，因此在链路端使用简单终端的环境中被广泛采用。它的缺点是较长的等待时间导致低的数据传输速度。在低速传输时，对频道的利用率比较高，但是在高速传输时，频道的利用率会显著下降。

（2）选择重发 ARQ

1）发送点连续发送数据包但对每个数据包都设有一个计时器。

2）当在一定时间内没有收到某个数据包的 ACK 时，发送点只重新发送那个没有 ACK 的数据包。

这个方法的缺点是接收点收到的数据包的顺序可能不是发送的数据包顺序。因此在数据包里必须含有顺序字符来帮助接收点排序。

（3）连续 ARQ

这个方法解决了选择重发中数据包顺序被打乱的问题。

1）发送点连续发送数据包，每个数据包都含有顺序字符。

2）接收点若发现某个数据包没有接收到，则对发送点发 NACK，在 NACK 中指明没有接收的数据包。

3）接收点丢弃从第一个没有收到的数据包开始的所有数据包。

4）发送点收到 NACK 后，从 NACK 中指明的数据包开始重新发送。

这个办法的问题是如何正确选择表明数据包的顺序字符的数量。这个数量应当包括 ACK 或者 ACK 从接收点到达发送点的时间。

ARQ 法仅返回很少的控制信息，便可有效地确认所发数据帧是否被正确接收，其优点是插入的监督码不多，设备不太复杂。其缺点是实时性差，必须有反向信道。

3. 混合纠错（HEC）

混合纠错方式是前向纠错方式和检错重发方式的结合。如图 4 – 1（c）所示，其内层采用 HEC 方式，纠正部分差错；外层采用 ARQ 方式，重传那些虽已检出但未纠正的差错。混合纠错方式在实时性和译码复杂性方面是前向纠错和检错重发方式的折中。它需要反向信道和复杂的设备，但它能更好地发挥检错和纠错能力，在极差的信道中能获得较低的差错率。

4.2   差错控制编码的基本原理

4.2.1   检错和纠错原理

一般地说，信源发出的任何消息都可以用二进制信号（0，1）表示。例如，要传送的消息为 A 和 B，就可以用"0"代表 A，用"1"代表 B。此时，若在传输中产生了错码，即"0"错成了"1"，或"1"错成了"0"，接收端都无法发现。因此，用 1 位码表示 2 种消息时，这种码没有抗干扰能力，即没有检错和纠错能力。如果分别在"0"和"1"后面插一个 0 和 1，变成"00"和"11"。把代表消息的"0"和"1"称为信息码，插入的 0 和 1 称为监督码。"00""11"实际上是长度为 2 的二进制编码的 4 个码组（$2^2 = 4$）00、01、10、11 中的两组，通常称"00""11"为准用码组，称"01""10"为禁用码组。当传输"00""11"时，如果发生一位错码，则变成"01"或"10"，译码器将判决为有错。因为"01"或"10"都是禁用码组。这表明插入一位监督码以后码组具有了检出 1 位错码的能力，但因译码器不能判决哪位是错码，故不能予以纠正。因此，用两位码表示两种消息时，这种码有检一位错的能力，但没有纠错能力。

依照上述办法，在信息码之后插入两位监督码，即用"000"代表 A，用"111"代表 B。即选用长度为 3 的二进制编码（$2^3 = 8$）中的两组。此时，如果在传输中产生一位错码，将变成 001、010、011、100、101、110，这些均为禁用码组。如果在传输中产生两位错码，也将变成上列的禁用码组。这两种情况译码器都将判决为有错，即可以检出两位以及两位以下的错码。不仅如此，在只有一位错码的情况下，还可以判决哪位是错码并予以纠正，即此时还可以纠正一位错码。这表明用 3 位码表示两种消息时，这种码具有检两位错的能力，或者具有纠正一位错的能力。

从以上分析可以看出，差错控制编码之所以具有检错和纠错能力，是因为在信息码之外加入了监督码。监督码不载有信源的信息，只是用来监督信息码在传输中有无差错，对用户来说是多余的，最终也不传送给用户。从信息传输的角度来说，差错控制能力是通过增加信息的多余度而获得的。监督码的引入，降低了信道的传输效率。因此可以说，通过差错控制编码所提高的可靠性是以牺牲信道利用率为代价换取的。一般来说，监督码引入越多，检错纠错能力越强，但信道的传输效率下降也越多。

4.2.2　差错控制编码的分类

从不同的角度出发，差错控制编码可有不同的分类方法。

1）按码组的功能，可分为检错码和纠错码。

2）按监督码元与信息码元之间的关系，可分为线性码和非线性码。若信息码元与监督码元之间的关系为线性关系，即监督码元是信息码元的线性组合，则称为线性码。反之，若两者不存在线性关系，则称为非线性码。

3）按照信息码元和监督码元之间的约束方式，可分为分组码和卷积码。在分组码中，编码前先把信息序列分为 k 位一组，然后用一定规则附加 r 位监督码元，形成 $n=k+r$ 位的码组。监督码元仅与本码组的信息码元有关，而与其他码组的信息码元无关。分组码一般用符号 (n, k) 表示，并且将分组码的结构规定为图 4-2 的形式，图中前 k 位（a_{n-1}, a_{n-2}, …, a_r,）为信息位，后附加 r 个监督位（a_{r-1}, …, a_0）。

在卷积码中，码组中的监督码元不但与本组信息码元有关，而且与前面码组的信息码元也有约束关系，就像链条那样一环扣一环，所以卷积码又称连环码或链码。

图 4-2　线性分组码的结构

4.2.3　差错控制编码的检错和纠错能力

在差错控制编码中，定义两个码组中对应码位上具有不同码元的位数为两码组的距离，称为汉明（Hamming）距离，简称码距。三位码组之间的码距可用一个三维立方体来表示，如图 4-3 所示。图中立方体各顶点分别表示 8 种码组，三位码元顺序表示 x、y、z 轴的坐标。由立方体的图示可知，码距即为从一个顶点沿立方体各边移到另一个顶点所经过的最少边数。例如 000 与 001 的码距为 1；000 与 110 的码距为 2；000 与 111 的码距为 3。

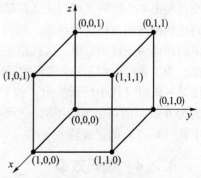

一种编码的最小码距直接关系到这种码的检错纠错能力，因此最小码距是信道编码的一个重要参数。在线性分组码中，码距和差错控制能力的关系有以下 3 种情况。

1）在一个码组内检测 e 个误码，要求最小码距：

图 4-3　码距的几何解释

$$d_{min} \geqslant e+1 \tag{4-1}$$

式（4-1）可以通过图4-4（a）做简单地说明，设码组 A 位于0点，若码组 A 发生1位错码，可以认为 A 的位置移动至以0为圆心、以1为半径的圆上某点。此时，与码组 A 的码距2（或大于2）为半径的码组都在以0为圆心、以2（或大于2）为半径的圆上。只要码组 A 的错码不超过1位就不会错到以2（或大于2）为半径的圆上，这就说明式（4-1）是正确的。

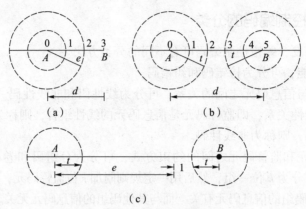

图4-4 码距与检错纠错能力的关系

2）在一个码组内纠正 t 个误码，要求最小码距：

$$d_{min} \geqslant 2t+1 \tag{4-2}$$

式（4-2）可用图4-4（b）来说明。图中画出的码组 A 和 B 的码距为5，若码组 A 或 B 发生的错码不多于2位，其位置都不会超出分别以 A 和 B 为圆心、以2为半径的圆。在码距为5的条件下，这两个圆是不会重叠的。因此可以这样来判决：若接收到的码组落到以 A 为圆心的圆上或圆内就判决成 A 码组；若接到的码组落到以 B 为圆心的圆上或圆内就判决成 B 码组。这表明码距为5时，各码组若发生不多于2位的错码都能纠正。这就说明了式（4-2）的正确性。

3）在一个码组内纠正 t 个误码，同时检测 $e(e \geqslant t)$ 个误码，要求最小码距：

$$d_{min} \geqslant t+e+1 \tag{4-3}$$

在图4-4（b）所示的例子中，码组 A 和码组 B 之间的码距为5。按式（4-1）计算最多能检出4位错码，即 $e=d-1=5-1=4$，按式（4-2）计算能纠正2位错码。但是不能既可检出4位错码又可纠正2位错码，因为当错码位数超过纠错能力时，该码组将进入另一码组的圆内而被错误地纠正。例如，码组 A 若错3位，就会被误认为是码组 B 错了2位，因而错误地纠正成码组 B。这就是说式（4-1）和式（4-2）不能同时成立或同时运用。因此，为了在可以纠正 t 个错码的同时，能够检出 e 个错码，就要像图4-4（c）所示的那样，使某一码组（图中所示的为 A 组）发生 e 个错码之后所处的位置，与其他码组（图中所示的为 B 组）的纠错圆的距离至少等于1，不然将落在该纠错圆上而发生错误纠正。这就证明了式（4-3）的正确性。

4.2.4 编码效率

编码效率是指一个码组中信息位所占的比重，用 R 来表示，即：

$$R=k/n \tag{4-4}$$

其中 k 是编码前的码组中的码元数，即信息码元数；n 是编码后的码组中的码元数，它包含了监督码元。显然，$n > k$，$R < 1$。

　　R 越大编码效率越高，它是衡量编码性能的一个重要参数。对于一个好的编码方案，不但希望它的抗干扰能力强，即检错纠错能力强，而且还希望它的编码效率高。但两方面的要求是矛盾的，在设计中要全面考虑。

4.3　几种常用的差错控制编码

4.3.1　奇偶校验码

　　奇偶校验码分为奇校验码和偶校验码，两者的构成原理是一致的，效果也是相同的。在二进制数字传输过程中，发生差错就是码元由 "1" 变为 "0"，或者由 "0" 变为 "1"。这样能使码组中的 "1" 码个数发生变化，因此如果在每个码组中附加一个码元使所有码组中 "1" 码的个数固定为偶数（或奇数），则发生奇数个差错时，由于破坏了码组的偶数（或奇数）个 "1" 码的规则，这个码组的差错就被检查出来。根据这个原则就得到了偶校验和奇校验的检错码。奇偶校验码的实现方法是将待传输的二进制数字信号，以 $n-1$ 个信息位划分成段，在每段码的末尾加 1 位校验位组成 $(n, n-1)$ 的码组。对于偶校验码，使每个码组中 "1" 码的个数为偶数，其校验方程为：

$$a_{n-1} \oplus a_{n-2} \oplus \cdots \oplus a_1 \oplus a_0 = 0 \qquad (4-5)$$

式中，a_0 为校验位，其他为信息位。

　　同样，奇校验码中 "1" 码的个数为奇数，其校验方程为：

$$a_{n-1} \oplus a_{n-2} \oplus \cdots \oplus a_1 \oplus a_0 = 1 \qquad (4-6)$$

　　奇偶校验码只能检出奇数个错误，不能发现偶数个错误，并且不能确定差错的位置，所以不能自动纠正错误。

4.3.2　行列校验码

　　由于奇偶校验码不能发现偶数个差错的码组，所以经改进采用行列校验码。行列校验码由二维奇偶校验码组成，故又称为方阵码。其基本原理与简单的奇偶校验码相似，不同的是每个码元受到行和列的两次校验。具体编码方法如下：首先与奇偶校验码相同，将信息位加校验位组成码组，每个码组作为矩阵的每一行，矩阵的每一列由不同码组相同位置的码元组成，然后在每一列最后也加上一个校验码元进行校验。这样组成的行列校验码，每一行每一列都有一个奇偶校验码，如表 4-1 所示。

表 4-1　列举一个行列校验码的矩阵形式

码组	信息位					校验位
1	1	1	1	0	1	0
2	1	0	1	1	1	0

码组	信息位					校验位
3	0	1	1	0	1	1
4	1	1	0	1	1	0
5	1	0	1	0	1	1
校验位	0	1	0	0	1	0

对于这种校验码，如果每行的校验位不能在本行中检出偶数个错码时，则在列的方向可以检出。但有一种情况例外，即当偶数个错码恰好分布在矩阵的 4 个顶点上时，就不能检出偶数个错码。

行列校验码对检测突发性差错显得更有效，因为突发性差错通常成串出现错码。行列校验码逐行传输时，可以把突发性的错码分散，从而能够检出奇数个错码和大多数偶数个错码，所以有较强的检错能力。

4.3.3　恒比码

恒比码是指各码组中含"1"和含"0"的数目保持固定的比例。根据这个原则，在接收检测时，只要计算每个码组中"1"的数目是否符合这个规定原则，就可以检出差错。

恒比码可以应用在电传机上，电传机在传输汉字时，是用阿拉伯数字表示的，每个阿拉伯数字用 5 位二进制数字代码。因而恒比码在国际 2 号码中选用了数字保护码，它是由长度为 5 的码组组成的，每个码组中含有"1"和"0"之比为 3∶2。在 5 位二进制中只有 10 个码组附含这个比值规定，可以用这 10 个码组分别代表 0 ~ 9 这 10 个数字。数字与恒比码的对照如表 4 - 2 所示。

表 4 - 2　数字与恒比码的对照

数字	普通的 5 单位码					恒比码				
1	1	1	1	0	1	0	1	0	1	1
2	1	1	0	0	1	1	1	0	0	1
3	1	0	0	0	0	1	0	1	1	0
4	0	1	0	1	0	1	1	0	1	0
5	0	0	0	0	1	0	0	1	1	1
6	1	0	1	0	1	1	0	1	0	1
7	1	1	1	0	0	1	1	1	0	0
8	0	1	1	0	0	0	1	1	1	0
9	0	0	0	1	1	1	0	0	1	1
0	0	1	1	0	1	0	1	1	0	1

从表可见，每个码组长度为 5，每组有 3 个"1"码和 2 个"0"码，这个关系是固定的，所以恒比码又称三比二码或五中取三码。恒比码可以检出传输中奇数个错误。对于偶数个错误，只有在每个码组中"1"错成"0"的数目正好等于"0"错成"1"的数目时，这个码组的差错才不能被发现，因而恒比码的检错能力很强。

在英文电报中，采用七中取三码，即每个码组长度为 7，每组含有 3 个"1"码和 4 个"0"码。它总共有 $C_7^3 = \dfrac{7!}{(7-3)!\,3!} = 35$ 个码组，可以表示 26 个英文字母及其他符号。

4.3.4　正反码

正反码是一种简单的能够纠正错码的编码。其中监督位数目与信息位数目相同，监督码元与信息码元是相同（是信息码的重复）还是相反（是信息码的反码）由信息码元中"1"的个数而定。现以电报通信中常用的 5 单位电码为例来加以说明。

电报通信用的正反码的码长 $n=10$，其中信息位 $k=5$，监督位 $r=5$。其编码规则为：

①当信息位中有奇数个"1"时，监督位是信息位的简单重复。

②当信息位中有偶数个"1"时，监督位是信息位的反码。

例如，若信息位为 10011，则码组为 1001110011；若信息位为 10001，则码组为 1000101110。

接收端解码的方法为：先将接收码组中信息位和监督位按位模 2 相加，得到一个 5 位的合成码组，然后由合成码组产生一个校验码组。若接收码组的信息位中有奇数个"1"，则合成码组就是校验码组；若接收码组中有偶数个"1"，则取合成码组的反码作为校验码组。最后观察校验码组中"1"的个数，按表 4 – 3 进行判决及纠正可能发现的错码。

表 4 – 3　错码情况对照表

序号	校验码组的组成	错码情况
1	全为"0"	无错码
2	有 4 个"1"，1 个"0"	信息码中有一位错码，其位置对应校验码组中"0"的位置
3	有 4 个"0"，1 个"1"	监督码中有一位错码，其位置对应校验码组中"1"的位置
4	其他组成	错码多于一个

上述长度为 10 的正反码具有纠正一位错码的能力，并能检测全部两位以下的错码和大部分两位以上的错码。例如，发送码组为 1100111001，若接收码组中无错码，则合成码组应为 $11001 \oplus 11001 = 00000$。由于接收码组信息位中有奇数个"1"，所以校验码组就是合成码组 00000，按表 4 – 3 判决，结论是无错码。若传输中产生了差错，使接收码组变成 1000111001，则合成码组为 $10001 \oplus 11001 = 01000$。由于接收码组中信息位有偶数个"1"，所以校验码组应取合成码组的反码，即 10111。由于有 4 个"1"，1 个"0"，按表 4 – 3 判决，信息位中左边第二位为错码。若接收码组错成 1100101001，则合成码组变成 $11001 \oplus 01001 = 10000$。由于接收码组中信息位有奇数个"1"，故校验码组就是合成码组，即 10000，按表 4 – 3 判决，监督位中第一位为错码。最后，若接收码组为 1001111001，则合成

码组为 $10011 \oplus 11001 = 01010$，校验码组为 01010，按表 4-3 判决，这时错码多于一个。

4.3.5　线性分组码

线性分组码是整个纠错码中非常重要的一类编码，它是讨论其他各类编码的基础。线性分组码是建立在近似代数基础上的，利用代数关系构造的一种代数码。在 (n, k) 分组码中，若每一个监督码元都是码组中某些信息码元按线性关系相加得到的，则称之为线性分组码。或者说，用线性方程组表述规律性的分组码称为线性分组码。例如，某一 $(7, 3)$ 分组码为

$$A = \left[a_6 a_5 a_4 a_3 a_2 a_1 a_0 \right]$$

其中前三位是信息码元，后四位是监督码元，可以用下列线性方程组来表示，即：

$$\begin{cases} a_3 = a_6 + a_4 \\ a_2 = a_6 + a_4 + a_3 \\ a_1 = a_6 + a_5 \\ a_0 = a_6 + a_3 \end{cases}$$

线性分组码是一类重要的纠错码，应用很广泛。

1.　汉明码

汉明码是 1950 年由美国贝尔实验室汉明（也译为海明）提出的，是第一个用于纠正一位错码的效率较高的线性分组码。目前，汉明码及其变型在数字通信系统、数据存储系统中应用广泛。本节以汉明码为例，介绍汉明码的构造原理以及线性分组码的一般原理。

对于式（4-5）构成的偶监督码，由于使用了一位监督位，所以它和信息码元一起构成一个代数关系式。在接收端译码时，实际上是计算

$$S = a_{n-1} \oplus a_{n-2} \oplus \cdots \oplus a_1 \oplus a_0 \tag{4-7}$$

若 $S = 0$，则认为无错；若 $S = 1$，则认为有错。把式（4-7）称为监督关系式，S 称为校正子。由于 S 取值有两种，因此只能代表有错和无错两种信息，但不能指出错码的具体位置。不难想象，若将监督位增加一位，变成两位，则能增加一个类似于式（4-7）的监督关系式。两个校正子的可能值有 4 种组合：00、01、10、11，故能表示 4 种不同的信息。其中 1 种表示无错，而其余 3 种就有可能指示一种错码的 3 种不同位置。以此类推，r 个监督关系式就能指示出一位错码的 $2^r - 1$ 个可能位置。

一般来说，若码长为 n，信息码元位数为 k，监督码元位数为 r。若要用 r 个监督位构造能纠正一位或一位以上错误的线性码，则必须满足

$$2^r - 1 \geqslant n \text{ 或 } 2^r \geqslant k + r + 1 \tag{4-8}$$

当取 $2^r - 1 = n$ 时，此特殊线性分组码就称为汉明码，下面就以汉明码为例，说明如何具体构造监督关系式。

（1）汉明码的编码原理

若要纠正一位错码，根据式（4-8）可知，$r \geqslant 3$。若取 $r = 3$，$n = k + r = 7$。这里用 $A = \left[a_6 a_5 a_4 a_3 a_2 a_1 a_0 \right]$ 表示这 7 个码元，用 S_1、S_2、S_3 表示由 3 个监督关系式得到的 3 个校正子，于是 3 个校正子的值指示了 8 种不同的错误图样。校正子与错码位置的对应关系如表 4-4 所示。

表4-4 校正子与错码位置的对应关系

$S_1S_2S_3$	错码位置	$S_1S_2S_3$	错码位置
001	a_0	101	a_4
010	a_1	110	a_5
100	a_2	111	a_6
011	a_3	000	无错

按表中规定可见，仅当一个错码位置在 a_2、a_4、a_5 或 a_6 时，校正子 S_1 为 1，否则为 0。于是由 a_2、a_4、a_5、a_6 四个码元构成的偶监督关系为：

$$S_1 = a_6 \oplus a_5 \oplus a_4 \oplus a_2 \tag{4-9}$$

同理，由 a_1、a_3、a_5、a_6 四个码元构成的偶监督关系为：

$$S_2 = a_6 \oplus a_5 \oplus a_3 \oplus a_1 \tag{4-10}$$

以及由 a_0、a_3、a_4、a_6 四个码元构成的偶监督关系为：

$$S_3 = a_6 \oplus a_4 \oplus a_3 \oplus a_0 \tag{4-11}$$

在发送端编码时，信息码元 a_6、a_5、a_4、a_3 的值决定于输入信号，监督位 a_2、a_1、a_0 应根据信息码元的取值按监督关系式决定，即监督位应使以上3式中的 S_1、S_2、S_3 的值为零（无错码），即：

$$\left. \begin{aligned} a_6 \oplus a_5 \oplus a_4 \oplus a_2 &= 0 \\ a_6 \oplus a_5 \oplus a_3 \oplus a_1 &= 0 \\ a_6 \oplus a_4 \oplus a_3 \oplus a_0 &= 0 \end{aligned} \right\} \tag{4-12}$$

于是，经移相后解出监督位：

$$\left. \begin{aligned} a_2 &= a_6 \oplus a_5 \oplus a_4 \\ a_1 &= a_6 \oplus a_5 \oplus a_3 \\ a_0 &= a_6 \oplus a_4 \oplus a_3 \end{aligned} \right\} \tag{4-13}$$

已知信息码元后，就可直接按式（4-13）计算出监督位，结果如表4-5所示。

表4-5 发送的汉明码（7，4）码字表

信息码元 $a_6a_5a_4a_3$	监督码元 $a_2a_1a_0$	信息码元 $a_6a_5a_4a_3$	监督码元 $a_2a_1a_0$
0 0 0 0	0 0 0	1 0 0 0	1 1 1
0 0 0 1	0 1 1	1 0 0 1	1 0 0
0 0 1 0	1 0 1	1 0 1 0	0 1 0
0 0 1 1	1 1 0	1 0 1 1	0 0 1
0 1 0 0	1 1 0	1 1 0 0	0 0 1
0 1 0 1	1 0 1	1 1 0 1	0 1 0
0 1 1 0	0 1 1	1 1 1 0	1 0 0
0 1 1 1	0 0 0	1 1 1 1	1 1 1

接收端收到每个码组后，先按式（4-9）~式（4-11）计算出 S_1、S_2、S_3 的值，再按表4-5判断错码情况。例如，若接收码组为0000011，则：

$$S_1 = 0, S_2 = 1, S_3 = 1$$

由于 $S_1 S_2 S_3 = 011$，查表4-5可知 a_3 位有一位错码。该（7，4）汉明码的最小码距 $d_0 = 3$，所以这种码能够纠正一位错码或检测两位错码。

在了解了汉明码的基本构造后，下面对线性分组码的一般原理进行讨论。

前已述及，线性分组码是指信息位和监督位满足一组线性方程关系的码，式（4-12）就是这种线性方程，先将式（4-12）改写成：

$$\left. \begin{array}{l} 1 \cdot a_6 \oplus 1 \cdot a_5 \oplus 1 \cdot a_4 \oplus 0 \cdot a_3 \oplus 1 \cdot a_2 \oplus 0 \cdot a_1 \oplus 0 \cdot a_0 = 0 \\ 1 \cdot a_6 \oplus 1 \cdot a_5 \oplus 0 \cdot a_4 \oplus 1 \cdot a_3 \oplus 0 \cdot a_2 \oplus 1 \cdot a_1 \oplus 0 \cdot a_0 = 0 \\ 1 \cdot a_6 \oplus 0 \cdot a_5 \oplus 1 \cdot a_4 \oplus 1 \cdot a_3 \oplus 0 \cdot a_2 \oplus 0 \cdot a_1 \oplus 1 \cdot a_0 = 0 \end{array} \right\} \tag{4-14}$$

式（4-14）可以表示成矩阵形式，即：

$$\begin{bmatrix} 1110100 \\ 1101010 \\ 1011001 \end{bmatrix} \cdot \begin{bmatrix} a_6 \\ a_5 \\ a_4 \\ a_3 \\ a_2 \\ a_1 \\ a_0 \end{bmatrix} = \begin{bmatrix} 0 \\ 0 \\ 0 \end{bmatrix} \tag{4-15}$$

式中，

$$\boldsymbol{H} = \begin{bmatrix} 1110100 \\ 1101010 \\ 1011001 \end{bmatrix}$$

$$\boldsymbol{A} = [a_6 a_5 a_4 a_3 a_2 a_1 a_0]$$

$$\boldsymbol{O} = [000]$$

上式还可以简记为：

$$\boldsymbol{H} \cdot \boldsymbol{A}^{\mathrm{T}} = \boldsymbol{O}^{\mathrm{T}} \ \text{或} \ \boldsymbol{A} \cdot \boldsymbol{H}^{\mathrm{T}} = \boldsymbol{O} \tag{4-16}$$

式中 $\boldsymbol{H}$ 称为监督矩阵，只要监督矩阵 $\boldsymbol{H}$ 给定，编码时监督位和信息位的关系就完全确定了。

上面 $\boldsymbol{H}$ 矩阵也可以分为两部分，即：

$$\boldsymbol{H} = \begin{bmatrix} 1110 & 100 \\ 1101 & 010 \\ 1011 & 001 \end{bmatrix} = \boldsymbol{PI}_r \tag{4-17}$$

其中，$\boldsymbol{P}$ 为 $r \times k$ 阶矩阵，$\boldsymbol{I}_r$ 为 $r \times r$ 阶方阵，将具有 $\boldsymbol{PI}_r$ 形式的 $\boldsymbol{H}$ 矩阵称为典型监督矩阵。

式（4-13）也可改写为：

$$[a_2 a_1 a_0] = [a_6 a_5 a_4 a_3] \begin{bmatrix} 111 \\ 110 \\ 101 \\ 011 \end{bmatrix} = [a_6 a_5 a_4 a_3] \boldsymbol{Q} \tag{4-18}$$

式中，Q 为一 $k \times r$ 阶矩阵，它为 P 的转置，即：

$$Q = P^\mathrm{T} \tag{4-19}$$

式（4-18）表明，信息位确定后，用信息位的行矩阵乘矩阵 Q 就可产生监督矩阵。

将 Q 的左边加上一个 $k \times r$ 阶单位方阵就构成一矩阵 G，即：

$$G = I_k Q = \begin{bmatrix} 1000111 \\ 0100110 \\ 0010101 \\ 0001011 \end{bmatrix} \tag{4-20}$$

G 称为生成矩阵，因为由它可以产生整个码组，即有：

$$[a_6 a_5 a_4 a_3 a_2 a_1 a_0] = [a_6 a_5 a_4 a_3] \cdot G \tag{4-21}$$

或者

$$A = [a_6 a_5 a_4 a_3] \cdot G \tag{4-22}$$

因此，若找到了码的生成矩阵 G，则编码的方法就完全确定了。具有 $I_k Q$ 形式的生成矩阵称为典型生成矩阵。由典型生成矩阵得出的码组 A 中，信息位不变，监督位附加其后，这种码被称为系统码。

比较典型监督矩阵 H 和典型生成矩阵 G，可以看到，典型监督矩阵 H 和典型生成矩阵 G 存在以下关系：

$$H = P \cdot I_r = Q^\mathrm{T} \cdot I_r$$
$$G = I_k \cdot Q = I_k \cdot P^\mathrm{T}$$

【例 4-1】 已知（6，3）分组码的生成矩阵为：

$$G = \begin{bmatrix} 100101 \\ 010011 \\ 001110 \end{bmatrix}$$

试求：

① 编码码组和各个码组的码重；

② 最小码距和该码的差错控制能力。

解：① 3 位码组成的信息码组矩阵为：

$$I = \begin{bmatrix} 000 \\ 001 \\ 010 \\ 011 \\ 100 \\ 101 \\ 110 \\ 111 \end{bmatrix}$$

根据式（4-22）可求出编码码组矩阵：

$$A = \begin{bmatrix} 000 \\ 001 \\ 010 \\ 011 \\ 100 \\ 101 \\ 110 \\ 111 \end{bmatrix} \begin{bmatrix} 100101 \\ 010011 \\ 001110 \end{bmatrix} = \begin{bmatrix} 000000 \\ 001110 \\ 010011 \\ 011101 \\ 100101 \\ 101011 \\ 110110 \\ 111000 \end{bmatrix}$$

上述信息码组、编码码组及码重如表 4 – 6 所示。

表 4 – 6   例 4 – 1 编码表

信息码组	编码码组						码重 W
000	0	0	0	0	0	0	0
001	0	0	1	1	1	0	3
010	0	1	0	0	1	1	3
011	0	1	1	1	0	1	4
100	1	0	0	1	0	1	3
101	1	0	1	0	1	1	4
110	1	1	0	1	1	0	4
111	1	1	1	0	0	0	3

②由计算出的整个码组 A 可知，非零码组的最小码重为 $W_{\min}=3$，所以最小码距 $d_{\min}=3$。因此，该码组具有能够纠正一位错码或两位错码，或纠正一位错码同时检出一位错码的能力。

（2）汉明码的译码

下面再分析一般线性分组码的检错能力。发送码组在传输过程中可能由于干扰引入差错，则接收码组一般来说与发送码组不一定相同。设接收码组为一 n 列的行矩阵 B，即：

$$B = [\, b_{n-1} b_{n-2} \cdots b_1 b_0 \,] \tag{4 – 23}$$

则发送码组 A 与接收码组 B 之差为：

$$B - A = E(\text{模 } 2) \tag{4 – 24}$$

式中 E 就是传输中产生的错码行矩阵。设：

$$E = [\, e_{n-1} e_{n-2} \cdots e_0 \,] \tag{4 – 25}$$

若 $e_i=0$，表示该位无差错；若 $e_i=1$，表示该位接收码元有错。这样式（4 – 24）也可以写成：

$$B = A + E(\text{模 } 2) \tag{4 – 26}$$

例如，发送码组 $A = [\,1000111\,]$，错码矩阵 $E = [\,0000100\,]$，则接收码组 $B = [\,1000011\,]$。接收端译码时，可将接收码组 B 代入式（4 – 16）中计算。若接收码组中无错码，$E = 0$，则 $B = A + E = A$，把它代入式（4 – 16）后，该式仍成立，即有：

$$B \cdot H^{\mathrm{T}} = O \tag{4-27}$$

当接收码组有错时，$E \neq O$，将 B 代入式（4-16）后，该式不一定成立。在错码较多，已超过这种编码的检错能力时，B 变为另一许用码组，则式（4-27）仍能成立，这样的错码是不可检测的。在未超过检错能力时，式（4-27）不成立，即右端不等于零。假设：

$$B \cdot H^{\mathrm{T}} = S \tag{4-28}$$

将 $B = A + E$ 代入上式，得到：

$$S = (A + E) \cdot H^{\mathrm{T}} = A \cdot H^{\mathrm{T}} + E \cdot H^{\mathrm{T}} \tag{4-29}$$

由式（4-16）知 $A \cdot H^{\mathrm{T}} = O$，所以：

$$S = E \cdot H^{\mathrm{T}} \tag{4-30}$$

式中 S 称为伴随式。上式表明，S 只与 E 有关，与 A 无关。仅当 E 不为 0 时，S 才不为 0，任何一个错误图样都有其相应的伴随式，而 S^{T} 与 H 矩阵中数值相同的一列正是错误图样 E 中 "1" 的位置。所以译码器可以用伴随矩阵 S 来检错和纠错。而 S 与错码位的对应关系即错码表可参考表 4-4 的方式来建立。更简洁易懂的错码表建立方式是将错码位从高位到低位排列，并分别对应 H^{T} 的每一行元素构建表格（可参看例 4-2）。

这就意味着当计算出 S，对照错码表即可判断出错码位。

【例 4-2】 按照例 4-1 给定的生成矩阵 G，列出 S 与错码位的对照表。当收到码组 $R = [111011]$ 时，解出对应的信息码组 I。

解：先通过所给定的生成矩阵 G，即：

$$G = \begin{bmatrix} 100101 \\ 010011 \\ 001110 \end{bmatrix}$$

求出 Q，再根据式（4-19）求出 Q 的转置矩阵 P，即：

$$P = \begin{bmatrix} 101 \\ 011 \\ 110 \end{bmatrix}$$

由于 H 矩阵被分成两部分，根据式（4-17）求出 H 和 H^{T}：

$$H = \begin{bmatrix} 101100 \\ 011010 \\ 110001 \end{bmatrix} \qquad H^{\mathrm{T}} = \begin{bmatrix} 101 \\ 011 \\ 110 \\ 100 \\ 010 \\ 001 \end{bmatrix}$$

将接收的码组 $R = [111011]$ 代入式（4-16）中，可得：

$$S = RH^{\mathrm{T}} = [111011] \begin{bmatrix} 101 \\ 011 \\ 110 \\ 100 \\ 010 \\ 001 \end{bmatrix} = [011]$$

用

$$\boldsymbol{H}^{\mathrm{T}} = \begin{bmatrix} 101 \\ 011 \\ 110 \\ 100 \\ 010 \\ 001 \end{bmatrix} \xrightarrow{\text{建立错码表}}$$

$S_1S_2S_3$	错码位置
101	a_5
011	a_4
110	a_3
100	a_2
010	a_1
001	a_0
000	无错

对照错码表，$S = [011]$ 对应 a_4，说明 a_4 为误码，接收的码组 $\boldsymbol{R} = [111011]$ 中的 a_4 为 "1"，纠正为 "0"，所以正确的码组为 $\boldsymbol{I} = [101011]$。

线性分组码的一个重要性质就是它的封闭性。所谓封闭性，是指一种线性码中的任意两个码组之和仍为这种码的一个码组。这就是说，若 A_1 和 A_2 是一种线性码中的两个许用码组，则 $A_1 + A_2$ 仍为其中一个码组。既然线性分组码具有封闭性，因而两个码组之间的距离必是另一码组的重量。故码的最小距离即是码的最小码重（除全 0 码组外）。

2. 循环码

循环码是线性分组码的一个重要分支。1957 年，普兰奇（Prange）最早提出循环码的概念，在其后的 20 多年中，人们对循环码的代数结构、性能和编译方法等方面进行了大量的研究，并取得了许多重要成果，从而大大推动了循环码在实际差错控制系统中的应用。由于循环码有许多特殊的代数性质，特别是它的编译码器易于实现，而且综合性能良好，目前其编码、译码、检测和纠错已由集成电路产品实现，其速度与软件算法相比大大地提高了，是目前通信传送系统和磁介质存储器中广泛采用的一种编码。

循环码是一种系统分组码，它除了具有线性分组码的封闭性，还具有循环性。循环性是指任一许用码组经过循环移位后所得到的码组仍为一许用码组。若 $A = [a_1 a_2 \cdots a_n]$ 是一个循环码组，一次循环移位得到 $A^1 = [a_2 a_3 \cdots a_n a_1]$ 也是许用码组，移位 i 次得到 $A^i = [a_{i+1} a_{i+2} \cdots a_n a_1 \cdots a_i]$ 也是许用码组。不论右移或左移，移位位数多少，其结果均为循环码组。

（1）码多项式及按模运算

在代数编码理论中，为了便于计算，把码组中的各码元当作是一个多项式的系数，即把一个长为 n 的码组表示成：

$$T(x) = a_{n-1}x^{n-1} + a_{n-2}x^{n-2} + \cdots + a_1x + a_0 \qquad (4-31)$$

在此多项式（4 - 31）中，x 只是码元位置的标记，因此它的取值并不重要。码元 a_i（$i = 0, 1, \cdots, n-1$）只取 "1" 或 "0"。例如，码组 $A = [0100111]$ 可表示成：

$$T(x) = 0 \cdot x^6 + 1 \cdot x^5 + 0 \cdot x^4 + 0 \cdot x^3 + 1 \cdot x^2 + 1 \cdot x + 1 \qquad (4-32)$$

这种多项式有时称为码多项式。码多项式可以进行代数运算。为了分析方便，下面先来介绍多项式按模运算的概念，然后再从码多项式入手，找出循环码的规律。

在整数运算中，有模 n 运算，若一个整数 m 可表示为：

$$\frac{m}{n} = Q + \frac{p}{n}, p < n \qquad (4-33)$$

式中，Q 为整数，则在模 n 运算下有：

$$m \equiv p \ (\text{模} \ n) \tag{4-34}$$

也就是说，在模 n 运算下，一个整数 m 等于其被 n 除得的余数。

对于多项式，也有按模多项式的运算。若一任意多项式 $F(x)$ 被一 n 次多项式 $N(x)$ 除，得到商式 $Q(x)$ 和一个次数小于 n 的余式 $R(x)$，即：

$$F(x) = N(x)Q(x) + R(x) \tag{4-35}$$

则记为

$$F(x) \equiv R(x) \ (\text{模} \ N(x)) \tag{4-36}$$

对于码多项式，由于其系数是二进制数，因此其系数仍按模 2 运算，即取 "0" 和 "1" 两个值，同时按模运算的加法代替了减法。例如，$x^4 + x^2 + 1 \equiv x^2 + x + 1 \ (\text{模} \ (x^3 + 1))$，因为：

$$
\begin{array}{r}
x \\
x^3 + 1 \overline{\smash{\big)}\ x^4 + x^2 + 1} \\
\underline{x^4 + x} \\
x^2 + x + 1
\end{array}
$$

在循环码中，若 $T(x)$ 是一个码长为 n 的许用码组，则可以证明 $x^i \cdot T(x)$ 在模 $(x^n + 1)$ 运算下也是一个许用码组，即若：

$$x^i \cdot T(x) \equiv T'(x) \ (\text{模} \ (x^n + 1)) \tag{4-37}$$

则 $T'(x)$ 也是一个许用码组。因为若：

$$T(x) = a_{n-1}x^{n-1} + a_{n-2}x^{n-2} + \cdots + a_1 x + a_0 \tag{4-38}$$

则

$$x^i T(x) = a_{n-1}x^{n-1+i} + a_{n-2}x^{n-2+i} + \cdots + a_{n-1-i}x^{n-1} + \cdots + a_1 x^{1+i} + a_0 x^i$$

$$\equiv a_{n-1-i}x^{n-1} + a_{n-2-i}x^{n-2} + \cdots + a_0 x^i + a_{n-1}x^{i-1} + \cdots + a_{n-i} \ (\text{模} \ (x^n + 1))$$

所以

$$T'(x) = a_{n-1-i}x^{n-1} + a_{n-2-i}x^{n-2} + \cdots + a_0 x^i + a_{n-1}x^{i-1} + \cdots + a_{n-i}$$

式中 $T'(x)$ 正是式（4-31）所代表的码组向左移位 i 次的结果。因为已假设 $T(x)$ 为一循环码，所以 $T'(x)$ 也必为该码组中的一个码组。

（2）循环码的编码

我们已经知道，对于 (n, k) 线性分组码，有了生成矩阵 G，就可以由 k 个信息码元得到全部码组。而且经过前面的分析已经知道，生成矩阵的每一行都是一个码组，因此若能找到 k 个线性无关的码组，就能构成生成矩阵 G。

在循环码中，一个 (n, k) 分组码有 2^k 个不同的码组，若用 $g(x)$ 表示其中前 $k-1$ 位皆为 "0" 的码组，则 $g(x)$，$xg(x)$，$x^2 g(x)$，$\cdots$，$x^{k-1}g(x)$ 都是码组，而且这 k 个码组都是线性无关的。因此可以用它们来构造生成矩阵 G。

需要说明的是在循环码中除全 "0" 码组外，再没有连续 k 位均为 "0" 的码组，即连 "0" 的长度最多只能有 $k-1$ 位。否则，在经过若干次循环移位后将得到一个信息位全为 "0"，而监督位不全为 "0" 的码组，这在线性码中显然是不可能的。因此 $g(x)$ 必须是一个常数项不为 "0" 的 $n-k$ 次多项式，而且这个 $g(x)$ 还是这种 (n, k) 循环码中次数为 $n-k$ 的唯一的一个多项式。因为如果有两个，则由码的封闭性可知，把这两个码组相加构成的新码组其多项式的系数将小于 $n-k$，即连 "0" 的个数多于 $k-1$ 个。显然这与前面的结论相矛盾，所以是不可能的。我们称这唯一的 $n-k$ 次多项式 $g(x)$ 为码的生成多项式。经论证，生成多项式 $g(x)$ 是 (x^n+1) 的一个 $n-k$ 次幂且常数项为 1 的因式。一旦确定了 $g(x)$，则整个 (n, k) 循环码就被确定了。

因此，循环码的生成矩阵 G 可以写成：

$$G(x) = \begin{bmatrix} x^{k-2}g(x) \\ x^{k-1}g(x) \\ \vdots \\ xg(x) \\ g(x) \end{bmatrix} \qquad (4-39)$$

由于式（4-39）不符合 $G = I_k Q$ 的形式，所以此生成矩阵不是典型生成矩阵。不过，将此矩阵作线性变换即可以得到典型生成矩阵，对 k 个码元进行编码，就是把它们与生成矩阵 G 相乘，由此即可写出全部许用码。

循环码的编码过程还可以用另一种方式来进行。一个 k 位的信息码组 $M = \begin{bmatrix} m_{k-1} m_{k-2} \cdots m_1 m_0 \end{bmatrix}$ 可用信息码多项式 $m(x)$ 表示成：

$$m(x) = m_{k-1}x^{k-1} + m_{k-2}x^{k-2} + \cdots + m_1 x + m_0 \qquad (4-40)$$

若已知 $m(x)$，求解相应的码组多项式 $T(x)$，就构成了编码问题。在系统码中，码组最左端的 k 位为信息位，后面的 $n-k$ 位是监督位，这时码多项式可以写成：

$$\begin{aligned} T(x) &= m(x)x^{n-k} + r(x) \\ &= m_{k-1}x^{n-k} + \cdots + m_0 x^{n-k} + r_{n-k-1}x^{n-k-1} + \cdots + r_0 \end{aligned} \qquad (4-41)$$

式中

$$r(x) = r_{n-k-1}x^{n-k-1} + \cdots + r_0 \qquad (4-42)$$

称为监督多项式，它的次数小于 $n-k$，其监督码元为 $(r_{n-k-1}, \cdots, r_0)$。监督多项式是对 $m(x)x^{n-k}$ 进行模 $g(x)$ 运算后的结果，即：

$$m(x)x^{n-k} \equiv r(x)（模 g(x)） \qquad (4-43)$$

式（4-43）表明，构造系统循环码时，只需用信息码多项式乘以 x^{n-k}，也就是将 $m(x)$ 移位 $n-k$ 次，然后用 $g(x)$ 去除，所得的余式 $r(x)$ 即为监督码多项式。因此系统循环码的编码过程就变成用除法求余的过程。

【例 4-3】 在 $(7, 3)$ 循环码中，若选定 $g(x) = x^4 + x^3 + x^2 + 1$，设信息码元为 101，对应的信息码多项式为 $m(x) = x^2 + 1$，可以求得：

$$m(x)x^{n-k} = x^4(x^2+1) = x^6 + x^4$$

$$r(x) \equiv \frac{m(x)x^{n-k}}{g(x)} = \frac{x^6 + x^4}{x^4 + x^3 + x^2 + 1} \equiv x + 1$$

$$T(x) = m(x)x^{n-k} + r(x) = x^6 + x^4 + x + 1$$

对应的码组为 1010011。

（3）循环码的译码

接收端译码的目的有两个：检错和纠错。检错的译码原理非常简单。由于任意一个码组多项式 $T(x)$ 都能被 $g(x)$ 整除，所以在接收端可以利用接收到的码组 $R(x)$ 去除以原生成多项式 $g(x)$ 来进行检错。当传输中没有发生错误时，接收码组和发送码组相同，能被 $g(x)$ 整除。若码组在传输中发生错误，则 $R(x) = T(x) + E(x) \neq T(x)$，$R(x)$ 被 $g(x)$ 除时可能除不尽而有余项，即有：

$$\frac{R(x)}{g(x)} = Q'(x) + \frac{r'(x)}{g(x)}$$

因此，我们就以余项是否为零来判别码组中有无错码，这样就达到了检错的目的。如果用于纠错，要求每个可纠正的错码图样必须与一个特定余式 $r'(x)$ 有一一对应关系。这里错码图样是指式（4-25）中错误矩阵 E 的各种具体取值的图样。因此只有存在上述一一对应的关系时，才可能从上述余式唯一地决定错误图样，从而纠正错码。因此，原则上纠错可按下述步骤进行：

①利用典型监督矩阵 H 获得错码图样 $E(x)$。

②用生成多项式 $g(x)$ 除接收码组 $R(x)$，得出余式 $r'(x)$。

③按余式 $r'(x)$ 用查表的方法对照错码图样 $E(x)$。

④从 $R(x)$ 中减去 $E(x)$，便得到已纠正错误的原发送码组 $T(x)$。

（4）循环码的编译码电路

1）循环码的编码电路。循环码的编码电路主体是由生成多项式构成的除法电路，再加上适当的控制电路组成。具体规则是，生成多项式 $g(x)$ 中最高次项的次数决定移位寄存器的级数；生成多项式 $g(x)$ 中的非零系数对应移位寄存器的反馈抽头。例如，（7，3）循环码的编码电路如图 4-5 所示。

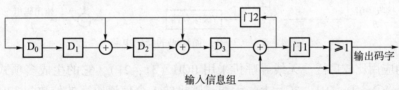

图 4-5 （7，3）循环码的编码电路

（7，3）循环码的生成多项式为 $g(x) = x^4 \oplus x^3 \oplus x^2 \oplus 1$，其最高次项的次数为 4，所以移位寄存器的级数为 4 级；x 项不存在，故图中的 D_0 与 D_1 之间无反馈抽头。具体编码过程如表 4-7 所示。

表 4-7 （7，3）循环码的编码过程

移位次序	输入	门1	门2	移位寄存器 $D_0 D_1 D_2 D_3$	输出
0	1	断开	接通	0 0 0 0	1
1	1	断开	接通	1 0 1 1	1
2	1	断开	接通	0 1 0 1	1
3	0	断开	接通	1 0 0 1	0
4	0	接通	断开	0 1 0 0	1
5	0	接通	断开	0 0 1 0	0
6	0	接通	断开	0 0 0 1	0
7	0	接通	断开	0 0 0 0	1

2）循环码的译码方法与译码电路。接收端的译码前提是检错和纠错。由于任一循环码多项式 $A(x)$ 都应能被生成多项式 $g(x)$ 整除，所以在接收端可以将接收码字 $B(x)$ 用生成多项式 $g(x)$ 去除。当传输时未发生错误时，$B(x)/g(x)$ 的余式为0，接收码字与发送码字相同，即 $A(x)=B(x)$。若码字在传输中发生错误，则 $A(x)\neq B(x)$，$B(x)$ 除以 $g(x)$ 时除不尽而有余项，所以可以用余项是否为0来判别码字中有无误码。在接收端为纠错而采用的译码方法自然比检错时复杂。为了能够纠错，要求每个可纠正的错误图样必须与一个特定余式有一一对应关系。

如果误码个数在该码组能自行纠正的范围内，也可以用接收的码组除以生成多项式得到余式，将余式模2加到接收到的码组上，即可得到正确的码组。

例如：生成多项式采用 $g_2(x)=x^3\oplus x^2\oplus 1$，接收的码字为1101001，用该码字除以生成码字1101，余数为1，说明该码字有错码，将余数1加到接收到的码字上，得到的正确码字为1101000。这种方法根据循环码的纠错能力来确定它最多能纠正几位错码，对于本例，它只能纠正1位错码；若错码位数为2位及以上，则无法纠正。

图4-6为（7，3）循环码的译码电路。

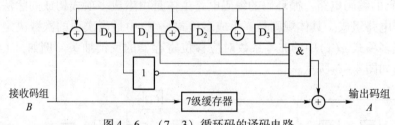

图4-6　（7，3）循环码的译码电路

循环码的应用比较广泛。无线寻呼机采用 BCH（31，21），它的生成多项式为 $g(x)=x^{10}\oplus x^9\oplus x^8\oplus x^6\oplus x^5\oplus x^3\oplus 1$。实际上，无线寻呼机的1个信道码字的位数为32位，它是在 BCH（31，21）基础上加1位偶校验码。而计算机网络中的面向比特的高速数据链路控制（HDLC）规程帧结构中的帧校验序列（FCS）采用的生成多项式为 $x^{16}\oplus x^{12}\oplus x^5\oplus 1$。

4.3.6　卷积码

卷积码是非分组码，所以他的规律性与分组码有明显的区别。线性分组码各码字中的监督元只对本码字的信息元起监督作用；而卷积码的 n 个码字不仅与该码字中的信息元有关，而且与前面 m 段内的信息元有关，或者说，各自组内的监督元不仅对本码字而且对前面 m 个码字内的信息元起监督作用。卷积码序列的每一个码字与前后有关码字互相关联，一环扣一环，因此又称为连环码。这种码能用卷积运算的线性方程组来描述。

在卷积码中，每个（n，k）码字内的 n 个码不仅与本码字内的信息元有关，而且与前面 m 个码字内的信息元有关，通常称 m 为编码存储，因而卷积码常用符号（n，k，m）表示。每一位数据影响 $m+1$ 个输出子码，称 $m+1$ 为编码约束度；每个子码有 n 个码元，在卷积码中有约束关系的最大码元长度则为 $(m+1)n$。

下面结合图4-7所示的卷积码（2，1，2）编码器简述卷积码的编码方法。

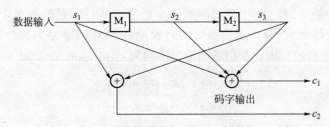

图 4－7　卷积码（2，1，2）编码器

该编码器由移位寄存器、模 2 加法器及开关电路组成。起始状态为各级移位寄存器清零，即 $s_1s_2s_3$ 为 000。s_1 等于当前输入数据，而移位寄存器状态 s_2s_3 存储当前的数据，输出码字 c_1、c_2 由下式确定：

$$c_1 = s_1 \oplus s_2 \oplus s_3$$
$$c_2 = s_1 \oplus s_3$$

当输入数据 $D = 11010$ 时，输出码字可以由上式计算出来，具体计算过程如表 4－8 所示。另外，为了保证全部数据通过寄存器，还必须在数据位后加 3 个 0。

表 4－8　卷积码（2，1，2）编码器的工作过程

s_1	$s_3\ s_2$	$c_1\ c_2$
1	0 0	1 1
1	0 1	0 1
0	1 1	0 1
1	1 0	0 0
0	0 1	1 0
0	1 0	1 1
0	0 0	0 0
0	0 0	0 0

卷积码的译码可分为代数译码和概率译码两大类。代数译码是利用生成矩阵和监督矩阵来译码，最主要的方法是大数逻辑译码。概率译码比较实用的有两种：维特比译码和序列译码。目前，概率译码已成为卷积码最主要的译码方法。

4.3.7　交错码

交错码又称交织码，是一种能纠正突发错误的码。它是利用纠随机错误的码，以交错的方法来构造码。把纠随机错误的（n，k）线性分组码的 m 个码字，排成 m 行的一个码阵，该码阵称为交错码。一个交错码阵就是交错码的一个码字。交错码阵中的每一行称为交错码的子码或行码，行数 m 称为交错度（或称交织深度）。交错度 m 越大，离散度越大，抗突发差错能力也越强，同时交织编码处理时间也越长，即是以时间为代价的。

图 4-8 所示的是（28，16）交错码的一个码字，其行码是能纠单个随机错误的（7，4）线性分组码，交错度 $m=4$。交织编码的过程是将 FEC 码字序列按行写入而按列读出，传输是按列的次序进行的，因此交织编码输出序列为 $a_{61}a_{62}a_{63}a_{64}a_{51}a_{52}a_{53}\cdots a_{01}a_{02}a_{03}a_{04}$。

$$a_{61}\ a_{51}\ a_{41}\ a_{31}\ a_{21}\ a_{11}\ a_{01}$$
$$a_{62}\ a_{52}\ a_{42}\ a_{32}\ a_{22}\ a_{12}\ a_{02}$$
$$a_{63}\ a_{53}\ a_{43}\ a_{33}\ a_{23}\ a_{13}\ a_{03}$$
$$a_{64}\ a_{54}\ a_{44}\ a_{34}\ a_{24}\ a_{14}\ a_{04}$$

图 4-8 $m=4$ 的（28，16）交错码

在传输过程中，若发生长度 $b\leqslant 4$ 的单个突发错误，那么无论从哪一位开始，至多只影响图 4-8 所示的码阵中每一行的 1 个码元。接收端把收到的交错码的码字再排成如图 4-8 所示的码阵，然后逐行分别译码。由于每一行码能纠正 1 个错码，故 4 行译完后，就可把 $b\leqslant 4$ 的突发错误纠正过来。

显然，若要纠正较长的突发错误，则可把码阵中的行数加多，即增大交错度。一般，一个（n，k）码能纠正 t 个随机错码。按照上述方法交错，交错度为 m，即可得到一个（nm，km）交错码。该交错码能纠正长度 $b\leqslant mt$ 的单个突发错误。可以证明，如果（n，k）是一个循环交错码，它的生成多项式为 $g(x)$，那么（nm，km）交错码也是一个循环码，其生成多项式为 $g(x^m)$，且码率与其行码相同。

上面介绍了常用的几种差错控制编码原理。实际应用时，一般并不单独使用一种方法，而是几种方法联合使用。例如 CD 光盘上记录信息的数字信号的编码方法如下：

1）6 个抽样周期的音频信号作为数字信息流中的一个基本单位，构成 1 帧音频信号。因抽样频率为 44.1 kHz，每个抽样周期为 22.676 μs。

2）L 和 R 声道信号同时抽样，并按 16 bit 进行量化，但在编码前，先将这 16 bit 的量化数据分为两组，即把高阶 8 bit 和低阶 8 bit 分开，每 8 bit 数据构成一个字符。对于 L 和 R 声道，每个抽样周期内就包含有 4 个字符（每个声道 16 bit，编为 2 个字符），也就是说，每帧音频信号是由 6×4＝24 个音频字符组成的。

3）编码器将其中偶数抽样时间（$6n$，$6n+2$，$6n+4$）的字符数据经过延时，且作并列交叉编码。利用一个编码器 C_2 产生 4 个奇偶字符作为校验码（称为 Q 码），连同原先的 24 个音频字符，经交错处理后，再送到另一个编码器 C_1 中，C_1 同样产生 4 个奇偶字符（称为 P 码），这样共有 32 个字符，而且这些字符已经过交错插置处理。再把这 32 个字符连同另外加上的 1 个用于控制和显示的字符（也是 8 bit），共 33 个字符，就构成 1 帧的数据位流。经过 CIRC 编码后，由于进行了交错插置处理，便可将错码分散，使得较容易地借助于上、下字符辨认错误并恢复正确的字符。

4）上述编码后再经过 EFM 调制，33 个字符都变成 14 bit 的数码，而且在 EFM 调制过程中，为了保证"1"与"1"之间的"0"要有 2 个以上，而字符与字符之间的连接也要符合 EFM 调制的要求，因此在数据连接时插入 3 个额外的结合位，它们是 000、010、001，以保证数据的连接符合 EFM 调制的要求，即符合 3T-11T 的规则。这 3 个结合位只起连接两个字符、以防止这两个字符结合部出现两个"1"之间的"0"的个数少于 2 个的作用，不包含任何信息。此外，在调制过程中还要加上 1 帧同步码，它占 24 位，于是就构成 1 帧的

通道位流，此通道位流为 588 b/帧。

学完本节内容后请完成附录 C 中的任务单 4。

本 章 小 结

实际信道传输数字信号时，由于信道噪声及码间干扰等因素的存在，不可避免地会产生误码，为了保证传输的可靠性，需要采取相应的差错控制方式。差错控制方式可分为自动检错重发、前向纠错和混合纠错等。不同的错误类型需要不同的检纠错方式及检纠错编码。

解决随机性的差错通常采用差错控制编码的方法解决，解决随机性的差错，通常采用交织技术解决。差错控制编码是以信号在信道上可靠传输为目标的编码。在实际的信道中，根据误码的特性，可以将误码分为随机误码、突发误码和混合误码。随机误码通常表现为码元出错与前后码元无关，具有独立性；突发误码一般表现为连续的码元出错；混合误码中既有连续的码元出错，也有随机出错的码元。针对随机误码，通常采用奇偶监督码、汉明码、正反码等差错控制编码；针对突发误码，一般采用分组交织编码等。

本章学习了数字通信中的信道编码技术，介绍了差错控制的基本概念和控制方式，具体介绍了奇偶监督码、恒比码、正反码、卷积码的编码方法，且详细介绍了线性分组码的组成和生成原理；以及针对突发性的差错所采用的交织技术的原理。

闯关游戏四

循环码的秘密
情报科外勤特派员又获得一段密码，采用 (7，4) 循环码进行差错控制，作为破译密码组工作人员，你应该熟练掌握循环码的秘密。循环码是线性码的一个重要的子类，它有以下两大特点：第一，码的结构可以用代数方法来构造和分析，并且可以找到各种实用的译码方法；第二，由于其循环特性，编码运算和伴随式计算，可用反馈移位寄存器来实现。由于循环码是线性分组码的一种，所以它也具有封闭性，任意两个码字相加之和必是另一码字。所以它的最小码距也就是非零码字的最小码重。那么，请你破解正确的信息码吧？

循环码组：	1101101101010001100011110011
破译密码：	

第 5 章

数字信号的频带传输

本章节重难点：

二进制数字调制与解调

多进制数字调制与解调

频带传输系统的带宽

对于大多数的数字传输系统来说，由于数字基带信号往往具有丰富的低频成分，而实际的通信信道又具有带通特性，因此，必须用数字信号来调制某一较高频率的正弦或脉冲载波，使已调信号能通过带限信道传输。这种用基带数字信号控制高频载波，把基带数字信号变换为频带数字信号的过程称为数字调制。将已调信号通过信道传输到接收端，在接收端通过解调器把频带数字信号还原成基带数字信号，这种数字信号的反变换称为数字解调。通常，把包括调制和解调过程的传输系统叫作数字信号的频带传输系统。

一般来说，数字调制技术可分为两种类型：一是利用模拟方法去实现数字调制，即把数字基带信号当作模拟信号的特殊情况来处理；二是利用数字信号的离散取值特点键控载波，从而实现数字调制。后者通常称为键控法，比如对载波的振幅、频率及相位进行键控，便可获得振幅键控（ASK）、频移键控（FSK）及相移键控（PSK）调制方式。键控法一般由数字电路来实现，它具有调制变换速率快、调整测试方便、体积小和设备可靠性高等特点。

数字信息有二进制和多进制之分，因此，数字调制可分为二进制调制和多进制调制两种。在二进制调制中，信号参量只有两种可能取值；而在多进制调制中，信号参量可能有 M（$M > 2$）种取值。一般而言，在码元速率一定的情况下，M 取值越大，则信息传输速率越高，但其抗干扰性能也越差。

在数字调制中，根据已调信号的结构形式又可分为线性调制和非线性调制两种。在线性调制中，将已调信号表示为基带信号与载波信号的乘积，已调信号的频谱结构和基带信号的频谱结构相同，只不过搬移了一个频率位置；在非线性调制中，已调信号的频谱结构和基带信号的频谱结构不再相同，因为这时的已调信号通常不能简单地表示为基带信号与载波信号的乘积关系，其频谱也不再是简单的频谱搬移。

这里主要介绍几种基本数字调制方式的原理及实际应用。

本章知识体系思维导图:

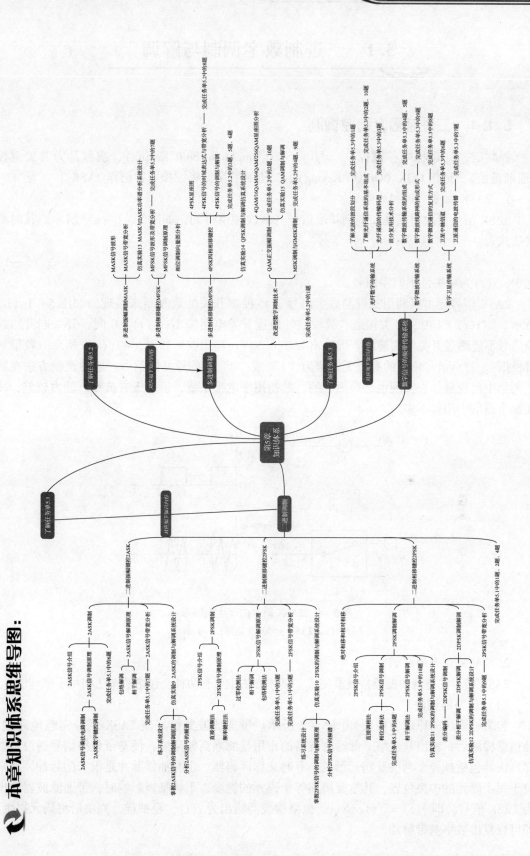

5.1 二进制数字调制与解调

5.1.1 二进制幅度键控调制

振幅键控（也称幅移键控），记作 ASK（Amplitude Shift Keying），或称其为开关键控（通断键控），记作 OOK（On Off Keying）。二进制数字振幅键控通常记作 2ASK。

1. 2ASK 信号及调制原理

2ASK 信号可由单极性二进制基带信号与载波相乘得到，如图 5-1（a）所示。其时域表达式为：

$$s_{2ASK}(t) = s(t)\cos\omega_c t \tag{5-1}$$

式中，$s(t)$ 为单极性不归零信号。

2ASK 信号还可以利用二进制数字信号 $s(t)$ 控制开关的通和断来实现，如图 5-1（b）所示。如 $s(t)=1$ 时，开关接通，载频信号通过开关电路输出；$s(t)=0$ 时，开关断开，载频信号不能通过开关电路输出，即输出为 0。$s_{2ASK}(t)$ 输出波形如图 5-1（c）所示。收信端可根据 $s_{2ASK}(t)$ 信号幅度的有或无解调为"1"或"0"码的原基带信号。这种调制方法在数字调制中出现最早，实现也是最简单的，最初用于电报系统，但由于它抗噪声能力较差，故在数字通信中用得不多。

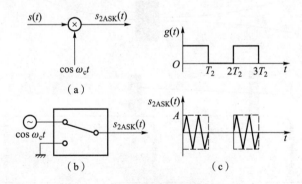

图 5-1 2ASK 信号的产生及波形

（a）、（b）2ASK 信号产生电路；（c）波形

2. 2ASK 信号的解调

2ASK 信号的解调由振幅检波器完成，具体方法主要有两种：包络解调法和相干解调法。

（1）包络解调法

包络解调法的原理方框图如图 5-2 所示。带通滤波器恰好使 2ASK 信号完整地通过，经包络检测后，输出其包络。低通滤波器的作用是滤除高频杂波，使基带包络信号通过。抽样判决器包括抽样、判决及码元形成，有时又称译码器。定时抽样脉冲是很窄的脉冲，通常位于每个码元的中央位置，其重复周期等于码元的宽度。不计噪声影响时，带通滤波器输出为 2ASK 信号，即 $y(t)=s(t)\cos\omega_c t$，包络检波器输出为 $s(t)$，经抽样、判决后将码元再生，即可恢复出数字基带脉冲。

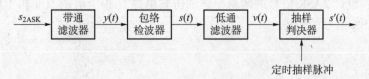

图 5 - 2 2ASK 信号的包络解调框图

（2）相干解调法

相干解调法的原理方框图如图 5 - 3 所示。相干解调就是同步解调，同步解调时，接收机要产生一个与发送载波同频同相的本地载波信号，称其为同步载波或相干载波，利用此载波与收到的已调波相乘，相乘器输出为：

$$z(t) = y(t) \cdot \cos\omega_c t = s(t) \cdot \cos^2\omega_c t$$

$$= s(t) \cdot \frac{1}{2}[1 + \cos2\omega_c t]$$

$$= \frac{1}{2}s(t) + \frac{1}{2}s(t)\cos2\omega_c t \tag{5 - 2}$$

式中，第一项是基带信号，第二项是以 $2\omega_c$ 为载波的成分，两者频谱相差很远。经低通滤波后，即可输出 $s(t)/2$ 信号。低通滤波器的截止频率取得与基带数字信号的最高频率相等。由于噪声影响及传输特性的不理想，低通滤波器输出波形有失真，经抽样判决、整形后再生为数字基带脉冲。

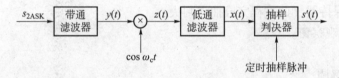

图 5 - 3 2ASK 信号的相干解调框图

3. 2ASK 信号的带宽分析

振幅键控信号的功率谱是基带信号功率谱的线性搬移，由于基带信号是矩形波，所以从理论上来说这种信号的频谱宽度为无穷大。但是 $s(t)$ 信号的功率主要集中在 0 点到第一个过零点之间，通常取第一过零点的带宽作为传输带宽。进行 2ASK 调制后，功率谱搬移到以 ω_c 为中心频率，因此，通常取第一对过零点的带宽作为传输带宽，称之为谱零点带宽。所以 2ASK 信号的谱零点带宽为：

$$B_{2ASK} = 2f_s \tag{5 - 3}$$

式中，f_s 为基带信号的谱零点带宽，在数量上与基带信号的码元传输速率 R_B 相同。这说明 2ASK 信号的传输带宽是原码速率的 2 倍。

仿真实验 9 2ASK 的调制与解调系统设计

设计目的：测试 2ASK 信号及基带信号调制前后频谱的变化。

仿真实验 9
2ASK 的调制与
解调系统设计

设计内容： 设计2ASK信号的调制与解调仿真电路（相干解调及非相干解调），并分析基带信号及2ASK信号的频谱。

设计步骤：

（1）调制

1）设置系统时钟（参考抽样点数为512，抽样频率为1 000 Hz）。

2）选择信源库图标，找出PN序列（Noise/PN/PN Seq）作为基带信号（参考频率为10 Hz，电平为2Level，幅度为1 V，偏置为1 V，即设置为单极性信号）。

3）选择信源库图标，找出正弦信号（Periodic/Sinusoid）作为调制载波（参考频率为50 Hz）。

4）找出乘法器，将基带信号与载波信号进行乘法运算，输出即2ASK信号。

5）在基带信号、调制载波及乘法器输出处分别设置观察窗。

（2）相干解调

1）从信源库中找出正弦信号作为相干载波（注意：频率及相位与调制载波相同）。

2）找出乘法器，将调制电路中输出的2ASK与相干载波进行乘法运算。

3）在算子库中找出低通滤波器，即在Operator库中"Filters/Systems"组的"Linear SysFilters"项，在参数设置中选择"Analog"，将滤波器类型设定为"Lowpass"，"Low Cuttoff"设为10 Hz。

4）选择算子库图标，找出抽样器（Sample/Hold/Sampler，参考参数设置：抽样频率10 Hz）、保持器（Sample/Hold/Hold，参考参数设置：默认），将低通滤波器输出送入抽样器，输出再送入保持器（此过程完成抽样判决）。

5）输出送入观察窗。

6）运行系统。

（3）非相干解调

1）在函数库中选择全波整流器（或半波整流器）。

2）在算子库中找出低通滤波器，设置与相干解调中相同。

3）将调制输出的2ASK信号送入全波整流器中，从全波整流器输出的信号再送入低通滤波器。

4）选择算子库图标，找出抽样器（Sample/Hold/Sampler，参考参数设置：抽样频率10 Hz）、保持器（Sample/Hold/Hold，参考参数设置：默认），将低通滤波器输出送入抽样器，输出再送入保持器（此过程完成抽样判决）。

5）最后输出送入观察窗。

6）运行系统。

问题：

1）若在信道中加入高斯噪声，会对解调后波形造成什么影响？

2）若改变滤波器的截止频率，观察解调波形有何变化。

3）比较信源信号和调制信号的功率谱，分析ASK是否是线性调制。

4）用开关电路设计该调制系统，分析上述问题。

参考设计如图5-4所示。

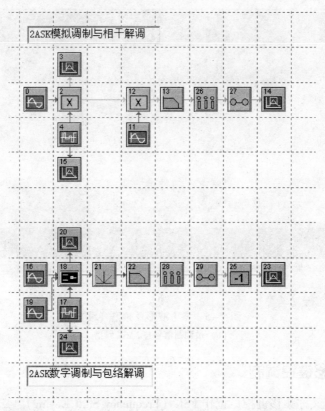

图 5 – 4　设计窗

参考波形及频谱如图 5 – 5 所示。

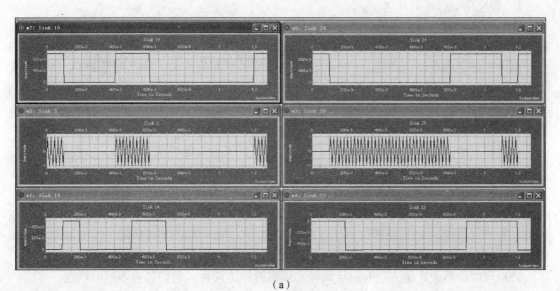

（a）

图 5 – 5　参考波形及频谱

（a）分析窗波形

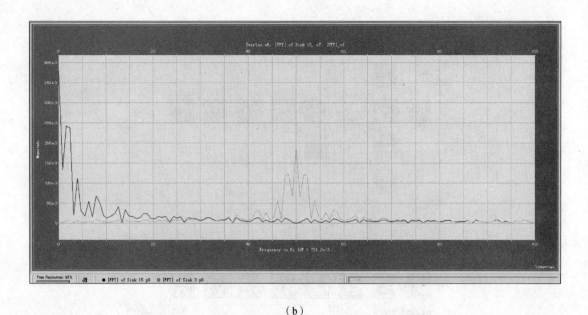

（b）

图 5 - 5　参考波形及频谱（续）

（b）被调制信号与 2ASK 频谱

5.1.2　频移键控调制

数字频率调制又称频移键控，记作 FSK（Frequency Shift Keying），二进制频移键控记作 2FSK。数字频移键控是用载波的频率来传送数字消息的，即用所传送的数字消息控制载波的频率。

1. FSK 信号及调制原理

数字消息只有有限个取值，相应地，作为已调的 FSK 信号的频率也只能有有限个取值。那么，2FSK 信号便是符号"1"对应于载频 ω_1，而符号"0"对应于载频 ω_2（与 ω_1 不同的另一载频）的已调波形，而且 ω_1 与 ω_2 之间的改变是瞬间完成的。由此可见 2FSK 信号实质上相当于是两个 2ASK 信号的合成。因此 2FSK 信号的时域表达式为：

$$s_{2FSK} = s(t)\cos\omega_1 t + \overline{s(t)}\cos\omega_2 t \tag{5-4}$$

式中，$s(t)$ 为单极性不归零信号。

从原理上讲，数字调频可用模拟调频法来实现，也可用键控法来实现，后者较为方便。2FSK 键控法就是利用受矩形脉冲序列控制的开关电路对两个不同的独立频率源进行选通的。图 5 - 6 是 2FSK 信号的原理方框图及波形图。图中 $s(t)$ 为代表信息的二进制矩形脉冲序列，s_{2FSK} 即是 2FSK 信号。注意，相邻两个振荡波形的相位可能是连续的，也可能是不连续的。因此，有相位连续的 FSK 及相位不连续的 FSK 之分，并分别记作 CPFSK（Continuous Phase FSK）及 DPFSK（Discrete Phase FSK）。

FSK 调制信号的产生方法有直接调频和频率键控法两种，它们各有不同的特点。

（1）直接调频法（相位连续 2FSK 信号的产生）

用数字基带矩形脉冲控制一个振荡器的某些参数，直接改变振荡频率，使输出得到不同

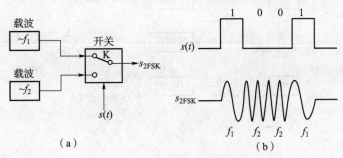

图 5 - 6　2FSK 信号的产生及波形

(a) 2FSK 信号产生电路；(b) 波形

频率的已调信号。用此方法产生的 2FSK 信号对应着两个频率的载波，在码元转换时刻，两个载波相位能够保持连续，所以称其为相位连续的 2FSK 信号。

图 5 - 7 给出了输出为正弦波和方波的直接调频法产生 2FSK 信号的模拟电路原理图。

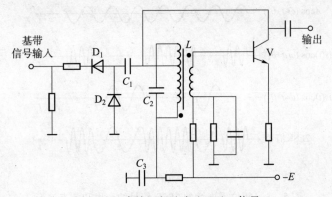

图 5 - 7　直接调频法产生 2FSK 信号

(2) 频率键控法（相位不连续 2FSK 信号的产生）

如果在两个码元转换时刻，前后码元的相位不连续，称这种类型的信号为相位不连续的 2FSK 信号。频率键控法又称为频率转换法，它采用数字矩形脉冲控制电子开关，使电子开关在两个独立的振荡器之间进行转换，从而输出端得到不同频率的已调信号。其原理框图及各点波形如图 5 - 8 所示。

由图 5 - 8 可知，数字信号为"1"时，正脉冲使门电路 1 接通，门 2 断开，输出频率为 f_1；数字信号为"0"时，门 1 断开，门 2 接通，输出频率为 f_2。如果产生 f_1 和 f_2 的两个振荡器是独立的，则输出的 2FSK 信号的相位是不连续的。这种方法的特点是转换速度快，波形好，频率稳定度高，电路不甚复杂，故得到广泛应用。

2. FSK 信号的解调

(1) 过零检测法

单位时间内信号经过零点的次数多少，可以用来衡量频率的高低。数字调频波的过零点数随不同载频而异，故检出过零点数可以得到关于频率的差异，这就是过零检测法的基本思想。过零检测法又称为零交点法、计数法。其原理方框图及各点波形图如图 5 - 9 所示。

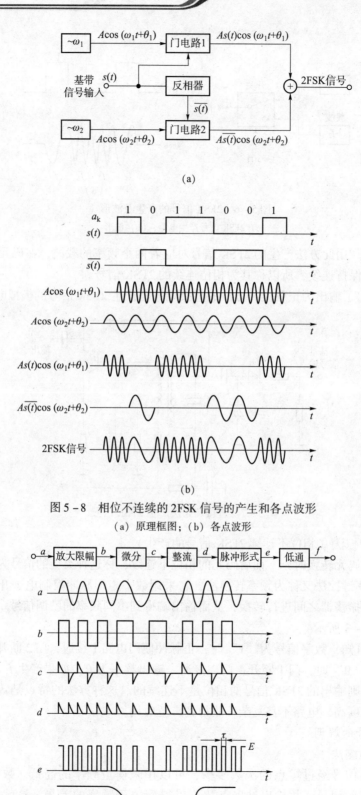

(a)

(b)

图 5-8　相位不连续的 2FSK 信号的产生和各点波形

（a）原理框图；（b）各点波形

图 5-9　2FSK 信号过零检测法原理方框图及各点波形

考虑一个相位连续的 FSK 信号 a，经放大限幅得到一个矩形方波 b，经微分电路得到双向微分脉冲 c，经全波整流得到单向尖脉冲 d。单向尖脉冲的密集程度反映了输入信号的频率高低，尖脉冲的个数就是信号过零点的数目。单向脉冲触发一脉冲发生器，产生一串幅度为 E、宽度为 τ 的矩形归零脉冲 e。脉冲串 e 的直流分量代表着信号的频率，脉冲越密，直流分量越大，输入信号的频率越高。经低通滤波器就可得到脉冲串 e 的直流分量 f。这样就完成了频率—幅度变换，从而再根据直流分量幅度上的区别还原出数字信号"1"和"0"。

（2）包络检测法

2FSK 信号的包络检波方框图及波形如图 5 – 10 所示。用两个窄带的分路滤波器分别滤出频率为 f_1 及 f_2 的高频脉冲，经包络检波后分别取出它们的包络。把两路输出同时送到抽样判决器进行比较，从而判决输出基带数字信号。

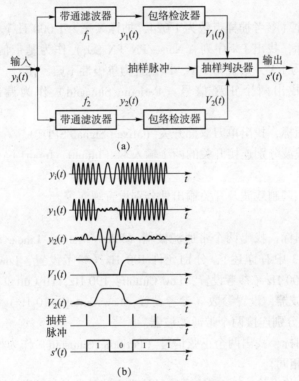

图 5 – 10　2FSK 信号包络检波方框图及波形

（a）原理框图；（b）各点波形

设频率 f_1 代表数字信号"1"，f_2 代表数字信号"0"，则抽样判决器的判决准则应为 $V_1 > V_2$ 时判为"1"，$V_1 < V_2$ 时判为"0"。V_1、V_2 分别为抽样时刻两个包络检波器的输出值。这里的抽样判决器用以比较 V_1、V_2 的大小，或者说把差值 $V_1 - V_2$ 与零电平进行比较。因此，有时称这种比较判决器的判决门限为零电平。

3．2FSK 信号的带宽分析

2FSK 信号的功率谱同样由连续谱和离散谱组成，其中，连续谱由两个双边谱叠加而成，而离散谱出现在两个载频位置上；若两个载频之差较小时，比如小于 f_s 时，则连续谱出现单峰，若载频之差逐步增大时，即 f_1 与 f_2 的距离增加，则连续谱将出现双峰。由前面的特点看到，传输 2FSK 信号所需的第一零点带宽为：

$$B_{2FSK} = |f_2 - f_1| + 2f_s \qquad (5-5)$$

仿真实验 10　2FSK 的调制与解调系统设计

仿真实验 10
2FSK 的调制与
解调系统设计

设计目的：测试 2FSK 信号及基带信号调制前后频谱的变化。

设计内容：设计 2FSK 信号的调制与解调仿真电路（相干解调及非相干解调），并分析基带信号及 2FSK 信号的频谱。

设计步骤：

（1）调制

1）设置系统时钟（参考抽样点数为 1 024，抽样频率为 1 000 Hz）。

2）选择信源图标，找出 PN 序列（Noise/PN/PN Seq）作为基带信号（频率为 10 Hz，电平为 2Level，幅度为 1 V，偏置为 1 V，即设置为单极性不归零信号）。

3）从信源库中找出两个正弦信号（Periodic/Sinusoid）作为调制载波（频率分别为 100 Hz 和 200 Hz）。

4）选出逻辑库图标，找出单刀双掷开关（Mixed Signal/SPDT）。

5）将两个调制载波分别连接开关的两个输入端（Input0、Input1），PN 序列连接开关的控制端（Control）。

6）在基带信号、调制载波及开关输出处分别设置观察窗。

（2）相干解调

1）选择算子库图标，找出两个带通滤波器（Filter/Systems/Linear Sys Filters），设置滤波器参数（仿真实验 3 中有详述），分别允许 100 Hz（参考设置，Low Cuttoff：90 Hz，Hi Cuttoff：110 Hz）和 200 Hz（参考设置，Low Cuttoff：190 Hz，Hi Cuttoff：210 Hz）的信号通过。找出两个低通滤波器，设置参数（参考设置，Low Cuttoff：10 Hz）。

2）将 2FSK 信号分别连接两个带通滤波器。

3）选择信源库图标，找出两个正弦信号（Periodic/Sinusoid）作为相干载波（注意：频率及相位与调制载波相同）。

4）找出乘法器，将允许 100 Hz 信号通过的带通滤波器的输出与 100 kHz 的相干载波进行乘法运算，输出送入一个低通滤波器中。

5）找出乘法器，将允许 200 Hz 信号通过的带通滤波器的输出与 200 kHz 的相干载波进行乘法运算，输出送入另一低通滤波器中。

6）选择逻辑库图标，找出比较判决器（Mixed Signal/AnaCmp），设置参数（参考默认参数），将步骤 4）和 5）的输出送入比较判决器中，输出送入观察窗。

7）运行系统。

（3）非相干解调

1）在逻辑库中找出两个带通滤波器，设置滤波器参数（与相干解调中的参数设置相同）。

2）选择函数库图标，找出两个全波整流器（Non Linear/Rectify）（或半波整流器）。

3）在算子库中找出两个低通滤波器，设置与相干解调中相同。

4）将步骤1）输出的两路信号分别送入两个全波整流器中，从全波整流器输出的信号分别送入低通滤波器中。

5）选择逻辑库图标，找出比较判决器（Mixed Signal/AnaCmp），设置参数（参考默认参数），将低通滤波器的两路输出送入比较器中，输出送入观察窗。

6）运行系统。

问题：

1）比较信源信号和调制信号的功率谱，分析 FSK 是否是线性调制。

2）试着设计直接调频法形成 2FSK 波形（即相位连续的 2FSK）。

参考设计方案如图 5－11 所示。

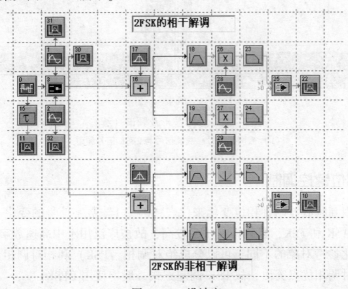

图 5－11　设计窗

参考波形及频谱如图 5－12 所示。

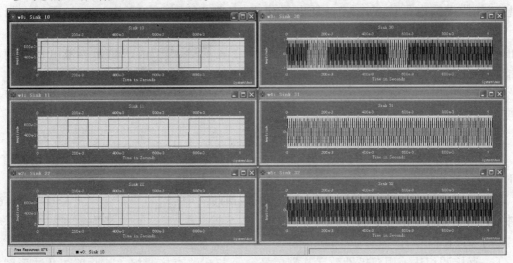

（a）

图 5－12　参考波形及频谱

（a）设计窗波形

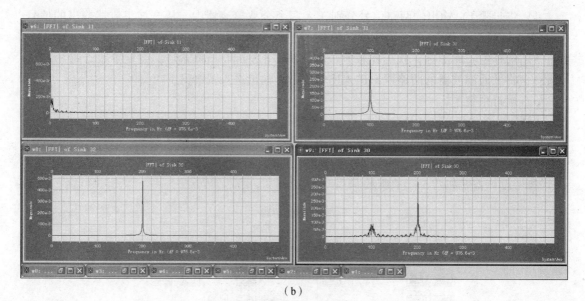

（b）

图 5 – 12　参考波形及频谱（续）

（b）被调制信号、载波信号与 2FSK 信号频谱

5.1.3　相位键控调制

PSK 调制是用高频载波两种相位变化来代表"0""1"数字信号的变化。由于 PSK 调制抗噪声性能优于 ASK 和 FSK，且频带利用率较高，故被广泛用于中高速数字通信系统。PSK 调制根据相位变化参考对象的不同，可以分成绝对调相（PSK）和相对调相（即差分相移键控，DPSK）。相对调相优点突出，故 PSK 调制方式一般均使用 DPSK。

1. 绝对相移和相对相移

绝对码和相对码是相移键控的基础。绝对码是以基带信号码元的电平直接表示数字信息。如假设高电平代表"1"，低电平代表"0"，如图 5 – 13 中 $\{a_n\}$ 所示。相对码（差分码）是用基带信号码元的电平相对前一码元的电平有无变化来表示数字信息的。假若相对电平有跳变表示"1"，无跳变表示"0"，由于初始参考电平有两种可能，因此相对码也有两种波形，如图 5 – 13 $\{b_n\}_1$、$\{b_n\}_2$ 所示。显然 $\{b_n\}_1$、$\{b_n\}_2$ 相位相反，当用二进制数码表示波形时，它们互为反码。上述对相对码的约定也可作相反的规定。

2. 2PSK 信号及调制与解调原理

二进制相移键控中通常用相位"0"和"π"来分别表示"0"或"1"。2PSK 已调信号的时域表达式为：

$$s_{2PSK} = s(t)\cos\omega_c t \tag{5 – 6}$$

式中，$s(t)$ 为双极性不归零信号。

（1）2PSK 信号的产生

1）直接调相法。用双极性数字基带信号 $s(t)$ 与载波直接调相。其原理图及波形图如图 5 – 14 所示。根据前面的规定，产生 2PSK 信号时，必须使 $s(t)$ 为正电平时代表"0"，

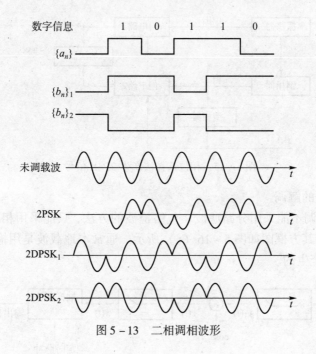

图 5 – 13　二相调相波形

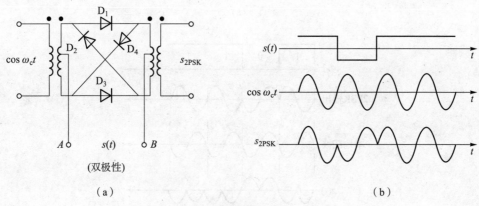

（a）　　　　　　　　　　　　　　　　　（b）

图 5 – 14　直接调相法产生 2PSK 信号

（a）原理图；（b）波形

负电平时代表"1"。若原始数字信号是单极性码，则必须先进行极性变换再与载波相乘。图中 A 点电位高于 B 点电位时，$s(t)$ 代表"0"，二极管 D_1、D_3 导通，D_2、D_4 截止，载波经变压器正向输出 $s_{2PSK} = \cos\omega_c t$。$A$ 点电位低于 B 点电位时，$s(t)$ 代表"1"，二极管 D_2、D_4 导通，D_1、D_3 截止，载波经变压器反向输出 $s_{2PSK} = -\cos\omega_c t = \cos(\omega_c t - \pi)$，即绝对移相 π。

　　2）相位选择法。用数字基带信号 $s(t)$ 控制门电路，选择不同相位的载波输出。其方框图如图 5 – 15 所示。此时，$s(t)$ 通常是单极性的。$s(t) = 0$ 时，门电路 1 接通，门电路 2 断开，输出 $s_{2PSK} = \cos\omega_c t$；$s(t) = 1$ 时，门电路 2 接通，门电路 1 断开，输出 $s_{2PSK} = -\cos\omega_c t = \cos(\omega_c t - \pi)$。

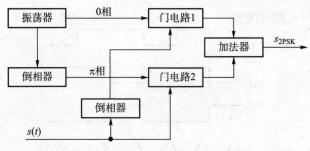

图 5 – 15   相位选择法产生 2PSK 信号

（2）2PSK 信号的解调

2PSK 信号的解调不能采用分路滤波、包络检波的方法，只能采用相干解调的方法（又称为极性比较法），其方框图如图 5 – 16（a）所示。通常本地载波是用输入的2PSK 信号经载波信号提取电路产生的。

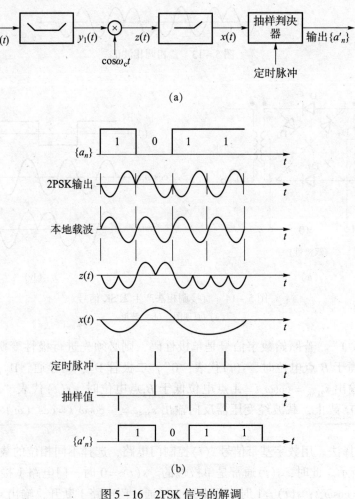

图 5 – 16   2PSK 信号的解调
（a）原理框图；（b）各点波形

2PSK 信号是以一个固定初相的未调载波为参考的。因此，解调时必须有与此同频同相的同步载波。如果同步不完善，存在相位偏差，就容易造成错误判决，称为相位模糊。

3. 2DPSK 信号的产生与解调

（1）2DPSK 信号的产生

由于 2DPSK 信号对绝对码 $\{a_n\}$ 来说是相对移相信号，对相对码 $\{b_n\}$ 来说则是绝对移相信号，因此，只需在 2PSK 调制器前加一个差分编码器，就可产生 2DPSK 信号。其原理方框图及波形如图 5-17 所示。

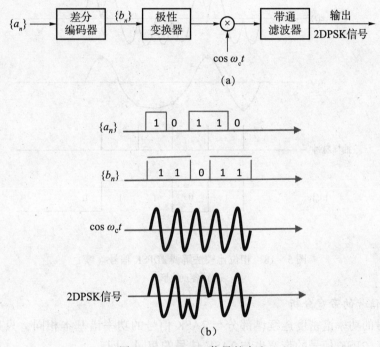

图 5-17 2DPSK 信号的产生

（a）原理框图；（b）各点波形

（2）2DPSK 信号的解调

2DPSK 信号的解调采用相位比较法，即分检测法：相位比较法的方框图如图 5-18 所示。这种方法不需要码变换器，也不需要专门的相干载波发生器，因此设备比较简单、实用。图中 T_b 延时电路的输出起着参考载波的作用。乘法器起着相位比较（鉴相）的作用。

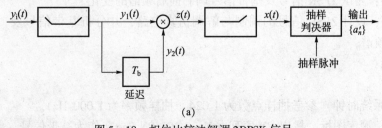

图 5-18 相位比较法解调 2DPSK 信号

（a）原理框图

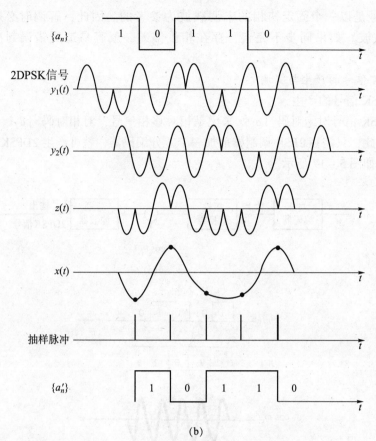

图 5 - 18　相位比较法解调 2DPSK 信号（续）

（b）各点波形

4. 2PSK 信号的带宽分析

2PSK 信号的功率谱密度连续谱部分与 2ASK 信号的功率谱基本相同，只是不存在离散谱部分。因此，2PSK 信号的带宽也与 2ASK 信号的相同，即：

$$B_{2PSK} = 2f_s \tag{5-7}$$

仿真实验 11　2PSK 的调制与解调系统设计

设计目的：测试 2PSK 信号及基带信号调制前后频谱的变化。

设计内容：设计 2PSK 信号的调制与解调仿真电路，并分析基带信号及 2PSK 信号的频谱。

设计步骤：

（1）调制

1）设置系统时钟（参考抽样点数为 1 024，抽样频率为 1 000 Hz）。

2）选择信源库图标，找出 PN 序列（Noise PN/PN Seq）作为基带信号（频率为 20 Hz，电平为 2Level，偏置为 0 V，即设置成双极性信号）。

仿真实验 11
2PSK 的调制与
解调系统设计

130

3）选择信源库图标，找出正弦信号（Periodic/Sinusoid）作为调制载波（频率为 100 Hz）。

4）找出乘法器，将基带信号与载波信号进行乘法运算，输出即 2PSK 信号。

5）在基带信号、调制载波及乘法器输出处分别设置观察窗。

（2）相干解调

1）从信源库中找出正弦信号作为相干载波（注意：频率及相位与调制载波相同）。

2）找出乘法器，将调制电路中输出的 2PSK 与相干载波进行乘法运算。

3）在算子库中找出低通滤波器，即在 Operator 库中"Filters/Systems"组的"Linear SysFilters"项，在参数设置中选择"Analog"，在打开的文本中，将滤波器类型设定为"Lowpass"，"Low Cuttoff"设为 20 Hz。

4）选出算子库图标，从中找出抽样器（Sample/Hold/Sampler，参考参数设置：抽样频率 20 Hz）、保持器（Sample/Hold/Hold，参考参数设置：默认），将低通滤波器输出送入抽样器，输出再送入保持器（完成抽样判决），最后输出送入观察窗。

5）运行系统。

问题：

1）若在信道中加入高斯噪声，会对解调后波形造成什么影响？

2）若改变滤波器的截止频率，观察解调波形有何变化。

3）比较信源信号和调制信号的功率谱，分析 PSK 是否是线性调制。

参考设计方案如图 5-19 所示。

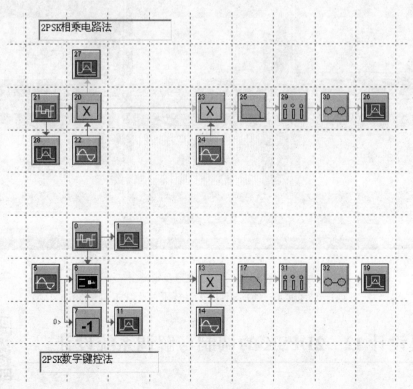

图 5-19　设计窗

参考波形及频谱如图 5-20 所示。

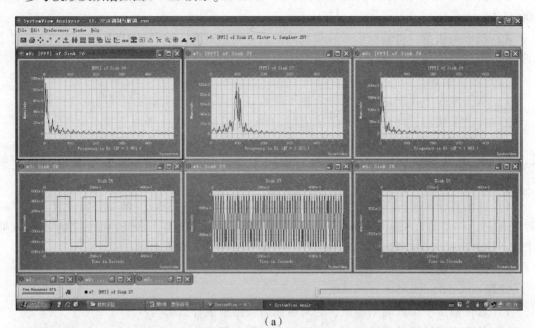

（a）

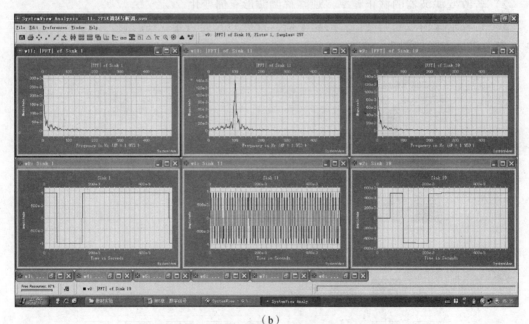

（b）

图 5-20　参考波形及频谱

（a）分析窗波形；（b）被调信号、解调信号及2PSK信号频谱

仿真设计 12　2DPSK 的调制与解调系统设计

设计目的：测试 2DPSK 信号及基带信号调制前后频谱的变化。

仿真实验 12
2DPSK 的调制与
解调系统设计

设计内容：设计 2DPSK 信号的调制与解调仿真电路，并分析基带信号及 2DPSK 信号的频谱。

设计步骤：

（1）调制

1）设置系统时钟（参考抽样点数为 1 024，抽样频率为 1 000 Hz）。

2）从信源库中找出 PN 序列作为基带信号（参考频率 20 Hz，电平 2 Level，偏置 0 V）。

3）从算子库中找出逻辑异或项（Operator 库/Logic 组/Xor 项）。

4）从算子库中找出数字抽样延迟块［Operator 库/Delays 组/Samp Delay 项，参考参数 Fill Last Register，Delay（Samples）= 0.5］。

5）从逻辑库中找出 SPDT 开关。

6）将 PN 序列送入逻辑异或的一个输入端，将逻辑异或的输出再次连接逻辑异或的另一个输入端（此操作完成差分编码），输出送入 SPDT 的控制端。

7）从信源库中找出正弦信号作为调制载波（频率 100 Hz），送入 SPDT 的一个输入端。

8）将步骤 7）中的正弦信号再次送入一个反相器［Operator 项/Gain/Scale/Negate］中，输出送入 SPDT 的另一个输入端。

9）从 SPDT 输出的信号即为 2DPSK 信号。

10）在基带信号、差分编码输出、调制载波及 SPDT 输出处分别设置观察窗。

（2）差分相干解调

1）找出乘法器，将 2DPSK 的输出送入乘法器。

2）复制调制模块中的数字抽样延迟块，将 2DPSK 输出送入数字抽样延迟块，从延迟块输出的信号送入步骤 1）中的乘法器。

3）在算子库中找出低通滤波器，即在 Operator 库中"Filters/Systems"组的"Linear Sys-Filters"项，在参数设置中选择"Analog"，将滤波器类型设定为"Lowpass"，"Low Cuttoff"设为 20 Hz。

4）将乘法器输出送入低通滤波器。

5）将低通滤波器输出信号送入一个反相器［Operater 项/Gain/Scale/Negate］，输出送入观察窗。

6）运行系统。

问题：

1）若改变滤波器的截止频率，观察解调波形有何变化。

2）结合实验 11，设计相干解调法的仿真电路。

参考设计方案如图 5 - 21 所示。

参考波形及频谱如图 5 - 22 所示。

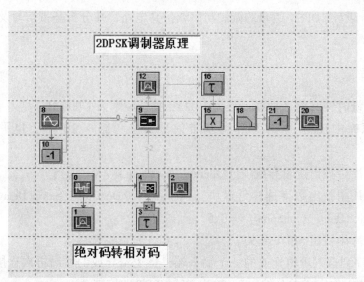

图 5 – 21　设计窗

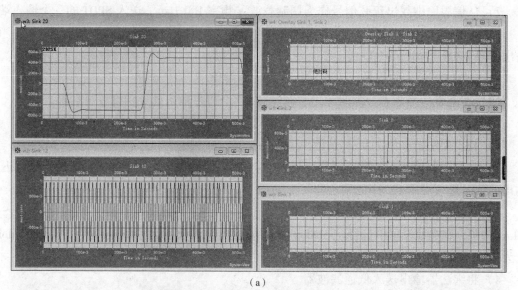

（a）

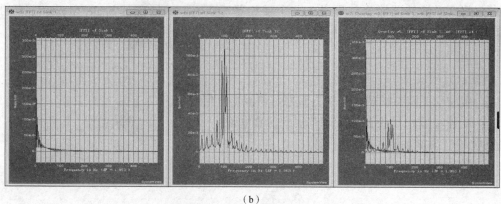

（b）

图 5 – 22　参考波形及频谱

（a）分析窗波形；（b）被调信号及 2DPSK 信号频谱

学完本节内容后请完成附录 C 中的任务单 5.1。

5.2　多进制数字调制与解调

实际的数字通信系统通常采用多进制数字调制，在多进制数字调制系统中，在每个符号间隔（0，T_s）内可能发送的符号有 M 种，通常选取 $M = 2^n$，n 为大于 1 的正整数。多进制数字调制是用多进制数字基带信号去调制载波的幅度、频率或相位，因此相应有 M 进制振幅键控、M 进制频移键控和 M 进制相移键控，也可以把其中的两个参数组合起来调制，例如：用多进制数字基带信号同时调制载波的幅度和相位，即为 M 进制振幅相位联合键控。

在 M 进制数字调制系统中，每个符号可以表示 $\log_2 M$ 个二元消息符号，因此，在相同的码元传输速率下，M 进制数字调制系统的信息传输速率比二进制系统的高。例如：十六进制数字调制系统的信息传输速率是二进制系统的 4 倍。其代价是抗干扰性能不如二进制数字调制系统好。

由于多相位相移键控（MPSK）调制是微波和卫星数字通信中最常用的一种数字调制方式，故这里只简单介绍 MPSK 调制方式。

5.2.1　多进制振幅键控

在前面介绍过多电平波形，它是一种基带多进制信号。若用这种单极性多电平信号去键控载波，就得到 MASK 信号。在图 5 – 23 中给出了这种基带信号和相应的 MASK 信号的波形举例。图中的信号是 4ASK 信号，即 $M = 4$。每个码元含有 2 bit 的信息。多进制振幅键控又称多电平调制，它是 2ASK 体制的推广。和 2ASK 相比，这种体制的优点在于单位频带的信息传输速率高，即频带利用率高。

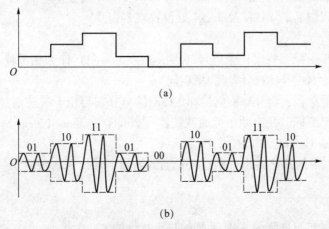

图 5 – 23　基带信号和相应的 MASK 信号的波形

（a）基带多电平单极性不归零信号；（b）MASK 信号

在图 5 – 23 中的 4ASK 信号波形，可以分解成三个 2ASK 信号波形的叠加。其中每个 2ASK 信号的码元速率是相同的，都等于原来的 4ASK 信号的码元速率。因此这三个 2ASK 信号具有相同的带宽，并且这三个 2ASK 信号波形线性叠加后的频谱是其三个频谱的线性叠加，故仍然占用原来的带宽。所以，这个 4ASK 信号的带宽等于分解后的任一 2ASK 信号的带宽，即

$$B_{MASK} = 2f_s \tag{5 – 8}$$

仿真实验 13　MASK 与 2ASK 功率谱分析系统设计

设计目的：测试 MASK 信号及 2ASK 信号的功率谱。

设计内容：设计 MASK 及 2ASK 信号的调制与解调仿真电路，并生成功率谱，对二进制和多进制信号进行分析。

设计步骤：

（1）调制

1）设置系统时钟（参考抽样点数为 1 024，抽样频率为 1 000 Hz）。

2）找出信源库图标，选出两个 PN 序列（Noise/PN/PN Seq），并设置参数，一个设置为四进制数字信号（参考参数，速率 Rate：10 Hz；进制 No. Levels：4；其他默认），另一个设置为二进制数字信号（参考参数，速率 Rate：10 Hz；进制 No. Levels：2；其他默认）。

3）选择通信库图标，找出两个双边带调幅图标（Modulators/DSB – AM），设置参数（参考频率：100 Hz）。

4）将四进制和二进制的 PN 序列分别送入两个双边带调幅器中进行调制，输出即为 4ASK 和 2ASK 信号。

5）找出信源库图标，选出高斯噪声（Noise/PN/Gauss Noise），模拟信道噪声。

6）选择两个加法器，将噪声信号加入 4ASK 及 2ASK 信号中。

7）在信源及调制后的 4ASK 及 2ASK 处设置观察窗。

（2）解调

1）选择信源库图标，找出正弦信号（Periodic/Sinusoid）作为相干载波，设置参数（参考参数，频率：100 Hz，与调制信号频率相同）。

2）选出两个乘法器，将 4ASK 信号和 2ASK 信号分别与相干载波信号进行乘积。

3）选出算子库图标，找出两个低通滤波器（Filters/Systems/Linear Sys Filters），设置参数（参考参数，Low Cuttoff：20 Hz）。

4）将步骤 2）中的两路输出分别送入低通滤波器，输出送入观察窗。

5）运行系统。

问题：

1）分析二进制和四进制的 ASK 系统的抗干扰性能。

2）将四进制改成多进制信号，观察系统性能的变化情况。

3）分析 ASK 信号的频谱，说明多进制振幅键控和二进制振幅键控的频带占用情况。

参考设计方案如图 5 - 24 所示。

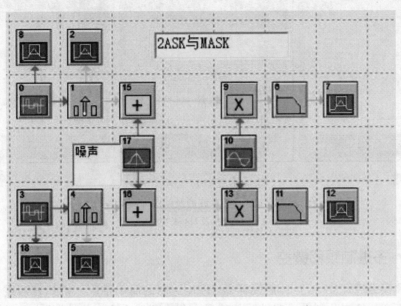

图 5 - 24　设计窗

参考波形及频谱如图 5 - 25 所示。

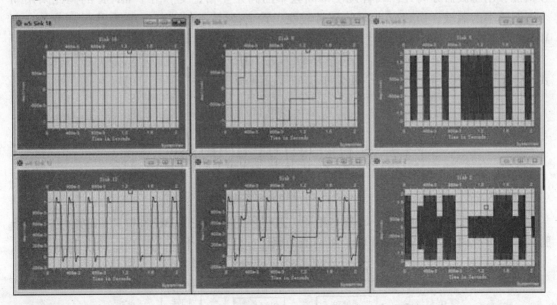

(a)

图 5 - 25　参考波形及频谱

(a) 分析窗波形

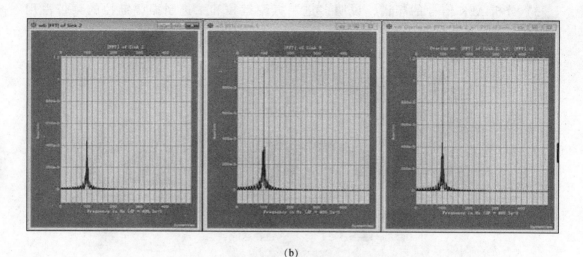

(b)

图 5-25　参考波形及频谱（续）

（b）2ASK 及 MASK 频谱

5.2.2　多进制频移键控

多进制频移键控（MFSK）体制同样是 2FSK 体制的简单推广。例如在四进制频移键控中采用四个不同的频率分别表示四进制的码元，每个码元含有 2 bit 的信息，如图 5-26 所示。这时仍和 2FSK 时的条件相同，即要求每个载频之间的距离足够大，使不同频率的码元频谱能够用滤波器分离开，或者说使不同频率的码元互相正交。由于 MFSK 的码元采用 M 个不同频率的载波，所以它占用的频带较宽。设 f_1 为其最低载频，f_M 为其最高载频，则 MFSK 信号的带宽近似等于：

$$B = f_M - f_1 + \Delta f \tag{5-9}$$

式中，Δf 为单个码元的带宽，它决定于信号传输速率。

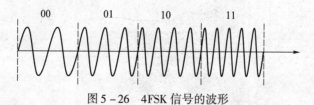

图 5-26　4FSK 信号的波形

MFSK 调制器原理和 2FSK 的基本相同，这里不另作讨论。MFSK 解调器也分为非相干解调和相干解调两类。MFSK 非相干解调器的原理方框图示于图 5-27 中。图中有 M 路带通

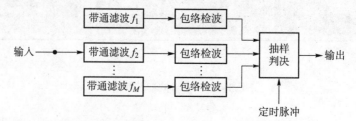

图 5-27　MFSK 非相干解调原理方框图

滤波器用于分离 M 个不同频率的码元。当某个码元输入时，M 个带通滤波器的输出中仅有一个是信号加噪声，其他各路都是只有噪声。因为通常有信号的一路检波输出电压最大，故在判决时将按照该路检波电压作判决。

MFSK 相干解调器的原理方框图和上述非相干解调器类似，只是用相干检波器代替了图中的包络检波器而已。由于 MFSK 相干解调器较复杂，应用较少，这里不再专门介绍。

5.2.3 多进制相移键控

多进制相移键控（MPSK）通常采用 2^n 制（$n = 1$，2，$\cdots$）表示。当 $n = 2$ 时，为 4 相制；$n = 3$ 时，为 8 相制等。图 5-28 给出了 2 相、4 相、8 相数字调制方式的向量图。根据原 CCITT 建议，2 相、4 相和 8 相制的相位状态各有两种方式。

$$2\text{PSK}\begin{cases} \text{A 方式}:0,\pi \\ \text{B 方式}:\dfrac{\pi}{2},-\dfrac{\pi}{2} \end{cases}$$

$$4\text{PSK}\begin{cases} \text{A 方式}:0,\dfrac{\pi}{2},\pi,\dfrac{3\pi}{2} \\ \text{B 方式}:\dfrac{\pi}{4},\dfrac{3\pi}{4},\dfrac{5\pi}{4},\dfrac{7\pi}{4} \end{cases}$$

$$8\text{PSK}\begin{cases} \text{A 方式}:\dfrac{\pi}{4},\dfrac{\pi}{2},\dfrac{3\pi}{4},\pi,\dfrac{5\pi}{4},\dfrac{3\pi}{2},\dfrac{7\pi}{4},2\pi \\ \text{B 方式}:\dfrac{\pi}{8},\dfrac{3\pi}{8},\dfrac{5\pi}{8},\dfrac{7\pi}{8},\dfrac{9\pi}{8},\dfrac{11\pi}{8},\dfrac{13\pi}{8},\dfrac{15\pi}{8} \end{cases}$$

它们的向量图如图 5-28（a）和（b）所示。

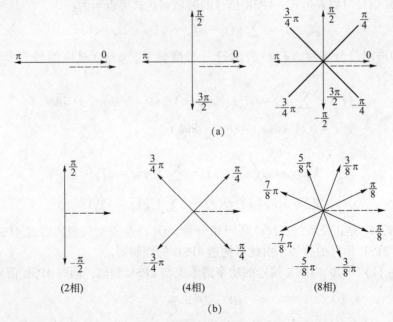

（a）

（b）

图 5-28 多相制的两种向量图

（a）A 方式；（b）B 方式

1. 4 相相移键控（4PSK、QPSK）

在多相调制时，若将输入二进制基带信号按 2^n 相的相位进行编码，则须将输入序列每 n 比特编为一组，并由 n 比特构成的 2^n 种组合，分配给 2^n 个相位。对于四进制的相位键控，$2^n = 4$ 种组合，即 00、01、10、11 四种，每种组合代表一个四进制符号，然后就可以采用 4 个不同载波的相位表示。4 个可能符号表示为：

$$S_i(t) = A\cos(\omega_c t + \varphi_i) \tag{5-10}$$
$$0 \leq t \leq T_s, i = 0, 1, 2, 3$$

式中，T_s 表示由两个二进制信息码元组成的符号宽度，当信息码元长度为 T_b 时，则 $T_s = 2T_b$。式（5-10）表示的 4 个可能信号可以形象地用几何空间图描述。在相位平面图上，画一个单位圆，根据相角 φ_i 得到 4 个点分别表示信号的时域表达式，如图 5-29 所示。用几何空间图来描述不同的信号，通常称它为信号的星座图。当 M 相很大时，信号的星座图特别有用。

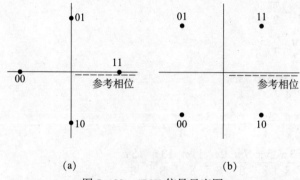

图 5-29　4PSK 信号星座图

根据 2PSK 信号时域表达式，4PSK 信号的时域表达式可表示为：

$$s_{4PSK}(t) = \sum_n g(t - nT_s)\cos[\omega_c t + \varphi(n)] \tag{5-11}$$

式中，T_s 为四进制符号宽度，$g(t)$ 表示符号基准脉冲，$\varphi(n)$ 对应四种符号相位，将式（5-11）展开为：

$$s_{4PSK}(t) = \sum_n g(t - nT_s)[\cos\varphi(n)\cos\omega_c t - \sin\varphi(n)\sin\omega_c t] \tag{5-12}$$
$$= I(t)\ \cos\omega_c t - Q(t)\ \sin\omega_c t$$

式中，

$$X_n = \cos\varphi(n), I(t) = \sum_n X_n g(t - nT_s)$$
$$Y_n = \sin\varphi(n), Q(t) = \sum_n Y_n g(t - nT_s) \tag{5-13}$$

X_n 是同相数据，Y_n 是正交数据；$I(t)$ 是同相分量，$Q(t)$ 是正交分量。因此 4PSK 信号是两个载波正交的 2PSK 信号的叠加，由此可构造 4PSK 的调制器。

从式（5-11）可知，4PSK 信号的功率谱形成与 2PSK 相似，同时 4PSK 信号的带宽

$$B_T = 2f_s = \frac{2}{T_s} \tag{5-14}$$

是 2PSK 信号带宽的一半。这就是在相同信息速率条件下，多进制调制优于二进制调制。同样，8PSK 信号的带宽是 2PSK 的 $\frac{1}{3}$。

2. 4PSK 信号的产生

与 2PSK 相同，4 相绝对调相也存在相位模糊，所以在发端都采用相对调相方式，记作 4DPSK。4DPSK 调制器原理如图 5 – 30 所示。

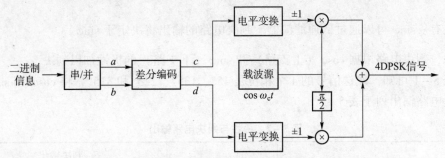

图 5 – 30 4DPSK 调制器原理框图

图中串/并变换器是将串行的二进制数字绝对码变为并行的双比特码流 (a_n、b_n)。差分编码器是将并行的绝对码 (a_n、b_n) 变换为并行的相对码 (c_n、d_n)，经电平变换分别对两路正交载波 $\cos\omega_c t$ 和 $\sin\omega_c t$ 进行绝对调相，这与 2PSK 具有相同电路。其中一路产生 0° 与 180° 两种状态，另一路产生 90° 与 270° 两种状态。最后两路已调载波合成为 4DPSK 已调信号，合成后的四种相位状态为 45°、135°、225° 或 315°。4DPSK 正交调制信号星座图如图 5 – 29（b）所示，其中相位关系见表 5 – 1。

表 5 – 1 4DPSK 正交调制信号的相位关系

c'_n	0	0	1	1
d'_n	0	1	1	0
$I(t)$ 支路输出信号相位	180°	180°	0°	0°
$Q(t)$ 支路输出信号相位	270°	90°	90°	270°
相加合成输出信号相位	225°	135°	45°	315°

3. 4DPSK 信号的解调

4DPSK 信号的解调可采用相干解调法，方框原理图如图 5 –31 所示。图中将所收到的信号分别用两个支路来解调，并分别通过低通滤波器后被判决"0"或"1"信号，最后再经并/串变换电路合并成串行二进制数字信号。

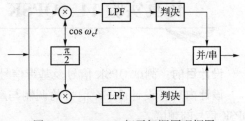

图 5 – 31 4DPSK 相干解调原理框图

假定所接收到的 4 相调制信号是 $A\cos(\omega_c t + \varphi)$。其中 φ 是调制后的载波相位，A 是信号幅度。经过相干解调后上面一个支路的输出是：

$$A\cos(\omega_c t + \varphi)\cos\omega_c t = \frac{1}{2}A\cos\varphi + \frac{1}{2}A\cos(2\omega_c t + \varphi)$$

其中，$2\omega_c$ 频率分量不能通过低通滤波器。因此，除了系数 $\frac{1}{2}A$ 以外，判决电路的输出将决

定于 $\cos\varphi$。

同理，下面一个支路的输出是：

$$A\cos(\omega_c t + \varphi)\sin\omega_c t = \frac{1}{2}A\sin(2\omega_c t + \varphi) - \frac{A}{2}\sin\varphi$$

其中，只有 $\frac{A}{2}\sin\varphi$ 可以通过低通滤波器。判决电路的输出将决定于 $\sin\varphi$。

因此，判决电路根据 $\cos\varphi$（上支路）和 $\sin\varphi$（下支路）的极性加以判决。

从表 5 – 1 可知，发送信号的 4 个相位是 45°、135°、225° 和 315°，将 $\cos\varphi$ 和 $\sin\varphi$ 极性以及判决电路输出列于表 5 – 2。

表 5 – 2 极性与判决电路输出

载波相位 φ	$\cos\varphi$ 极性	$\sin\varphi$ 极性	判决输出	
			上支路	下支路
$45°\left(\dfrac{\pi}{4}\right)$	+	+	1	1
$135°\left(\dfrac{3\pi}{4}\right)$	–	+	0	1
$225°\left(-\dfrac{3\pi}{4}\right)$	–	–	0	0
$315°\left(-\dfrac{\pi}{4}\right)$	+	–	1	0

由表 5 – 2 可见，当极性为正时判决输出为 "1"，当极性为负时判决输出为 "0"。因此，可以看出，在发送端为 "01" 数据时，载波相位为 135°，在接收端可根据表 5 – 1 被判决为 "01"，正确地恢复了原来的信号。

8 相调制的概念与 4 相调制基本相同，这里不再介绍。多进制调制技术是提高频谱利用率的有效方法，除了使用多相调制外，还可以使用其他调制方式。

仿真实验 14 QPSK 调制与解调仿真系统设计

设计目的：测试 QPSK 信号及基带信号调制前后频谱的变化。

设计内容：设计 QPSK 信号的调制与解调仿真电路，并分析基带信号及 QPSK 信号的频谱。

仿真实验 14
QPSK 调制与
解调仿真
系统设计

设计步骤：

（1）调制

1）设置系统时钟（参考抽样点数为 512，抽样频率为 1 000 Hz）。

2）从信源库中找出 PN 序列（Noise PN/PN Seq），设置参数（参考速率 10 Hz）。

3）设计串/并转换电路：从算子库中找出延迟器（Delays/Delay，参考参数设置：延迟时间 0.1 s)、抽样器 (Sample/Hold/Sampler, 参考参数设置: 抽样频率 5 Hz)、保持器 (Sample/Hold/Hold, 参考参数设置: 默认) 各两个, 分两路并行排列, 即 I 路和 Q 路, I 路顺序为延迟器→抽样器→保持器, Q 路顺序为抽样器→保持器→延迟器。将步骤 2) 中的 PN 序列分别送入两个支路。

4) 选出两个乘法器, 分别用于 I 路及 Q 路。

5) 找出信源库, 选择正弦波 (Periodic/Sinusoid), 设置参数 (参考频率 50 Hz), 作为调制载波。

6) 将步骤 3) 中 I 路及 Q 路输出分别送入乘法器, 与调制载波相乘, I 路用 0: Sine, 则 Q 路用 1: Cosine (相反亦可)。

7) 选出加法器, 将步骤 6) 中的两路输出相加, 输出信号即为 QPSK 信号。

(2) 解调

1) 找出信源库, 选择正弦波 (Periodic/Sinusoid), 设置参数 (参考频率 50 Hz), 作为相干载波。

2) 选出两个乘法器, 将 QPSK 信号分别送入两个乘法器, 并与相干载波相乘 (相干解调), I 路用 0: Sine, 则 Q 路用 1: Cosine。

注: 相干载波的输出端选择要与调制载波的输出端方向一致, 若调制时 I 路用 1: Cosine, 则 Q 路用 0: Sine, 解调时也是如此。

3) 找出算子库图标, 从中找出两个低通滤波器 (Filters/Systems/Linear SysFiters), 设置参数 (参考频率 10 Hz), 将 I 路及 Q 路分别送入两个低通滤波器。

4) 选出算子库图标, 从中找出抽样器 (Sample/Hold/Sampler, 参考参数设置: 抽样频率 5 Hz)、保持器 (Sample/Hold/Hold, 参考参数设置: 默认) 各两个, 延迟器 (Delays/Delay, 参考参数设置: 延迟时间 0.1 s) 一个, 分别用于 I 路及 Q 路。

5) 将 I 路与 Q 路乘法器输出分别送入各路的抽样器和保持器。

6) Q 路保持器输出送入步骤 4) 中选出的延迟器。

7) 将 I 路输出与 Q 路输出进行并/串转换: 选出算子库图标, 找出信号切换器 (Logic/Switch, 参考参数: 最小控制值为 -1, 最大控制值为 +1), 将 I 路输出送入该切换器的 Input0, Q 路输出送入 Input1。

8) 找出信源库图标, 选出脉冲信号 (Periodic/Pulse Train: 参考参数: 5 Hz), 作为切换器的控制端, 送入切换器的 Control 端。

9) 选择算子库图标, 选出抽样器 (Sample/Hold/Sampler, 参考参数设置: 抽样频率 10 Hz)、保持器 (Sample/Hold/Hold, 参考参数设置: 默认), 将切换器输出送入抽样器, 输出再送入保持器, 保持器输出即为还原的原始信号。

10) 在适当位置设置观察窗 (如信源处、I 路及 Q 路输出处、QPSK 输出处、解调输出处)。

11) 运行系统。

问题:

1) 若解调时相干载波与发送载波相位不一致, 会对解调后波形造成什么影响?

2) 若改变滤波器的截止频率, 观察解调波形有何变化。

参考设计如图 5 - 32 所示。

参考波形如图 5 - 33 所示。

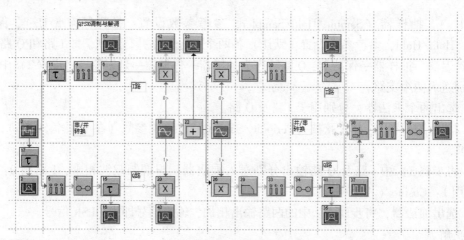

图 5-32　设计窗

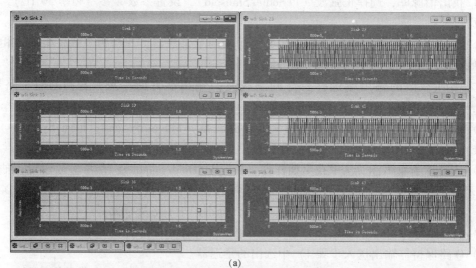

(a)

(b)

图 5-33　参考波形

（a）4PSK 调制部分波形；（b）4PSK 解调部分波形

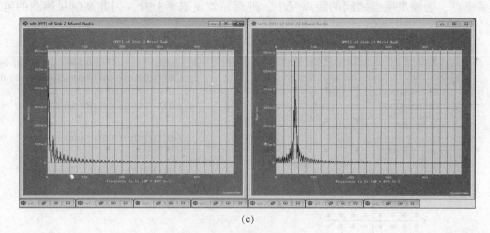

(c)

图 5 - 33　参考波形（续）

（c）被调信号与 4PSK 信号频谱

5.2.4　常用的改进型数字调制技术

为了提高数字通信系统传输信息的有效性，即提高频带利用率和可靠性，目前在数字通信系统中使用了若干改进型数字调制方式，例如时频移位键控（TFSK）调制和时频相移键控（TFPSK）调制等方式。随着卫星通信、移动通信的发展，为了提高频带利用率，相继出现了交错 4 相相移键控（OQPSK）、最小频移键控（MSK）、正弦频移键控（SFSK）、受控调频（TFM）、预调制高斯滤波最小频移键控（GMSK）以及无码间串扰和相位抖动的交错 4 相相移键控（IJK - OQPSK）、多进制键控（MASK、MFSK、MPSK）、正交振幅调制（QAM）等调制方式。现对常用的改进型数字调制原理进行简单介绍。

1. QAM 调制

QAM 是振幅与相位相结合的调制方式。这种方式属于数字复合调制方式，一般称为幅相键控（APK）调制。在 QAM 中，是用两个独立的基带波形对两个相互正交的载波进行抑制载波的双边带调制，即利用已调信号在相同带宽内的频谱正交来实现两路数字信息的传输，因此，发送端形成的 QAM 信号可看成是两个正交的振幅键控信号之和。若信道具有理想传输特性，且接收端所产生的相干载波与发送端完全相同，则可在接收端经相干解调后通过低通滤波器得到无失真的信号波形。若信道传输函数的对称性和接收端所产生相干载波的相位误差都不符合要求，则将在接收端恢复的基带波形中出现邻道干扰和正交干扰。

类似于其他数字调制方式，QAM 发射信号集可以用星座图（见图 5 - 34、图 5 - 35 所示）方便地表示。星座图上每一个星座点对应发射信号集中的一个信号。设正交幅度调制的发射信号集大小为 N，称之为 N - QAM。星座点经常采用水平和垂直方向等间距的正方网格配置，当然也有其他的配置方式。数字通信中数据常采用二进制表示，这种情况下星座点的个数一般是 2 的幂。常见的 QAM 形式有 16 - QAM、64 - QAM、256 - QAM 等。星座点数越多，每个符号能传输的信息量就越大。但是，如果在星座图的平均能量保持不变的情况下增加星座点，会使星座点之间的距离变小，进而导致误码率上升。因此高阶星座图的可靠性比低阶要差。

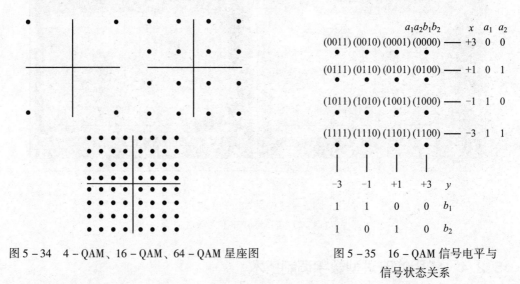

图 5 – 34　4 – QAM、16 – QAM、64 – QAM 星座图　　图 5 – 35　16 – QAM 信号电平与信号状态关系

当对数据传输速率的要求高过 8 – PSK 能提供的上限时，一般采用 QAM 的调制方式。因为 QAM 的星座点比 PSK 的星座点更分散，星座点之间的距离因之更大，所以能提供更好的传输性能。但是 QAM 星座点的幅度不是完全相同的，所以它的解调器需要能同时正确检测相位和幅度，不像 PSK 解调只需要检测相位，这增加了 QAM 解调器的复杂性。

与其他调制技术相比，QAM 编码具有能充分利用带宽、抗噪声能力强等优点。但 QAM 调制技术用于 ADSL 的主要问题是如何适应不同电话线路之间较大的性能差异。要取得较为理想的工作特性，QAM 接收器需要一个和发送端具有相同的频谱和相应特性的输入信号用于解码，QAM 接收器利用自适应均衡器来补偿传输过程中信号产生的失真，因此采用 QAM 的 ADSL 系统的复杂性来自它的自适应均衡器。

但是 QAM 星座点的幅度不是完全相同的，所以它的解调器需要能同时正确检测相位和幅度，不像 PSK 解调只需要检测相位，这增加了 QAM 解调器的复杂性。

仿真实验 15　QAM 调制与解调

仿真实验 15
QAM 调制与解调

设计目的：测试 QAM 信号及基带信号调制前后频谱的变化。

设计内容：设计 QAM 信号的调制与解调仿真电路，并分析基带信号及 QAM 信号的频谱。

设计步骤：

（1）调制

1）设置系统时钟（参考抽样点数为 512，抽样频率为 500 Hz）。

2）从信源库中找出两个 PN 序列（Noise/PN/PN），分别作为 I 路及 Q 路输入信号（参考频率 10 Hz，电平 2Level，偏移 1 V）。

3）从信源库中找出正弦信号（Periodic/Sinusoid）作为调制载波（参考频率 50 Hz）。

4）找出乘法器（两个），将 I 路与 Q 路输入信号分别与载波信号进行乘法运算，一路用正弦波（0：Sine），另一路用余弦波（1：Cosine）；

5）将两路输出送入一个加法器，即为 QAM 信号。

6）在两路输入信号及加法器输出处分别设置观察窗。

（2）相干解调

1）从信源库中找出正弦信号（Periodic/Sinusoid）作为相干载波（注意：频率及相位与调制载波相同）。

2）找出乘法器（两个），将调制电路中输出的 QAM 信号分别与正弦相干载波和余弦相干载波进行乘法运算。

3）在算子库中找出低通滤波器，即在 Operator 库中"Filters/Systems"组的"Linear SysFilters"项，在参数设置中选择"Analog"，在打开的文本中，将滤波器类型设定为"Lowpass"，"Low Cuttoff"设为 10 Hz。

4）输出分别送入观察窗。

5）运行系统。

问题：

1）若解调时相干载波与发送载波相位不一致，会对解调后波形造成什么影响？

2）若改变滤波器的截止频率，观察解调波形有何变化。

参考设计如图 5-36 所示。

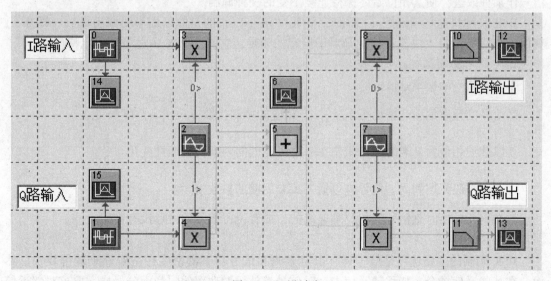

图 5-36 设计窗

参考波形如图 5-37 所示。

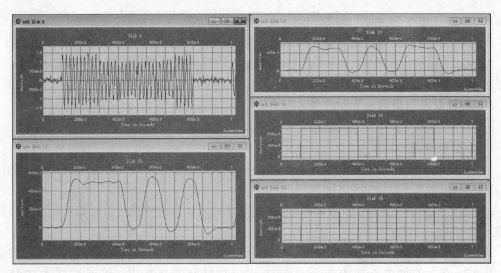

图 5 - 37　分析窗

2. MSK 调制与 GMSK 调制

MSK 调制及其所属的 GMSK 调制是一种窄带数字调制技术，其中 GMSK 用于我国 GSM 制式数字移动通信系统。

（1）MSK

它是频移键控（FSK）的一种改进型。在 FSK 方式中，相邻码元的频率不变或者跳变一个固定值。在两个相邻的频率跳变的码元之间，其相位通常是不连续的。MSK 是对 FSK 信号作某种改进，使其相位始终保持连续不变的一种调制。

MSK 又称快速移频键控（FFSK）。这里"最小"指的是能以最小的调制指数（即 0.5）获得正交信号；而"快速"指的是对于给定的频带，它能比 PSK 传送更高的比特速率。

MSK 信号必须具有以下特点：

①已调信号的振幅是恒定的。

②信号的频率偏移严格地等于 $\pm \dfrac{1}{4T_s}$，相应的调制指数 $h = (f_1 - f_0)T_s = \dfrac{1}{2}$。

③以载波相位为基准的信号相位在一个码元期间内准确地线性变化 $\pm \dfrac{\pi}{2}$。

④在一个码元期间内，信号应包括 $\dfrac{1}{4}$ 载波周期的整数倍。

⑤在码元转换时刻信号的相位是连续的，或者说，信号的波形没有突跳。

（2）GMSK

MSK 调制的主要优点是信号具有恒定振幅和信号功率谱密度在主瓣外衰减得较快。然而，在某些通信场合，如移动通信中，对信号带外辐射功率的限制十分严格，要求对邻近信道的衰减达 70 ~ 80 dB 以上。因此，后来对 MSK 信号作些改进，如改进两正交支路的加权函数，称为"高斯最小频移键控" GMSK 调制方法等。

GMSK 是在 MSK 调制器之前加上一个高斯低通滤波器，为了抑制高频成分、防止过量的瞬时频率偏移以及进行相干检波，高斯低通滤波器必须能满足下列要求：

①带宽窄，且是锐截止的。

②具有较低的过冲脉冲响应。

③能保持输出脉冲的面积不变。

GMSK 中，基带信号首先成形为高斯型脉冲，然后再进行 MSK 调制。由于成形后的高斯脉冲包络无陡峭沿，亦无拐点，因此相位路径得以进一步平滑。GMSK 信号的频谱特性也优于 MSK 和 SFSK。GMSK 已确定为欧洲新一代移动通信的标准调制方式。

 学完本节内容后请完成附录 C 中的任务单 5.2。

5.3　数字信号的频带传输系统

在第 1 章介绍的数字通信系统就是数字信号的频带传输系统，它有多种，其中最典型的有光纤数字传输系统、数字微波传输系统和数字卫星传输系统。

5.3.1　光纤数字传输系统

光纤是光导纤维的简称，是一种依据光的全反射原理而制成的传导光信号的新型传输线。构成光纤的主要材料是高纯度的 SiO_2（石英玻璃）或塑料，其直径大约为 0.1 mm。它透明、纤细，虽比头发丝还细，却具有把光封闭在其中并沿轴向进行传播的导波结构。光纤通信就是因为光纤的这种神奇结构而发展起来的以光波为载频，光导纤维为传输介质的一种通信方式。微细的光纤封装在塑料护套中使得它能够弯曲而不至于断裂。通常，光纤的一端的发射装置使用发光二极管（LED）或一束激光将光脉冲传送至光纤，光纤的另一端的接收装置使用光敏元件检测脉冲。

由于光在光纤中的传导损耗比电在电线中的传导损耗低得多，且兼具传输频带宽和不受电磁干扰等优点，因此，光纤通常被用作长距离、大容量的信息传递，并已成为下一代接入网的主要传输方式之一，其发展速度之快、应用范围之广皆为通信史上所罕见。

通常光纤与光缆两个名词会被混淆。多数光纤在使用前必须由几层保护结构包覆，包覆后的缆线即被称为光缆。光纤外层的保护结构可防止周遭环境对光纤的伤害，如水、火、电击等。光缆分为光纤、缓冲层及披覆。光纤和同轴电缆相似，只是没有网状屏蔽层。中心是传播光的玻璃芯。在多模光纤中，芯的直径是 15~50 μm，大致与人的头发的粗细相当。而单模光纤芯的直径为 8~10 μm。芯外面包围着一层折射率比芯低的玻璃封套，以使光纤保持在芯内。再外面的是一层薄的塑料外套，用来保护封套。光纤通常被扎成束，外面有外壳保护。纤芯通常是由石英玻璃制成的横截面积很小的双层同心圆柱体，它质地脆，易断裂，因此需要外加一保护层。

1. 光波的波段划分

光波的波长在微米级，频率为 10^{14}~10^{15} 数量级。紫外线、可见光、红外线均属于光波的范畴。目前，光纤通信使用的波长范围是在近红外区，即波长为 0.8~1.8 μm；其中 0.8~0.9 μm 称为短波长，1.0~1.8 μm 称为长波长。光纤通信所采用的 3 个实用通信波段是短波长段 0.85 μm、长波长段的 1.31 μm 和 1.55 μm。

2. 光纤通信系统的基本组成

目前实用的光纤通信系统普遍采用的是数字编码强度调制—直接检波通信系统。所谓强度调制，是指利用被传输的电信号直接去调制光源的光强，使之随信号电流线性变化。所谓直接检波，是指信号在接收机的光频上直接检测为电信号。这种系统的示意框图如图 5-38 所示。图中，由 PCM 多路复用设备送出脉冲编码调制信号。

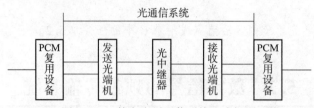

图 5-38　数字光纤通信系统组成框图

发送光端机将发送的电信号转换成光信号，然后将光信号耦合到光缆中传输。发送光端机主要由调制电路、驱动设备和光源 3 部分组成，其作用是电/光转换。

光发送部分的核心是传输激光或荧光的光源，它是光纤通信系统的主要器件。目前光源采用半导体激光器（LD）或半导体发光二极管（LED）。它们的共同特点是体积小、重量轻、耗电少，而两者的区别在于 LD 发出的是激光，LED 发出的是荧光。LED 发出的荧光无方向性，与光纤耦合效率较低，所以其调制速率较低；但它的谱线宽度较宽，输出特性曲线性好，使用寿命长，成本低，适用于短距离、小容量的传输系统。而 LD 具有方向性强的辐射特性，易于与光纤耦合，降低了耦合损耗，而且输出的光功率较大；它产生的是单色光，降低了波长色散，一般适用于长距离、大容量的传输系统。

驱动设备是电/光转换电路的核心，它用经过编码后的数字信号来调制发光器件的发光强度，以完成电/光转换任务。

调制电路实质上是将基带波形转换为适用于线路上用的传输码型。

接收光端机将接收到的光信号转换成电信号。它由光电检测器、放大电路、解调电路 3 部分构成。

在光纤通信中，常用 PIN 光电二极管和雪崩光电二极管（APD）作为光电检测器。前者无增益，而后者是有增益的。它们的作用是将接收的光信号转换成相应的电信号。

放大器的作用是将由光信号转换来的电信号放大到判决电路所需要的电平。

解调电路的作用与调制电路的作用正好相反，将线路传输码型转换成原基带码型。

光缆的作用是将光定向传输到接收端，完成信息传输任务。

光中继器主要由光电检测器、判决再生电路和光源组成，它兼有收、发端机两种功能。光信号经光纤或光缆的长距离传输后，光能量衰减，波形发生畸变。为保证通信质量，光中继器将收到的微弱光信号变换成电信号，经过判决再生处理后，又驱动光源产生光信号，将光信号耦合到光纤或光缆线路中继续传输。因此，光中继器的作用有两个：一是补偿受到损耗的光信号；二是对已经失真的信号进行整形。

3. 光纤通信所采用的传输码型

由于光源只有发光与不发光两种状态，所以在光纤通信线路中只能传输单极性信号。这是光纤通信的传输码型与电通信系统中采用的传输码型不同之处。同时，在光线路中，除了传送主信号外，还需要传送许多辅助信号，如监控信号、区间通信信号、公务通信信号、数据通信信号等。为此，就要在原码速的基础上，提高码速，增加信息冗余度。具体做法是在原有码流中插入脉冲，这就需要重新编码。

在光纤通信中常用的传输码型很多，大体上可以分为 mBnB 码和插入比特码两类。

（1） mBnB 码

mBnB 码又称为分组码，它是将输入码流中每 m 比特码归为一组，然后变换为 n 比特（$n > m$），由于变换后码组比特数比变换前多，致使变换后的码流有了"富裕"，因此在码流中除了可以传送原来信息外，还可传送与误码检测有关的信息。在光纤通信中常用的是 5B6B 码，即将信码流中每 5 位码元分为一组，每组再编为 6 位码。这种编码通过在 $2^6 = 64$ 种 6 位码中适当选择 $2^5 = 32$ 种 5 位码组分别代表不同的信息内容，使其具有一定的误码检测能力，适合在光纤中传输。

（2）插入比特码

插入比特码是将信号流中每 m 比特划为一组，然后在这一组的末尾插入 1 位具有一定功能的比特码。根据所插入码的功能不同，这种码型又可分为以下 3 种形式。

① mB1P 码：这种码在每 m 比特后插入一个奇、偶校验码，称为 P 码。当 m 位码内的"1"的个数为奇数时，插入 P 码为"1"，把原码校正为偶校验码；当 m 位码内的"1"的个数为偶数时，插入 P 为"0"，保持原码为偶校验码。当然也可以采取保持每个码组内"1"的个数为奇数的方式，即采用奇校验方式。这样，可用检测每组码流中"1"码的奇偶情况来进行误码检测。例如，原 $m = 8$，则码组为 11010100、00010011、11110100，插入 P 码后分别为 110101000、000100111、111101001。

② mB1C 码：这种码在每 m 比特后插入一个补码，称为 C 码（又称为反码）。当第 m 位码为"1"时，则补码 C 为"0"，反之为"1"。例如，原 $m = 8$，则码组为 11010100、00010011、11110100，插入 C 码后分别为 110101001、000100110、111101001。

③ mB1H 码：这种码在每 m 比特后插入一个混合码，即 H 码。H 码实际上是由 P 码、C 码和作用监督、公务、区间通信的插入码混合组成的码。

4．光纤通信的复用技术

（1）光波分复用技术

光波分复用（WDM）技术是指在一根光纤中能够同时传输多波长光信号的一项技术，其基本原理是在发送端将不同波长的光信号组合起来（复用），在接收端又将组合的光信号分开（解复用）并送往不同的终端。因此，将此项技术称为光波长分割复用，简称为光波分复用技术。

WDM 技术对网络的扩展升级、发展宽带新业务、充分挖掘光纤带宽潜力、实现超高速通信等具有十分重要的意义，尤其是 WDM 加上掺铒光纤放大器（EDFA）更是对现代电信网具有强大的吸引力。

光 WDM 的基本构成主要有以下两种形式。

①单纤单向传输：所有光通路同时在一根光纤上沿同一方向传送。在发送端将载有各种信息的、具有不同波长的已调光信号 λ_1，λ_2，…，λ_n 通过光复用器组合在一起，并在一根光纤中单向传输。在接收端通过光解复用器将不同波长的信号分开，完成多路光信号传输的任务。

②单纤双向传输：光通路在一根光纤上同时向两个不同的方向传输。所用波长相互分开，以实现双向全双工的通信。

（2）光频分复用技术

光频分复用（FDM）与WDM实际上是一回事，只不过是科学家为研究方便，把波长间隔大于1 nm的复用技术称为光WDM。而把极窄的信道间隔（小于1 nm）的复用技术称为光FDM。所以，光WDM往往以纳米（nm）为单位描述间隔，而光FDM往往以吉赫（GHz）为单位描述间隔。

由于光FDM比光WDM的信道窄得多，所以它具有两个比较突出的优点：一是能够大大增加复用光信道；二是各信道之间的光纤传输变化较小。当然，光FDM涉及的技术问题也较为复杂。

（3）光时分复用技术

所谓时分复用，是指将通信时间分成相等的时间间隔，每一个时间间隔只传输固定信道的一种技术形式。光时分复用（OTDM）是时分复用在光学领域完成的一项先进技术。20世纪90年代以来，随着对传输速率要求的日渐提高，尤其是几十至上百Gb/s的超高速光信号的要求，使半导体激光器、调制器及相关电子器件的有限带宽难以胜任，而OTDM可将多路光信号合并在一起，实现超高速的通信速率，是提高光纤通信容量的有效途径之一。

5.3.2　数字微波传输系统

数字微波传输系统是常见的通信系统之一，是利用微波频段（波长1 m～1 nm或频率300 MHz～300 GHz）的电磁波在对流层的视距范围内进行信息传输的一种通信方式，所以称为"微波"传输系统。

微波传输系统采用多路复用的工作方式，而且工作于射频的微波频段，其使用频率范围一般为1～20 GHz。因受地形和天线高度的限制，两个通信站之间的距离一般在40～60 km，当进行远距离通信时，只能采取中继方式。由于微波通信具有多路复用、射频工作和中继接力等基本工作特点，故又有"微波多路通信"或"微波中继通信"之称。

1. 数字微波传输系统的组成

以点对点通信方式为例，数字微波通信系统一般由终端站、分路站和中继站组成。不论在终端站，还是分路站或中继站，一般都包括微波收发信机、调制解调器、天线、馈线、微波分路系统、倒换设置、公务及监控设备以及PCM复用设备。其结构框图如图5-39与图5-40所示。

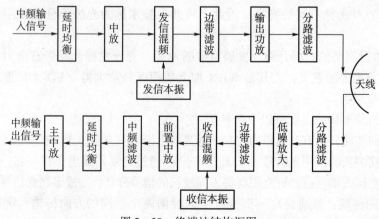

图5-39　终端站结构框图

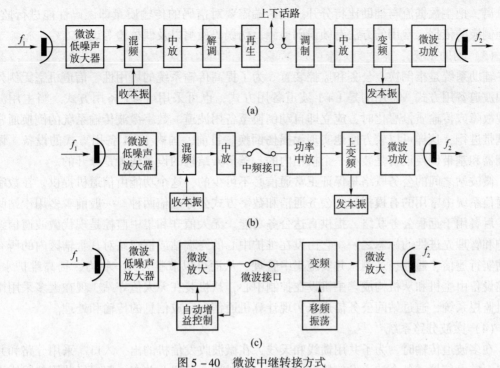

图 5 - 40 微波中继转接方式

（a）再生转接；（b）中频转接；（c）微波转接

（1）数字微波收发信机

从中频调制解调器送来的 4PSK 70 MHz 信号送至发信中频放大器，经线性放大后至发信混频器，与发信本振混频得到所需的微波信号，由边带滤波器选出，再经微波功率放大器线性放大至所需发射功率，经分波道滤波器送至微波分路系统和天线、馈线系统。

在收信机中，接收到的微波信号经分波道滤波器进入低噪声放大器后，送至收信混频器，与收信本振差出 70 MHz 中频信号，经前置中放、群时延均衡器后再送至具有自动增益控制能力的主中放，使得输出中频电平在微波输入电平变化时维持恒定。这里的群时延均衡器是用来均衡微波滤波器所引入的群时延的。在有 2 ~ 3 段连续中频转接时，总的剩余群时延特性存在不均匀性，应另设一个群时延均衡器，放在最后一个收信机中予以均衡。

（2）数字调制解调设备

一般中、小容量的数字调制解调普遍采用 4DPSK 方式，主要包括调制器和解调器。数字调制器包括扰码、串/并转换、差分编码和低通滤波器、调制及中频放大等功能。前一部分称为发信逻辑，后一部分称为调制。调制器所需的 70 MHz 载波可以由晶振产生，也可以用 70 MHz 压控振荡器产生。后者可以附加公务调制，提供模拟公务传输功能。在逐站再生系统，微波机可以不采用带调制振荡源，对简化设备、降低成本、提高可靠性是有利的。

数字解调器包括鉴相、低通滤波、基带放大、判决、再生、载波恢复、定时恢复等功能。有的还包括基带自适应均衡器等功能。载波恢复现在大多采用数字式基带处理锁相环，有的也使用数字式基带处理联合控制环。衡量一个解调器的好坏，关键是它的载波恢复性能，尤其是它的鉴相特性。目前所使用的鉴相特性均为矩形特性，因此相位误差很小。再生后的信码要进行与发送端相反的数字处理，以及差分译码、并/串变换及干扰码，并进行比特分离，把主数据流与辅助比特分开。收信端需要对信码的传输质量即误码性能进行监视，作为倒换的依据。常用的方法有帧误码检测、伪误码检测以及偶校验等。

（3）辅助系统

辅助系统是指倒换、公务和监控装置。为了提高传输系统的可用性，信道机毫无例外地采用波道备用方式。常用的是 1 + 1 波道备用方式，也可采用 N + 1 备用方式。当主用波道出现故障或传输质量恶化时，应立即自动倒换至备用波道。数字微波传输系统的倒换通常均在基带进行，这样可以较方便地实现无损伤倒换。目前，国内 1 + 1 备用方式的设备、调制解调器和基带倒换设备是装在一个机柜内的，条形架结构的设备两者是分开的。

微波站之间的公务联络是保证正常通信必不可少的，这个功能由信道机提供。在数字微波通信系统中常用的有模拟方式公务通信和数字方式公务通信两种。一般前者多用于站间联络，后者用于远程公务联络，提供直达公务功能。无人值守和集中监控是现代微波通信线路维护和管理先进性的标志之一。它由设在维护中心的终端站或枢纽站对其管辖区内的所有微波站实行遥信、遥控、遥测，并实施集中管理，从而可以节省人力、物力，提高维护水平。监控设备由主机和从机构成。主机设在控制中心，从机装在无人值守站。现在大多采用微处理机监控系统，通过站间公务信道来实现计算机通信，完成信息的传输和处理。

（4）微波分路系统

在多波道传输时，为了共用馈线和天线，在微波收发信机的出、入口需采用分路和并路装置。在发信端，各个波道发信机发出的信号通过这个装置合并在一起，经共用的馈线送往天线发射出去。在收信端，从天线接收的各个波道的信号由馈线送入分路装置，分离至各个波道的收信机，通常把这个装置称为微波分路系统。常用的微波分路系统有 3 种：方向滤波器分路系统、环行器分路系统和单极化分路系统。

2. 数字微波线路（网）的构成形式

数字微波线路的构成形式可以是一条主干线、中间有若干分支；也可以是一个中心站向若干方向分支。但不论哪种形式，根据所处位置和功能的不同，总是由以下站型组成。

（1）终端站

处于线路两端或分支线路终点的站称为终端站。向若干方向辐射的中心站，就其每一个方向来说也是一个终端站，这种站上、下全部都有话路。终端站配备数字微波传输系统的全套设备和 PCM 复用设备，可作为监控系统的集中监视站或主站。

（2）分路站

处于线路中间的站称为分路站，其中不进行上、下话路的站称为中继站。可细分为再生中继站、中频转接站、射频有源转接站和无源转接站。再生中继站对收到的已调信号进行判决、再生，转发至下一方向的调制器。这是数字微波线路中继站的基本站型，经过它可以消除传输中引入的噪声、干扰和失真，体现出数字通信的优越性。这种站上下需配置倒换设备，但应有站间公务联络和无人值守功能。在中、小容量系统中，若通信距离小于或等于标准站距，传播条件较好的区段上可以不设调制解调器，直接在中频上转接。这样可以节省设备，但噪声、干扰和失真却逐站积累，所以中频转换站不宜连续配置超过 2 ~ 3 个。应当注意的是，若微波振荡源的频率稳定度不高时，不允许中频转接，只能逐站再生。在中继站，要完成两个方向的接收和发射，所以必须用两副天线及相应的收、发信机等设备。中继站的转接方式有射频转接、中频转接和基带转接 3 种。在分路站必须采用基带转接，而在中继站通常采用中频转接。微波信道中基本上都采用定向天线，700 MHz 以下采用振子天线（一般采用八木天线），700 MHz 以上采用抛物面天线。

在两个站距离不大但中间有障碍物阻挡时，根据距离的大小和阻挡物的位置，可以采用无源转接站或有源转接站。当两站距离很近，阻挡物靠近一端，这时可以采用两面天线背对背放置，直接用馈线连接，构成无源转接。这种转接法引入插入衰耗较大，只有在两站的正常收信电平偏离额定值不多时方可采用。否则，就应采用有源射频转换，通常有射频直接放大和频移两种方案。由于设备简单，耗电少，一般均用太阳能电池供电，并配置蓄电池作为备用。有源转接站应配备无人值守的监控设备。

3. 数字微波通信采用的复用方式

数字微波为数据和数字电话（一般为 PCM 信号）提供通信服务。目前大都采用时分复用（TDM）方式。在数字微波系统中，采用 TDM 方式的数字电话信号对中频载波进行相移键控调制（一般采用 DPSK），然后搬移到射频上进行发射。这种体制记为 TDM – PCM – DPSK。其中每路 PCM 信号的速率为 64 Kb/s。目前数字微波中继系统一般以 30 话路 TDM 组成一次群（也称基群，速率为 2.048 Mb/s），由 4 个基群构成二次群（8.448 Mb/s），再由 4 个二次群构成三次群（34.368 Mb/s），依次构成直至五次群为止。当然，数据传输也可利用一个 PCM 话路或群路来进行。在数字微波传输系统中，由于每个中继站均对接收的数字进行再生处理，以消除噪声积累，所以每个中继站均采用基带转接方式。

4. 主要技术指标

数字微波传输系统的技术指标很多，这里只介绍总技术指标。

1）传输容量：以 2.048 Mb/s 系列为基础的中、小容量数字微波传输系统，常常用的有 2.048 Mb/s、2×2.048 Mb/s、4×2.048 Mb/s、8×2.048 Mb/s；8.448 Mb/s、2×8.448 Mb/s；34.368 Mb/s、2×34.368 Mb/s。

2）使用频道及波道配置：根据 ITU – T 的相关建议，对于小容量的波道，在 7.1 ~ 7.4 GHz、7.4 ~ 7.7 GHz 可开设 20 个波道，8.2 ~ 8.5 GHz 可开设 12 个波道；但用于传输 34.368 Mb/s 数字信号时，受波道间隔的限制，开设不了这么多波道。开设的波道数应根据 CCIR 的推荐或按国家标准确定。例如，7.1 ~ 7.4 GHz 和 7.4 ~ 7.7 GHz 可开设 5 个波道，8.2 ~ 8.5 GHz 可开设 6 个波道。

3）调制解调方式：对 2.048 Mb/s 和 8.448 Mb/s 系统，目前国内大多采用 2PSK 方式，优点是电路简单；缺点是频带利用率太低，而且在波道间隔较小时，邻近波道干扰较大。为此，希望在 8 Mb/s 以上系统均采用 4PSK 方式。至于 2×34.368 Mb/s 系统，要用 4PSK 方式，必须严格限带，使 $\alpha \leqslant 0.5$，而且必须采用波道间隔为 40 MHz 的工作频段，否则必须采用 8PSK 或 16QAM 方式。

①加调方式：相干解调。

②判决方式：低通滤波器型相关器，瞬时判决。

③调制速率：为符号（或码元）速率，单位为 MBd（兆波特）。对于 4PSK 方式，是指双比特码的速率，如 34 Mb/s 的系统采用 4PSK 调制方式，其调制速率为 17 MBd。应当注意，这里所指的调制码是双比特码的总称，故其单位为 MBd。而对构成双比特的每一路码仍为二进制的比特流，可以写为 17 Mb/s。

4）误码率：$P_e = 10^{-4} \sim 10^{-6}$。

5.3.3　数字卫星传输系统

卫星通信是在地面微波中继通信和空间技术的基础上发展起来的一种新的通信方式，是现代通信技术的一项重要成果。

1. 卫星通信概述

卫星通信是利用人造地球卫星作为中继站，实现地球上两个或多个地区站之间的通信，所以它又称为卫星中继通信。卫星通信属于宇宙通信的范畴。

所谓宇宙通信，是指以宇宙飞行体或通信转发体为对象的无线电通信。它有3种通信形式：地球站与宇宙站之间的通信；宇宙站之间的通信；通过宇宙站的转发或发射进行地球站之间的通信。通常把第3种形式简称为卫星通信或卫星传输系统。这里的宇宙站是指设在地球大气层以外的宇宙飞行体或其他天体上的通信站；地球站是指设在地球表面的陆地、海洋或大气层中的通信站。

其实，卫星通信是以地面微波中继通信和空间技术为基础的。由于卫星所处地理位置的特殊性，因而它是微波通信的一种特殊形式，在利用卫星实现地球站的通信过程中，如果两个地球站均在同一卫星俯视的覆盖区域内，就可实现立即转发式通信；否则，只能实现存储延迟式通信。

如果卫星的运行轨道在赤道平面上，离地面高度为 35 786.6 km，其飞行周期也正好与地球自转的周期相同，此时对任一个地球站而言，卫星是静止不动的，因此这种卫星称为对地静止卫星，简称静止卫星或同步卫星。利用这种卫星进行通信的系统称为同步卫星中继通信系统。卫星通信就是利用同步卫星作为中继站，接收地球站送来的上行频段信号，然后以下行频段信号转发给其他地球站，经卫星1跳（指由地球站到卫星、卫星返回地球站的传输过程），以实现地面最长达 1.3×10^4 km 的两地球站间的通信。

为了保证卫星通信运行正常，必须对卫星运行状态进行监视和控制，对卫星通信业务进行协调和管理。这些任务是由卫星控制中心来完成的。因此，一个完整的卫星通信系统应包括通信卫星、地球站群和控制中心。

卫星通信与其他通信方式相比较，具有以下特点：

1）覆盖区域大，通信距离远。利用静止卫星，它的最大覆盖面积可以达到全球表面积的42.4%，最远通信距离可以达到 18 100 km。原则上，只需适当配置3颗卫星，就可建立除两极盲区以外的全球通信。

2）具有多址连接能力。由于卫星通信采用广播式工作，能同时实现多方向、多地址的通信，亦即具有"多址连接"的能力，因而为实现卫星通信网提供了高效、灵活的支持。

3）频带宽、容量大。因为卫星通信采用微波频段，所以可供使用的频带很宽。另外，卫星上可设置多个转发器，故通信容量很大。如 IS－Ⅴ 通信卫星的容量已达 12 000 路电话和2路电视。

4）通信机动灵活。地球站的建立不受地理条件限制，可建在陆地、海洋和空中，便于构成全球一体化的通信配置。

5）通信稳定可靠。卫星通信的电波传播主要是在自由空间进行的，噪声影响小，而且地球站的通信一般只需经过一次转接，所以通信稳定可靠，传输质量好。

6）建站费用与距离无关。地球站与卫星间的信号传输满足技术要求，就可保证通信质量，地球站的建设费用不因站间距离远近或环境条件优劣而变化。这与某些传输媒体的有线通信系统的建站投资和维护检修费用随距离而增加相比，构成了明显的反差。

虽然卫星通信具有上述特点，但也带来了若干新的技术问题，诸如需要得到高新技术的支持；要解决因电波传播距离远带来的传播时延过大的影响；实现多址连接需要采用多址技术；卫星工作应有高度的可靠性；不同通信系统之间存在相互干扰等。

2. 卫星中继信道的组成

卫星中继信道是由通信卫星、地球站、地球站与通信卫星之间经过大气层及自由空间的电波传播通路组成的。通常，将地球站至通信卫星的电波传播通路称为上行线路，而将通信卫星至地球站的电波传播通路称为下行线路。根据要求通信的地球站之间的距离远近或其他原因，电波传播通路虽有单跳或双跳之分，但其基本通路形式是站—星—站。信道设备则集中在通信卫星或地球站内。

（1）通信卫星

通信卫星（这里指的是静止卫星）的主要任务是实现中继转接，经变频与放大处理后，再转发出去。一般说来，通信卫星主要由以下5个分系统组成，如图5-41所示。

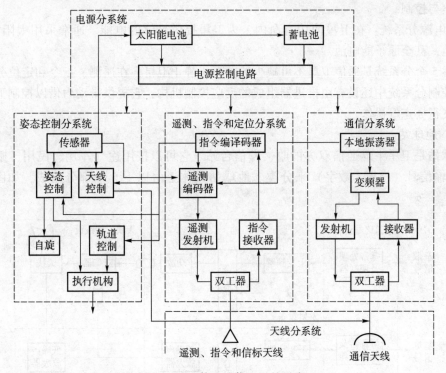

图5-41 静止通信卫星的组成

1）天线分系统：它的主要功能是定向发射与接收无线电信号。卫星天线有两种：一种是遥测、指令和信标天线，它一般是全向天线，用来为卫星遥测、指令和定位分系统提供一条信号联络通路，以便与姿态控制分系统相连接，提供信标跟踪信号，使天线精确地指向地球上的覆盖区域；另一种是通信天线，它是地面上许多地球站与卫星上各个卫星分系统之间的接口，提供成形的下行和上行天线波束，在工作频段内发送和接收天线信号。通信天线的定向性按其波束覆盖区的大小可分为全球波束天线（波束宽度为17.4°）、点波束天线（波束宽度仅为几度）和赋形波束天线 3 种。卫星上的天线，除对波束覆盖区的形状、面积有一定的要求外，还应在下列方面提供一定的技术保证：一定的指向精度；足够的宽度；必要的星上转接功能；适当的极化方式；必要的消旋措施；必要的极化和波束间的隔离措施等。

2）通信分系统：简称转发器，其功能是接收、处理并重发信号。转发器应以最小附加噪声和失真并以足够的带宽和输出功率为各地球站有效而可靠地转发信号。转发器通常分透明型和处理型两种。透明型转发器只单纯地完成信号转发任务，对信号未作任何处理，因此它的存在对任何信号都是"透明"的。透明型转发器的实现方案有一次变频和二次变频两种。前者一般用在容量大、频带宽的系统之中。处理型转发器除进行信号转发之外，还具有信号处理的功能，其中包括消除噪声积累、不同波束之间的信号交换、不同传输体制信号的变换及处理等。

3）遥测、指令和定位分系统：遥测部分对所有卫星分系统进行监测，并为控制卫星及各个分系统，需要连续地向地面控制中心发回应答信号，待地面确认后才正式执行指令。定位分系统用来定位从地面控制中心到卫星的距离，以准确测定转移和同步轨道。

4）姿态控制分系统：它用来对卫星的姿态、轨道位置、各分系统的工作状态等进行必要的调整与控制。

5）电源分系统：在卫星使用寿命内，为卫星提供足够的电能。通常采用太阳能电池、化学电池，甚至原子能电池。

上述 5 个分系统是通信卫星不可缺少的。对于静止卫星，在遥测、指令和定位分系统以及姿态控制分系统中还设有由推进器组成的反应控制机构，它提供推动力借以控制卫星飞行速度和飞行姿态等操作。

（2）地球站

地球站是卫星中继通信双方的收、发信台站。它可以按用途（军用、民用、搬运、移动）、传输信号（模拟、数字）来分类。地球站大体上由以下 6 个部分组成，如图 5 - 42 所示。

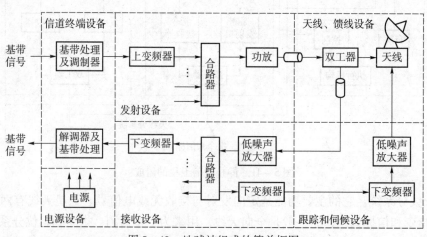

图 5 - 42　地球站组成的简单框图

1）天线、馈线设备：其基本功能是将发射设备送来的射频信号变成定向辐射的电磁波，并接收由卫星发来的电磁波，送往接收设备。通常，地球站的天线是收、发共用的，因此需要有双工器。双工器与发射设备和接收设备之间用馈线加以连接。由于卫星电波传播通路的传输损耗可高达200 dB左右，而且卫星又受体积和重量的限制，卫星天线的增益和发射功率都不可能做得很高。因此，对地球站天线的基本要求是高增益、低噪声、易调整。因卫星通信大都工作在微波频段，故地球站通常采用面天线，目前主要采用卡塞格伦天线。当地球站天线向卫星辐射的电磁波功率一定时，则提供地球站天线的增益就可以降低发射机的功率。但提高天线增益势必增大天线口径，这又会影响地球站的机动性，所以设计时需综合考虑各种因素。

2）发射设备：其主要任务是将已调制的中频信号（一般为70 MHz）变换为射频信号，再经功率放大器放大到一定的电平，通过馈线送往天线向卫星发射。功率放大器可以单载波工作，也可以多载波工作。当单个功率放大器输出功率不够时，可用几个小功率放大器功率合成的方案，这样既经济又提高系统的可靠性。功率放大器的输出功率可达数百瓦至数千瓦。

3）接收设备：它的主要任务是把天线收集的来自卫星的有用信号，经过低噪声放大器和下变频器变换为中频信号（70 MHz）再送往信道终端的解调器。由于接收设备输入端的信号极其微弱，同时为了减少接收设备内部噪声的影响，接收设备内必须使用低噪声放大器。此放大器一般安装在天线上，以减少馈线损耗的影响。

4）信道终端设备：发送端信道终端设备的任务是将用户送来的信息加以处理，变换为适合于所采用的卫星传输体制要求的信号形式。接收端信道终端设备的任务与发送端的相反，是将收到的信号经解调及处理恢复成原始信息。

5）跟踪和伺服设备：由于静止卫星并非绝对"静止"，它总是在呈小"8"字形的副轨道上漂移，要使波束很窄的卫星天线始终瞄准卫星，就必须有一套跟踪、伺服设备。跟踪卫星的方法分手动跟踪和自动跟踪两种。手动跟踪是间隔一定时间对天线进行人工定位；而自动跟踪则依靠跟踪设备连续接收卫星的信标信号，比较其接收误差，由伺服装置利用误差信号控制信号天线的方位角和仰角。采用自动跟踪可使天线的瞄准误差不超过$0.10° \sim 0.15°$波束宽度。

6）电源设备：其任务是不间断、稳定可靠地向地球站各设备供电。为此，一般采用多种供电方案，例如市电、自备电机、蓄电池等。另外，为了提高其可靠性，还应有备份措施。

3. 卫星通信的电波传播

正确选用卫星通信的工作频段是一个很重要的问题，因为它直接影响到整个卫星通信系统的通信容量、传输容量、可靠性、设备的复杂程度和建站投资。此外，还会影响其他通信系统的正常运行。一般说来，选用卫星通信的工作频段必须考虑下列因素：

1）电波应能穿越电离层，而且尽可能减少传播损耗和外加噪声。

2）应有较宽的频带，以便增大通信容量。

3）尽量避免和其他通信业务间的干扰。

4）充分利用现代通信与电子技术。

综合上述各种考虑，应将卫星通信的工作频段选择在电波能穿越电离层的特高频或微波频段。1992年世界无线电行政会议规定，固定卫星业务常用以下3个频段。

①C频段。

上行：5 925 ~ 6 425 MHz，带宽500 MHz；

下行：3 700 ~ 4 200 MHz，带宽 500 MHz。

但从 1994 年起，为扩展卫星固定通信业务使用的频谱，其频谱调整为：

上行 1 区：5 725 ~ 7 075 MHz，带宽 1 350 MHz；2、3 区：5 850 ~ 7 075 MHz，带宽 1 225 MHz。

下行 1 ~ 3 区：3 400 ~ 4 200 MHz，4 500 ~ 4 800 MHz，带宽合计为 1 100 MHz。

②Ku 频段。

上行 1 ~ 3 区：13.75 ~ 14.00 GHz，带宽 250 MHz；14.00 ~ 14.25 GHz，带宽 250 MHz；14.25 ~ 14.50 GHz，带宽 250 MHz。

下行 1 ~ 3 区：10.95 ~ 11.20 GHz，带宽 250 MHz；11.45 ~ 11.70 GHz，带宽 250 MHz；12.50 ~ 12.75 GHz，带宽 250 MHz。

③Ka 频段。

上行：29.50 ~ 30.00 GHz，带宽 500 MHz；

下行：19.70 ~ 20.20 GHz，带宽 500 MHz。

目前应用较多的是 C 频段。一般将使用频段带宽（如 500 MHz）分为 3 MHz 的转发器频带，因此一个卫星可含 12 个或更多的转发器，实现多信道卫星通信。

4. 卫星通信的电波传播特点

在目前卫星通信使用的工作频段上，其电波传播有下列特点。

（1）传输时延长

由于卫星离地面高度为 35 768 ~ 41 755 km，因此从一个地球站到另一个地球站的电波传播距离为 71 536 ~ 83 510 km。单程传播需 238 ~ 278 ms，往返则需 476 ~ 556 ms。可见传播时延长是卫星通信的一个突出问题，必须给予足够重视。

（2）传播损耗大

由于卫星通信的电波主要是在大气层以外的自由空间中传播的，因而其传播损耗可按 $L_s(dB) = 32.4 + 20\lg d + 20\lg f$（其中的 d 的单位是 km，发射频率 f 的单位是 MHz）计算，并在此基础上，再把大气层的损耗和其他损耗考虑在内。例如，当取 $d = 40\ 000$ km，$f = 4 ~ 6$ GHz 时，则自由空间的传播损耗达 200 dB 左右，足见传播损耗之大。因为自由空间的传播损耗比大气层的损耗大得多，这就意味着卫星通信的电波传播是稳定的，所以人们常把卫星信道看作是恒参信道。

（3）大气层的影响

由于电波终究要穿越大气层，因此它要受大气层中自由电子和离子的吸收，受到对流层中氧分子和水蒸气分子以及云、雾、雨、雪等的吸收与散射，从而引起损耗。这种损耗与电波频率、波束仰角以及气候条件有密切关系。

（4）面覆盖式的传播

卫星信道是"面覆盖"式信道。当采用全球波束天线时，可覆盖三分之一的地球表面。即使采用点波束天线，也可覆盖相当大的地域。由于覆盖面积大，就便于在大区域内实现多址通信和移动通信。卫星通信的广播工作方式也有利于构成卫星通信网，实现全网控制和进行闭环测试。

5. 卫星通信组网技术

卫星通信组网技术主要有多址连接及信道分配技术。

所谓信道分配技术，是指使用信道时的信道分配方法，具体地说，一种是把线路预先分配给指定的地球站的预分配方式；另一种是按地球站的需要（或申请）分配线路的按需分配方式。通常要在卫星转发器上单独规定一个信道作为专用的公用通信信道，以便地球站进行申请、分配信道时使用。

目前使用的多址当时主要有频分多址（FDMA）、时分多址（TDMA）、空分多址（SDMA）和码分多址（CDMA）等方式。

（1）FDMA方式

FDMA方式根据多路复用和调制方式的不同，分成以下几种方式。

1）FDM/FM/FDMA方式：这种方式是先把需要传送的电话信号进行频分多路复用处理（FDM）；再对载波进行调制（FM）；然后按照载波频率的不同来区分是哪个地球站址，即FDMA。FDM/FM/FDMA方式适用于通信业务量较大的地球站。

2）SCPC/FDMA方式：单话路单载波（SCPC）方式的含义是每一个话路使用一个载波。这样，SCPC方式可以采用语音开关（语音激活）技术，即有语音时才发射载波，没有语音时载波消失。这种多址方式中的调制方法可以是PCM/PSK（即用各个电话话路的音频信号分别经过PCM后，再对不同载波进行PSK调制）或增量调制（ΔM）/PSK，也可以是简单的FM。SCPC方式适用于通信地球站址数较多、各地球站的通信容量较小、总通信业务量不太繁忙的卫星通信系统。SCPC方式是预分配的，若采用按需分配时称为"SCPC—PCM—多址—按需分配—设备"（SPADE）方式。

3）PCM/TDM/PSK/FDMA方式：这种多址方式是先把语音信号进行PCM；再经时分多路复用（TDM）；然后对载波进行PSK；最后根据载波频率的不同来区分地球站址，即FDMA。

以上所讲的FDMA方式的最大优点是建立通信线路较为方便，它的主要缺点是存在交调干扰。克服交调干扰的最根本的方法是不采用FDMA方式，而采用TDMA方式。

（2）TDMA方式

采用TDMA时，将卫星转发器的工作时间分割成若干互不重叠的时隙，分配给各地球站，各地球站可以使用相同的载波频率在所分配的时隙内发送信号。通常，在卫星通信系统中取帧长 $T_s = 125\ \mu s$（对应于抽样频率为8 kHz）或125 μs的整数倍。TDMA方式的帧结构主要由同步分帧和数据分帧两部分组成。同步分帧又称为基准分帧，是系统同步的基准，由系统中指定的基准站发出，系统中所有分帧的定时都以它为基准。数据分帧用来传送用户的信息，由系统中要进行通信的各地球站发出。

（3）SDMA方式

SDMA方式是指在卫星上安装多个天线，这些天线的波束分别指向地球表面上的不同区域。不同区域的地球站所发射的电波在空间不会互相重叠；即使在同一时间，不同区域的地球站使用相同的频率来工作，它们之间也不会形成干扰。这种方式要求天线波束的指向非常准确。典型的SDMA方式为SDMA/SS/TDMA（空分多址/卫星转换/时分多址）。为了保证SDMA方式的系统能正常工作，必须进行精确的同步控制。

（4）CDMA方式

CDMA方式是将不同的地球站采用同一频率和同一时段，但各站被分配不同的伪随机码（相当于识别码），接收端以这种识别码作为区分和选择信号的依据。由于在原发送信号中叠加了类似的伪随机码，使信号频谱大大展宽，因此，CDMA 方式抗干扰性能优越，适用于要求保密性强的卫星通信系统。

 学完本节内容后请完成附录 C 中的任务单 5.3。

本章小结

用基带数字信号控制高频载波，把基带数字信号变换为频带数字信号的过程称为数字调制。将已调信号通过信道传输到接收端，在接收端通过解调器把频带数字信号还原成基带数字信号，这种数字信号的反变换称为数字解调。把包括调制和解调过程的传输系统叫作数字信号的频带传输系统。

数字调制可分为二进制调制和多进制调制，其基本方式有振幅键控（ASK）、频移键控（FSK）、相移键控（PSK）。振幅键控是最早应用的数字调制方式，它是一种调制系统。其特点是设备简单、频带利用率较高；缺点是抗噪声性能差，而且它的最佳判决门限与接收机输入信号的振幅有关，因而不易使抽样判决其工作在最佳状态。但是随着电路、滤波和均衡技术的发展，应高速度数据传输的需求，多电平调制技术的应用越来越受到人们的重视。

频移键控是数字通信中的一种重要调制方式。其优点是抗干扰能力强；缺点是占用的频带宽，尤其是多进制调频系统，频带利用率很低。目前主要应用于中低速的数据传输系统中。

相移键控分为绝对相移键控和相对相移键控两种。绝对相移键控信号在解调时有相位模糊的缺点，因而在实际中很少采用，但绝对相移是相对相移的基础。相对调相信号不存在相位模糊的问题，因为它是依靠前后两个接收码元信号的相位差来恢复数字信号的。相对相移的实现通常是先进行码变换，即绝对码转换成相对码，然后对相对码进行相移；相对相移信号的解调过程是进行相反的变换，即先进行相对相移解调，然后再进行码的反变换，即相对码转换为绝对码，最后恢复出原始信号。相移键控抗干扰能力比振幅键控和频移键控都强，因此在中、高速数据传输中得到了广泛应用。

除了以上的基本调制外，常用改进型数字调制方式有正交振幅调制（QAM）、最小频移键控（MSK）、高斯滤波最小频移键控（QMSK）等调制方法。

光纤数字通信、数字微波通信和数字卫星通信 3 个信号传输系统都是相当复杂的数字信号频带传输系统。

光纤是光导纤维的简称，是一种依据光的全反射原理而制成的传导光信号的新型传输线。它主要由高纯度的 SiO_2（石英玻璃）或塑料构成。光纤通信就是以光波为载频、以光纤为传输介质的一种通信方式。它具有传输损耗小、传输频带宽、不受电磁干扰等优点，因此，光纤通常被用作长距离、大容量的信息传递。

数字微波传输系统是利用微波频段（波长 1 m ~ 1 nm 或频率 300 MHz ~ 300 GHz）的电磁波在对流层的视距范围内进行信息传输的一种通信方式，所以称为"微波"传输系统。由于微波通信具有多路复用、射频工作（频率范围为 1 ~ 20 GHz）和中继接力（中继距离为

40~60 km）等基本工作特点，故又有"微波多路通信"或"微波中继通信"之称。

卫星通信是在地面微波中继通信和空间技术的基础上发展起来的一种新的通信方式，是利用人造地球卫星作为中继站，实现地球上两个或多个地区站之间的通信，所以它又称为卫星中继通信。一个完整的卫星通信系统应包括通信卫星、地球站群和控制中心。它具有覆盖区域大、距离远、具有多址连接能力、频带宽、容量大、机动灵活、稳定可靠和建站费用与距离无关等特点。

闯关游戏五

星座图大比拼

QAM 发射的信号集可以用星座图方便地表示，星座图上每一个星座点对应发射信号集中的那一点。

星座点经常采用水平和垂直方向等间距的正方网格配置，当然也有其他的配置方式。数字通信中数据常采用二进制数表示，这种情况下星座点的个数一般是 2 的幂。星座点数越多，每个符号能传输的信息量就越大。但是，如果在星座图的平均能量保持不变的情况下增加星座点，会使星座点之间的距离变小，进而导致误码率上升。因此高阶星座图的可靠性比低阶要差。

采用 QAM 调制技术，信道带宽至少要等于码元速率，为了定时恢复，还需要另外的带宽，一般要增加15%左右。

下图是 256QAM 的星座图，请你画一画 64QAM 星座图，并分析 256QAM 比 64QAM 速率提高多少？

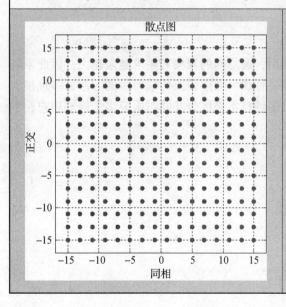

第6章
信道复用与多址接入技术

 **本章节重难点：**

> 信道复用技术的类型及原理
> 多址技术的类型及原理
> 多址技术在移动通信领域的应用

随着通信技术的发展和通信系统的广泛应用，通信网的规模和需求越来越大，因此系统容量就成为一个非常重要的问题。复用技术是一种加大通信线路传输容量的方法，多址接入技术是无线物理层的核心技术之一，基站通过多址技术来区分并同时服务多个终端用户，本章主要研究内容是信道复用和多址接入技术。

本章知识体系思维导图：

- **第6章 知识体系**
  - **了解任务单6.2 — 多址接入技术**
    - 多址的基本原理
    - 频分多址（FDMA）技术
      - FDMA原理
      - FDMA应用
      - 完成任务单6.2中的1题
    - 时分多址（TDMA）技术
      - TDMA原理
      - TDMA应用
      - 完成任务单6.2中的2题、4题
    - 码分多址（CDMA）技术
      - CDMA原理
      - CDMA应用
      - 完成任务单6.2中的3题、5题、7题
    - 空分多址（SDMA）技术
      - SDMA原理
      - SDMA应用
      - 完成任务单6.2中的6题
    - 随机多址技术——完成任务单6.2中的8题
    - 面向5G的新型多址技术
      - 非正交多址接入（NOMA）
      - 基于复数多元码及增强加密叠加编码的多用户共享接入（MUSA）
      - 稀疏码分多址接入（SCMA）
      - 图样分割多址接入（PDMA）
      - 完成任务单6.2中的9题、10题
  - **了解任务单6.1 — 信道复用**
    - 频分复用FDM
      - 概念
      - 频分多路系统框图
      - 频分复用带宽分析
      - 正交频分复用OFDM
        - 原理
        - 带宽
        - 优点
      - 仿真实验16 频分复用系统设计
      - 完成任务单6.1中的6题
    - 时分复用TDM
      - 时分复用的概念
      - PCM30/32路系统帧结构
      - 完成任务单6.1中的1题、4题
      - 完成任务单6.1中的2题、7题、8题、9题、10题
    - 码分复用CDM——完成任务单6.1中的3题
    - 波分复用WDM——完成任务单6.1中的5题
    - 光时分复用OTDM
    - 光码分复用OCDM

6.1 信道复用

所谓信道复用是指在同一链路上传输多路信号而互不干扰的一种技术。最常用的信道复用方式有无线信道中的频分复用（FDM）、时分复用（TDM）和码分复用（CDM），以及光纤信道中的波分复用（WDM）、光时分复用（OTDM）和光码分复用（OCDM）。

6.1.1 频分复用（FDM）

1. 频分复用的概念

频分复用（Frequency Division Multiplexing, FDM）就是在发送端利用不同频率的载波将多路信号的频谱调制到不同的频段，以实现多路复用。频分复用的多路信号在频率上不会重叠，合并在一起通过一条信道传输，到达接收端后，可以通过中心频率不同的带通滤波器将它们分离开来，解调还原出基带信号。

图 6-1 所示为频分多路系统的组成方框图。由图可见，复用信号共有 n 路，每路信号首先通过低通滤波器，以限制每路信号的最高频率 f_m。为简单起见，这里假定各路的 f_m 都相等。例如，音频信号的最高频率均设为 3 400 Hz。然后各路信号通过载波频率不同的调制器。调制方式可以任意选择，但最常用的是单边带调制。这里的调制器由相乘器和边带滤波器构成。在选择载频时，应考虑边带频谱的宽度。

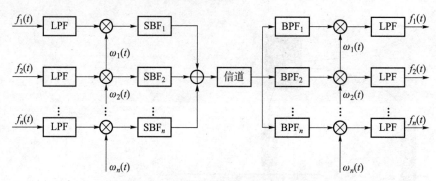

图 6-1 频分多路系统的组成方框图

同时，为了防止邻路信号之间相互干扰，还应留有一定的保护频带 f_g，所以经单边带调制后的各路信号在频谱位置上已被分离开。因此，可以通过加法器将它们合并在一个信道内传输。所以复用后 n 路信号的带宽为：

$$W_{SSB} = N(\omega_m + \omega_g) - \omega_g = (N-1)\omega_s + \omega_m \qquad (6-1)$$

式中，ω_m 为一路信号的带宽；ω_g 为相邻信号间的保护频带；$\omega_s = \omega_m + \omega_g$。

若采用双边带调制，则带宽为：

$$W_{DSB} = N(2\omega_m + \omega_g) - \omega_g \qquad (6-2)$$

频分复用的主要缺点是设备庞大复杂，成本较高，还会因为滤波器件特性不够理想和信道内存在非线性而出现链路间干扰，故近年来已经逐步被更先进的时分复用技术所取代，在此不再对它做详细介绍。不过在电视广播中图像信号和声音信号的复用、立体声广播中左右声道信号的复用，仍然采用频分复用技术。

2. 正交频分复用（OFDM）

正交频分复用（Orthogonal Frequency Division Multiplexing，OFDM）是一种多载波调制方式，它可以被看作是一种调制技术，也可以被看作是一种复用技术。OFDM 的原理框图如图 6-2 所示，其基本思想是把高速率的信源信息流通过串/并转换，转换成低速率的 N 路并行数据流，然后用 N 个相互正交的载波进行调制，将 N 路调制后的信号相加即得到 OFDM 发射信号。图 6-2 中，f_1 代表最低子载波频率，$f_N = f_1 + N\Delta f$，Δf 为载波间隔，RF 代表射频。

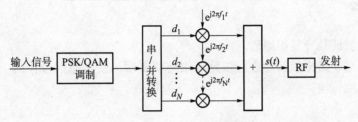

图 6-2　OFDM 原理框图

所谓子载波之间的正交性是指一个 OFDM 符号周期内的每个子载波都相差整数倍个周期，而且各个相邻子载波之间相差一个周期，正是由于子载波的这一特点，所以它们之间是正交的。

OFDM 技术有以下优点：

①高速率数据流通过串/并转换，使得每个子载波上的数据符号持续长度相对增加，从而有效地减少因无线信道的时间弥散所带来的符号间干扰，同时可以采用频域均衡技术减少接收机内均衡的复杂度。

②传统的频分多路传输方法是将频带分为若干个不相交的子频带来并行传输数据流，各个子信道之间要保留足够的保护频带，而 OFDM 系统由于各个子载波之间存在正交性，允许子信道的频谱相互重叠，因此与常规的频分复用（FDM）系统相比，OFDM 系统可以最大限度地利用频谱资源，提高了频谱利用率，如图 6-3 所示。

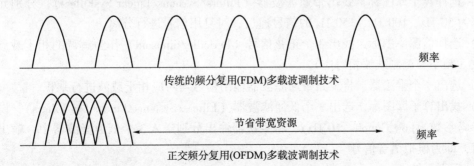

图 6-3　FDM 与 OFDM 频谱利用率的比较

③各个子信道的正交调制和解调可以通过离散傅里叶逆变换（Inverse Discrete Fourier Transform，IDFT）和离散傅里叶变换（Discrete Fourier Transform，DFT）的方法来实现，在子载波数很大的系统中，可以通过快速傅里叶变换（Fast Fourier Transform，FFT）来实现，

而随着大规模集成电路技术与数字信号处理技术（Digital Signal Processing, DSP）的发展，快速傅里叶逆变换（Inverse Fast Fourier Transform, IFFT）和快速傅里叶变换（FFT）都是非常容易实现的。

正是由于 OFDM 具有极高的频谱利用率和优良的抗多径干扰能力，因此目前被广泛地应用于高速数字用户线（HDSL）、非对称数字用户线（ADSL）、数字音频广播（DAB）、高清晰度电视（HDTV）、无线局域网（WLAN）以及4G 蜂窝通信网（LTE）中。

仿真实验16　频分复用系统设计

仿真实验 16
频分复用
系统设计

设计目的：验证频分复用原理。

设计内容：对 3 路相似信号进行频分复用与解复用，使 3 路信号在同一信道中互不干扰地传输。

设计步骤：

（1）复用

1）设置系统时钟（参考抽样点数为 512，抽样频率为 500 Hz）。

2）找出信源库图标，选出 3 个高斯噪声（Noise/PN/PN Seq）。

3）找出算子库图标，选出 3 个低通滤波器（Filters/Systems/Linear Sys Filters，参考参数，Low Cuttoff：10 Hz），对步骤2）中的高斯噪声滤波，模拟随机语音信号。

4）选择信源库图标，找出 3 个正弦信号（Periodic/Sinusoid）作为调制载波，设置参数（参考频率：分别为 50 Hz、100 Hz、150 Hz）。

5）选出 3 个乘法器，分别对 3 路语音信号与载波信号相乘，对各路信号进行频谱的搬移。

6）找出加法器，将步骤5）的 3 路输出进行叠加，输出即 3 路信号频分复用后的波形。

7）在滤波器输出处及加法器输出处设置观察窗。

（2）解复用（即复用信号的分离）

1）选择算子库图标，找出带通滤波器（Filters/Systems/Linear SysFilters），分别允许中心频率为 50 Hz、100 Hz、150 Hz 的信号通过，对复用信号进行分离。

2）选择信源库图标，找出 3 个正弦信号（Periodic/Sinusoid）作为解调的相干载波，设置参数（频率与调制载波相对应）。

3）选出 3 个乘法器，将 3 路带通滤波器输出信号与对应相干载波进行乘积。

4）找出算子库图标，选出 3 个低通滤波器（Filters/Systems/Linear Sys Filters），设置参数（参考参数，Low Cuttoff：10 Hz），将乘法器输出分别送入 3 个低通滤波器中，输出送入观察窗，即为模拟语音信号。

5）运行系统。

问题：

1）改变调制载波频率，分析 3 路相似语音信号进行复用的最小带宽。

2）设计一个频率分别为 20 Hz 的模拟信号和数字信号进行频分复用的系统。

参考设计如图6-4所示。

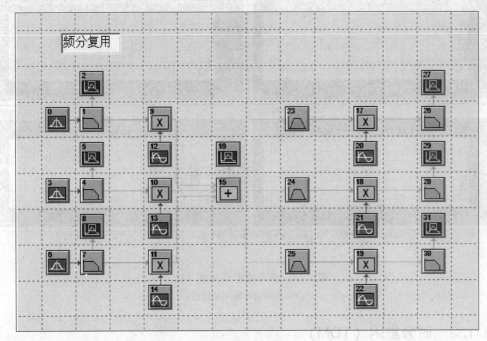

图6-4 设计窗

参考波形及频谱如图6-5所示。

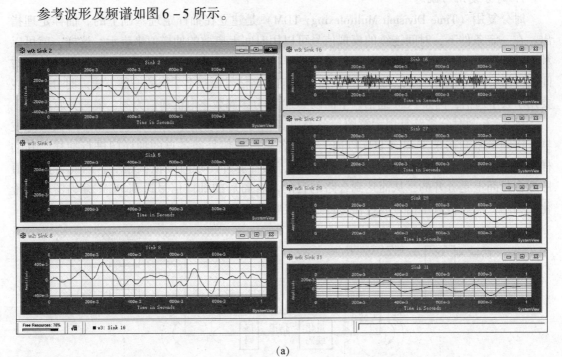

(a)

图6-5 参考波形及频谱

(a) 3路语音信号复用波形

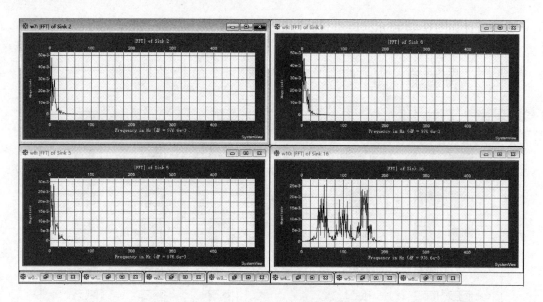

(b)

图6-5　参考波形及频谱（续）

（b）3 路信号复用的频谱

6.1.2　时分复用（TDM）

1．时分复用的概念

时分复用（Time Division Multiplexing，TDM）是建立在抽样定理基础上的。抽样定理指出：在一定条件下，时间连续的模拟信号可以用时间上离散的抽样值来表示。这样，就可以利用抽样信号的时间间隔传输其他信号的抽样值。时分复用就是利用各路信号的抽样值在时间上占据不同的时隙，以实现在同一信道中传输多路信号而互不干扰的一种方法。时分复用主要用于数字通信，例如 PCM 通信。下面以 PCM 时分多路数字电话通信为例，说明其原理。

图6-6 为时分多路复用示意图。各路语音信号先经过截止频率为 3.4 kHz 的低通滤波器，将频带限制在 0.3～3.4 kHz 以内。然后各路语音信号经各自的抽样门进行抽样，其抽样频率为 8 kHz，则抽样间隔均为 $T = 125$ μs，抽样脉冲出现时刻依次错后，因此各路样值序列在时间上是分开的，从而达到合路的目的。合路后的抽样信号送到 PCM 编码器进行量化和编码，然后将数字信号通过信道传送到接收端。

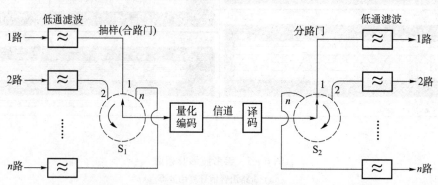

图6-6　时分多路复用示意图

在接收端，传送来的信号经译码后还原成合路抽样信号，再经过分路门把各路抽样信号区分开来，最后经过低通滤波器重建原始的语音信号。

要注意的是：为保证正常通信，收、发旋转开关 S_1、S_2 必须同频同相。同频是指 S_1、S_2 的旋转速率要完全相同，同相是指发送端旋转开关 S_1 连接第一路信号时，接收端旋转开关 S_2 也必须连接第一路，否则接收端将收不到本路信号，为此要求收发双方必须保持严格的同步。

图 6-6 中，抽样时各路每轮一次的时间称为一帧，长度记为 T，一帧中相邻两路样值脉冲之间的时间间隔称为路时隙 T_a，如复用路数为 n，则 $T_a = T/n$。反映帧长、时隙、码位的位置关系时间图就称为帧结构。

2. PCM30/32 路系统的帧结构

时分多路 PCM 系统有各种各样的应用，最重要的一种是 PCM 电话系统。对于多路数字电话系统，有两种标准化制式，即 PCM30/32（A 律压缩特性）制式和 PCM24 路（μ 律压缩特性）制式，并规定国际通信时，以 A 律压缩特性为准，即以 PCM30/32 路制式为准。凡是两种制式的转换，其设备接口均由采用 μ 律压缩特性的国家负责解决。通常称 PCM30/32 路和 PCM24 路时分多路系统为 PCM 基群，即一次群。北美和日本采用 PCM24，中国和欧洲采用 PCM30/32 路制式，其帧和复帧结构如图 6-7 所示。

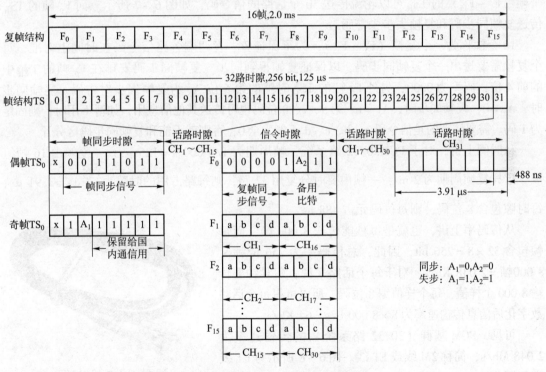

图 6-7　PCM30/32 路帧和复帧结构

从图 6-7 中可以看出，在 PCM30/32 路的制式中，由于抽样频率为 8 000 Hz，因此抽样周期（即 PCM30/32 路的帧周期）为 1/8 000 s = 125 μs；每一帧内包含 32 个话路时隙（每个时隙对应一个样值，一个样值编 8 位码），包括以下几个方面。

（1）30 个话路时隙：$TS_1 \sim TS_{15}$，$TS_{17} \sim TS_{31}$。

$TS_1 \sim TS_{15}$ 分别传输第 1~15 路（$CH_1 \sim CH_{15}$）语音信号，$TS_{17} \sim TS_{31}$ 分别传输第 16~31

路（$CH_{17} \sim CH_{31}$）语音信号。在话路时隙中，第1位为极性码，第2~4位为段落码，第5~8位为段内码。

（2）帧同步时隙：TS_0

为了在接收端正确地识别每帧的开始，以实现帧同步，偶数帧 TS_0 发送帧同步码0011011；偶数帧 TS_0 的8位码中第一位码保留给国际用，暂定为1，后7位为帧同步码。

奇数帧 TS_0 发送帧失步告警码。奇数帧 TS_0 的8位码中第1位保留给国际用，暂定为1，第2位固定为1，以便在接收端区分是偶数帧还是奇数帧。第3位码 A_1 为帧失步时向对端发送的告警码（简称为对告码）。当帧同步时，$A_1 = 0$；帧失步时，$A_1 = 1$，以便告诉对端，接收端已经出现帧失步，无法工作，其第4~8位码可供传送其他信息（如业务联络等）。这几位码未使用时，固定为1码。这样奇数帧 TS_0 时隙的码型为 $11A_111111$。

（3）信令时隙：TS_{16}

为了起各种控制作用，每一路语音信号都有相应的信令信号。由于信令信号频率很低，其抽样频率取 500 Hz，即其抽样周期为 $1/500$ s $= 125$ μs $\times 16 = 16 \, T_s$，而且只编4位码（称为信令码或标志信号码），所以对于每个话路的信令码，只要每隔16帧轮流传送一次就够了。将每一帧的 TS_{16} 传送两个话路信令码（前4位码为一路，后4位码为另一路），这样15个帧（$F_1 \sim F_{15}$）的 TS_{16} 可以轮流传送30个话路的信令码，如图6-7所示。而 F_0 帧的 TS_{16} 传送复帧同步码和复帧失步告警码。

16个帧称为一个复帧（$F_1 \sim F_{15}$），为了保证收、发两端各路信令码在时间上对准，每个复帧需要送出一个复帧同步码，以保证复帧得到同步。复帧同步码安排在 F_0 帧的 TS_{16} 中的前4位，码型为0000，另外 F_0 帧的 TS_{16} 时隙的第6位 A_2 为复帧失步对告码。复帧同步时，$A_2 = 0$；复帧失步时，$A_2 = 1$。第5、7、8位码也可传送其他信息用，如暂不用时，则固定为1码。需要注意的是信令码a、b、c、d不能为全0，否则就不能和复帧同步码区分开。

从时间上讲，对于PCM30/32路系统，帧周期为 $1/8\,000$ s $= 125$ μs；一复帧由16帧组成，这样复帧周期为 2 ms；一帧内要时分复用32路，则每路占用的时隙为 $\frac{125}{32}$ μs $= 3.91$ μs；每时隙包含8位码，则每位码元占 488 ns。

从传码率上讲，也就是每秒能传送 8 000 帧，而每帧包含 $32 \times 8 = 256$ bit，因此，总传码率为 256 b/帧 $\times$ 8 000帧 $= 2\,048$ Kb/s。对于每个话路来说，每秒钟要传输 8 000 个样值，每个样值编8位码，所以可得每个话路数字化后信息传输速率为 $8 \times 8\,000$ b/s $= 64$ Kb/s。

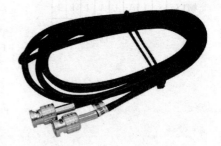

可见，PCM 基群（30/32 路系统）的传输速率为 2 048 Mb/s，简称2M 线或 E1 线。图6-8所示为E1 线实例图。

图6-8　E1 线实例图

6.1.3　码分复用（CDM）

码分复用（Code Division Multiplexing, CDM）通信系统是给每个用户分配一个唯一的正交码字作为该用户的地址码，对要传输的数据信息用该地址码进行编码，从而实现信道复用；在接收端，用与发送端相同的地址码进行译码，从而实现用户之间的通信。图6-9所

示为 N 路信号进行码分复用的原理框图。

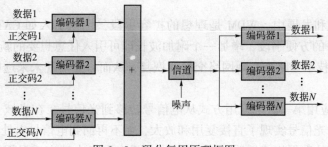

图 6-9　码分复用原理框图

6.1.4　波分复用（WDM）

在光纤中传一路波长信道时，其容量就比电缆要大得多，但如果能够在一根光纤中同时传输很多路波长信道，则通信传输容量还会大幅度增加。这种在一根光纤中传输多个波长信道的技术就是波分复用（Wavelength Division Multiplexing，WDM）技术。应用波分复用技术，大量不同的波长信道可以同时在一芯光纤中传输，使通信传输容量成倍或数十倍、数百倍地增长，用以满足日益增长的信息传输的需要。

WDM 技术就是为了充分利用单模光纤低损耗区带来的巨大带宽资源，根据每一信道光波的频率或波长不同将光纤的低损耗窗口划分成若干个信道，把光波作为信号的载波，在发送端采用波分复用器（合波器）将不同规定波长的信号光载波合并起来送入一根光纤进行传输。在接收端，再由一个波分复用器（分波器）将这些不同波长承载不同信号的光载波分开的复用方式。由于不同波长的光载波信号可以看作互相独立（不考虑光纤非线性时），从而在一根光纤中可实现多路光信号的复用传输，图 6-10 给出了波分复用系统的原理结构。

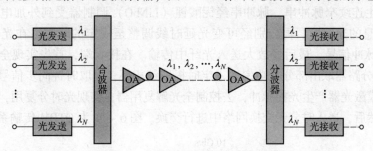

图 6-10　波分复用系统的原理结构

波分复用技术的特点如下：

①可以充分利用光纤的巨大带宽资源，使一根光纤的传输容量比单波长传输时增加几倍至几十倍。

②由于同一光纤中传输的信号波长彼此独立，因而可以传输特性完全不同的信号，完成各种电信业务信号的综合和分离，包括数字信号和模拟信号，以及准同步数字序列（Plesiochronous Digital Hierarchy，PDH）信号和同步数字序列（Synchronous Digital Hierarchy，SDH）信号的综合与分离。

③波分复用通道对数据格式是透明的，即与信号速率及电调制方式无关，一个 WDM 系统可以承载多种格式的"业务信号"，包括 ATM、IP 或者将来有可能出现的信号，而且

WDM 系统完成的是透明传输，对于"业务"层信号来说，WDM 的每个波长就像"虚拟"的光纤一样。

④在网络扩充和发展中，WDM 是理想的扩容手段，也是引入如 CATV、HDTV 和宽带 IP 等的宽带新业务的方便手段，增加一个附加波长即可引入任意想要的新业务或新容量。

⑤利用 WDM 技术选路来实现网络交换和恢复，从而可能实现未来透明的、具有高度生存性的光网络。

WDM 技术的应用第一次把复用方式从电信号转移到光信号，在光域上用波分复用的方式提高传输速率，光信号实现了直接复用和放大，而不再回到电信号上处理，并且各个波长彼此独立，对传输的数据格式透明。WDM 技术已经在网络中被广泛采用，是目前唯一成熟且付诸实施的超大容量光传输技术。因此，从某种意义上讲，WDM 技术的应用标志着光信息传输时代的真正到来。

6.1.5　光时分复用（OTDM）

光时分复用（Optical Time Division Multiplexing，OTDM）的原理和电时分复用相同，电时分复用由于受到电子速率极限的限制，速率不可能很高，于是人们自然想到了直接在光域上进行时分复用的方法。光时分复用是直接在光域上进行信道复用和解复用，电/光变换（E/O）和光/电变换（O/E）则在复用器之前和解复用器之后进行，从而避免了电子器件速率的限制。

光时分复用（OTDM）是通过比特交织过程来实现的，例如，分别对 N 路重复频率为 10 GHz 的高速窄脉冲序列进行调制，再分别加以延时，然后以交织或称为间插的方式将这 N 路被调制的序列重组成 $N \times 10$ Gb/s 的归零码光信号。其可能的实现方案是：在发送侧，各光网络单元（ONU）从光交换网络来的下行信号中提取发送定时，通过工作波长为 λ 的锁模激光器产生连续窄脉冲串，脉冲串经铌酸锂（LiNbO）调制器受到外加电信号调制，形成 N 路载有信息的光脉冲，再分别经可变光延时线调整至规定的时隙，在光功率分配器中复用成一路光脉冲信号，最后经放大送入光纤中传输。在接收端，首先实现全光解复用，即利用 1×2 光纤分路器取出部分光功率送入定时提取锁相环，提取时钟同步信号，并用此信号激励可调谐锁模激光器产生光控脉冲，去控制全光解复用器，实现光时分复用，从而获得 N 路光脉冲信号。然后，送入时分光交换网络中进行交换。图 6-11 为 OTDM 传输系统结构图。

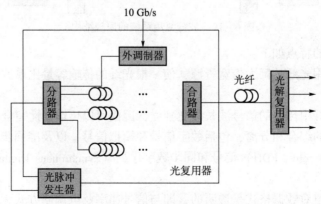

图 6-11　OTDM 传输系统结构图

OTDM 系统主要包括脉冲源、复用/解复用器、色散补偿模块、调制模块以及时钟同步模块。超短脉冲光源在时钟的控制下产生重复频率为时钟频率的超短光脉冲，该超短光脉冲经光纤放大器（EDFA）放大后分成 N 路，每路光脉冲由各支路信号单独调制，支路信号的频率和时钟源的频率相同。调制后的信号经过不同的时延后用合路器合并成一路信号，完成复用功能，即变成一路高速 OTDM 信号。假设支路信号的速率为 B，则复用后的 OTDM 信号速率为 $N \times B$，其中 B 可为任意速率的 SDH 信号。OTDM 信号经光纤传输到达接收端后首先进行时钟提取，提取的时钟作为控制信号送到解复用器解出各个支路信号，实现光时分解复用，再对各个支路信号单独接收或送入时分光交换网络中进行交换。

OTDM 技术利用超短脉冲及归零（RZ）码型，通过脉冲间插的方式把多个光数据信道映射到一个低速电时钟周期中去，在时域上把多路的低速光信号复用成高速光脉冲流，即 OTDM 信号。OTDM 信号经光纤传输后，由光解复用器恢复出各路低速支路信号。为了正确解复用出各路支路信号，需要对解复用器进行精确有效的同步，这是通过时钟提取来完成的。解复用后的各支路信号分别送到相应的光接收机处理。可以看出，虽然光纤中传输的是高速光信号，但在源发射端和接收端的信号为低速支路信号，这样就避开了电子瓶颈的限制。

OTDM 系统的关键技术主要包括高重复频率的超短脉冲光源技术、复用解复用技术、时钟提取技术、高速信号传输技术等。

光时分复用是光纤通信的发展方向之一，它具有以下特点：

①由于各 ONU 在不同时隙依次进入光功率分配器，并合成一路光信号，其信号按时间既紧凑又不重叠地排列着，与各 ONU 的输入信号相比，提高了传输速率。

②OTDM 系统采用的归零码完全适合于比特级的全光信号处理，从而使超高速帧头处理成为可能。

③光时分复用只利用一个光载波就可传送多路光脉冲信号，因此，可大幅度提高系统容量，如与 WDM 相结合，即利用多个光载波来实现时分多路光脉冲信号的传送，可成倍地提高系统容量。

④采用光时分复用技术比较容易实现信道的按需分配。

OTDM 仅利用一个波长就可以极大地提高单波长传输的容量，与 WDM 相比，OTDM 网络中的色散补偿和信号再生要简单得多；采用超短脉冲的 OTDM 技术特别适合于高速光数字信号处理。因此，在未来的全光网络中，OTDM 技术不仅仅是作为提高系统容量的一种手段，还将在未来全光网络的交换节点或路由器中扮演更重要的角色。

6.1.6 光码分复用（OCDM）

光码分复用（Optical Code Division Multiplexing, OCDM）是近年来兴起的另一种充分利用现有的光纤带宽资源的复用技术。在电通信领域，码分复用是一种扩频通信技术，在发送端将不同的用户信息采用相互正交的扩频码序列进行调制后再发送，在接收端采用相关解调来恢复原始数据。OCDM 与电 CDM 相比，无论是在适用范围、目的，还是在实现技术上都有显著的不同，同 WDM 和 OTDM 技术相比具有崭新的特点。由于这种伪随机地址码序列可以对光信号的任意信息进行标记来实现编/解码，如光振幅编/解码、光相位编/解码、光波长编/解码等，因此 OCDM 的实现方式是多种多样的，每一种编解码方式都要求不同的伪随机地址码序列的正交性。同 WDM 和 OTDM 相比，OCDM 并没有严格的系统容量定义，只是随着用户数的增加而系统性能不断降低，是一种干扰受限系统。

OCDM 典型系统框图如图 6-12 所示，大致的过程是首先给每个用户分配一个地址码，用来标记这个用户的身份。不同的用户有不同的地址码，并且它们相互正交或准正交。在发射端，要传输的数据信号首先采用适当的调制方式，转换成相应的光域上的信号，然后再经过一个编码器进行扩频处理，标记上这个用户的地址信息，成为伪随机信号。扩频信号（伪随机信号）通过光纤网络到达接收端之后，通过解码器进行解码（它是编码的逆过程）处理，恢复出期望的光信号，再经过光/电转换设备，得到电域上的数据信号。

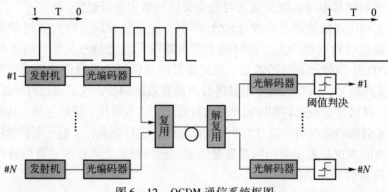

图 6-12　OCDM 通信系统框图

在发送端光信号首先经数据调制，成为光域上的 0、1 码，然后经过光编码器编码后发送到光纤信道传输。光纤信道可以是各种拓扑结构，目前研究比较多的是星形结构。

目前，限制 OCDM 技术实现的关键问题包括可获取的光编码数、光纤色散的影响和 OC-DM 的传输损失，以及不同波长的干扰码所产生的干扰测量噪声。

学完本节内容后请完成附录 C 中的任务单 6.1。

6.2　多址接入技术

6.2.1　多址的基本原理

在无线通信系统中是以信道来区分通信对象的，一个信道只容纳一个用户进行通话，许多同时通话的用户，可以共享无线媒体，用某种方式可区分不同的用户，这就是多址方式。在无线通信环境的电波覆盖区内，如何建立用户之间的无线信道的连接，是多址接入方式的问题。解决多址接入问题的方法叫作多址接入技术。

多址接入方式的数学基础是信号的正交分割原理。无线电信号可以表示为时间、频率和码型的函数，即可写作：

$$s(c,f,t) = c(t)s(f,t) \qquad (6-3)$$

式中，$c(t)$ 是码型函数；$s(f,t)$ 是时间 t 和频率 f 的函数。

当以传输信号的载波频率不同来区分信道建立多址接入时，称为频分多址（Frequency

Division Multiple Access，FDMA）方式；当以传输信号存在的时间不同来区分信道建立多址接入时，称为时分多址（Time Division Multiple Access，TDMA）方式；当以传输信号的码型不同来区分信道建立多址接入时，称为码分多址（Code Division Multiple Access，CDMA）方式。图 6-13 分别给出了 N 个信道的 FDMA、TDMA 和 CDMA 的示意图。

　　另外一种区别于上述 3 种多址方式的是空分多址（Space Division Multiple Access/Address，SDMA）方式，图 6-14 给出了 SDMA 的示意图。

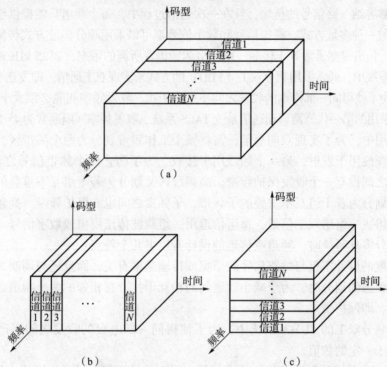

图 6-13　FDMA、TDMA 和 CDMA 示意图
(a) FDMA；(b) TDMA；(c) CDMA

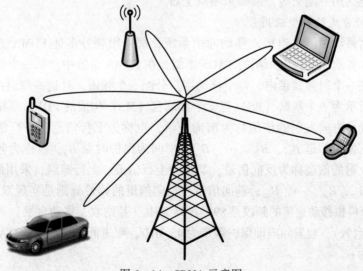

图 6-14　SDMA 示意图

目前在移动通信系统中应用的多址方式有：频分多址（FDMA）、时分多址（TDMA）、码分多址（CDMA）、空分多址（SDMA）、随机多址方式以及它们的混合应用方式等。

6.2.2　频分多址技术

1. 频分多址原理

频分多址技术是将给定的频谱资源划分成若干个等间隔的频道，这些频道互不重叠，每个频道的宽度能够容纳一路信号的传输，且在一次通信过程中，每个频道只能提供给一个用户进行发送或接收的一种多址方式。模拟信号和数字信号都可以采用频分多址方式传输。在模拟移动通信系统中，信道带宽通常等于传输一路模拟调频语音所需的带宽，如 25 kHz 或 30 kHz。在单纯的 FDMA 系统中，通常采用频分双工（FDD）的方式来实现双工通信，即发送频率和接收频率是不同的。为了使得同一部终端的收发之间不产生干扰，收发频率间隔必须大于一定的数值。例如，我国曾采用的第一代蜂窝移动通信系统 TACS 系统，收发频率间隔通常为 45 MHz。

在实际应用中，为了实现双向通信，需将整个工作频带划分为两个频带区，即高频段和低频段，一个频段用于发射，另一个频段用于接收。为了防止两个频带信号之间相互干扰，在两个频带区之间设有一个收发保护频带。高频段区又划分为若干组互不重叠的子频带，同样低频段区也划分为若干组互不重叠的子频带，子频带之间也有保护频带。高频段和低频段的对应子频带组成一组组双工信道，每组信道用一组载波传送模拟或数字信号。

在设计频分多址系统时，频道或信道的设计有以下几个特点：

①频道宽度的设计不仅与每路信号的带宽或传输速率有关，而且还与调制方式有关。

②在进行频道的划分时，为了减小频道间的相互干扰，在相邻的两个频道之间应留有一定的频率间隔，即保护带。

③在采用频分双工的 FDMA 系统中，为了使得同一部电台的收发之间不产生干扰，收发间隔必须大于一定的数值。

④由于 FDMA 系统每频道的传输速率较低，因而符号时间与时延扩展相比较大。

⑤在采用频分双工工作方式时，对于移动台，由于接收和发送是同时进行的，因此为了使得收发信机能共用一副天线，需要采用双工器。

2. 频分多址方式的典型应用

第一代蜂窝移动通信是模拟式移动通信系统，都采用频分多址 FDMA 方式，最典型的有北美的 AMPS 和欧洲及我国采用的 TACS 体制。在 FDMA 系统中，每一个移动用户分配有一个地址，即在一个射频频带内，每个移动用户分配一个频道，且这些频道在频域上互不重叠。图 6-15 所示为一个基站（BS）与 n 个移动台（MS）构成的 FDMA 系统。

基站向移动台方向发射的信道称为前向信道，也称为下行信道、下行链路，采用高频段，分别分配有发射频道 B_{u1}，B_{u2}，$\cdots$，B_{un}，中间为保护时隙 B_g，也称为频道间隔；移动台向基站方向发射的信道称为反向信道，又称为上行信道、上行链路，采用低频段，分别分配有发射频道 B_{d1}，B_{d2}，$\cdots$，B_{dn}。前向信道与反向信道的频带分割是实现双工通信的条件。例如我国的频分模拟移动通信的频段是 890～905 MHz（基站收，移动台发）和 935～950 MHz（基站发，移动台收），收发间隔即保护频带为 45 MHz，频道间隔 25 kHz。TACS 系统可以支持的信道数 n 为：

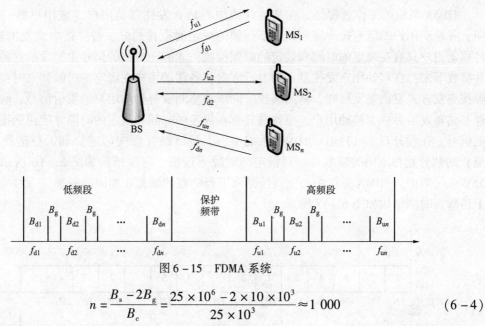

图 6 - 15　FDMA 系统

$$n = \frac{B_s - 2B_g}{B_c} = \frac{25 \times 10^6 - 2 \times 10 \times 10^3}{25 \times 10^3} \approx 1\ 000 \qquad (6-4)$$

式中，B_s 为 TACS 的可用频段带宽；B_c 为信道带宽。

利用频道和移动用户的一一对应关系，只要知道用户地址（频道号）即可实现选址通信。因此，FDMA 中的信道是以频道来表征的。而这种方式的通信系统则称为频分多址移动通信系统，在蜂窝移动通信系统中，由于频道资源有限，不可能每个用户独占一个固定的频道，为此，采用多频道共用的方式，即由基站通过信令给移动用户临时指配通信频道。为了便于移动用户实现多信道共用（即动态分配信道）以提高信道利用率，在蜂窝移动通信系统中，其信道的频率划分与频道构成是采用一个频道只传送一路语音信号的方式，即频分多址中的单路单载波工作方式。

FDMA 移动通信系统有以下主要技术特点：

①是以频率复用为基础的蜂窝结构。

②每个信道传送一路电话，带宽较窄。TACS 为 25 kHz，AMPS 为 30 kHz。

③以频带或频道的划分来构成宏小区、微小区、微微小区。

④由于 FDMA 蜂窝系统是以频道来分离用户地址的，所以它是频道受限和干扰受限的系统。

⑤无论是基站还是移动台，由于发射机与接收机同时工作，为了收、发隔离，必须采用双工器。

⑥FDMA 采用每载波（信道）单路方式，若一个基站有 30 个信道，则每个基站需要 30 套收、发信机设备，不能公用，因此共用设备成本高。

⑦与 TDMA 相比，连续传输开销小、效率高，同时无须复杂组帧与同步，无须信道均衡。

6.2.3　时分多址技术

1. 时分多址原理

时分多址（TDMA）是把时间分割成周期性的帧，每一帧再分割成若干个时隙（无论帧或时隙都是互不重叠的），而这些不同的帧和时隙在频率和空间上是相同的。一个时隙就是一个 TDMA 信道，然后根据一定的时隙分配原则，使每个用户只能在指定的时隙内发送。

TDMA 系统的工作过程是，在基站（或中心站）发往移动用户（或用户站）的下行方向，各移动用户的信号按一定规律在下行帧的规定时隙排列好，按广播形式发出连续脉冲，各移动用户只有在规定的时间和规定的时隙接收，才能在合路的信号中把发给它的信号区分并接收下来；在移动用户发往基站的上行方向，各移动用户在规定的时间到来时在规定的时隙按突发方式发出突发脉冲，基站编排、同步和监测所有移动用户的发射信号，解调接收或经基站转发给另一个移动用户。接收端只有在规定的时间和规定的时隙才能正确接收到自己的信号。在频分双工（FDD）TDMA 系统中，上行链路（反向信道）和下行链路（前向信道）的帧分别在不同的频率、一对指定的时隙上传输，时隙结构如图 6-16 所示；而在时分双工（TDD）TDMA 系统中，上行链路和下行链路的帧都在相同的频率、一对指定的时隙上传输，时隙结构如图 6-17 所示。

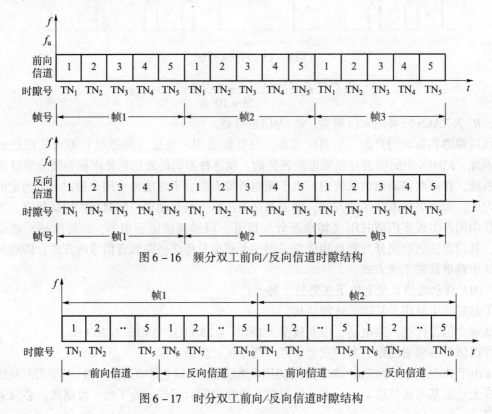

图 6-16　频分双工前向/反向信道时隙结构

图 6-17　时分双工前向/反向信道时隙结构

2. 时分多址方式的典型应用

第二代数字蜂窝移动通信系统中的 GSM 数字蜂窝移动通信系统采用的是 TDMA 方式。在 TDMA 系统中，为了进行系统的同步、控制和监视，除基本时帧单元 TDMA 帧外，还有复帧、控制帧和超帧，其结构及功能根据实际的系统而定。GSM 系统帧结构共分为 5 个层次：时隙、TDMA 帧、复帧、超帧和特超帧，各种帧及时隙的格式如图 6-18 所示。它们的时帧结构及功能说明如下：

①在 GSM 系统中，最多可以 8 个用户共享一个载波，而用户之间采用不同时隙来传送自己的信号。GSM 一个 TDMA 帧的结构如图 6-19 所示。每一个 TDMA 帧分为 0~7 共 8 个时隙，帧长度为 $120/26 \approx 4.615$ ms。每个时隙含有 156.25 个码元，占 $15/26 \approx 0.577$ ms。

TDMA 帧中的尾比特用于设置起始时间和结束时间，又称功率上升时间和拖尾时间；保护比特用于防止基站中的前后交叠现象，这种现象是由于不同的移动台按时隙突发的信号其传播时延不同而产生。

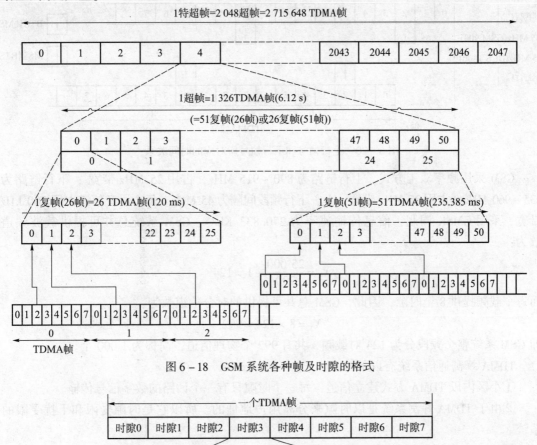

图 6 – 18　GSM 系统各种帧及时隙的格式

图 6 – 19　TDMA 帧结构图

②由若干个 TDMA 帧构成复帧，复帧有两种结构：一种复帧称为业务复帧，主要用于传输业务信息，它是由 26 帧组成的复帧，复帧长 120 ms；另一种复帧称为控制复帧，专用于传输控制信息，它是由 51 帧组成的复帧，复帧长 235.385 ms。

③由 51 个业务复帧或 26 个控制复帧均可组成一个超帧，超帧的周期为 1 326 个 TDMA 帧，超帧长为 $51 \times 26 \times 4.615 \times 10^{-3} \approx 6.12$ s。

④由 2 048 个超帧组成特超帧，特超帧的周期为 $2\,048 \times 1\,326 = 2\,715\,648$ 个 TDMA 帧，特超帧长为 12 533.76 s，也即 3 小时 28 分 53 秒 760 毫秒。帧的编号（F_N）以特超帧为周期，帧号从 0 到 2 715 647。

⑤GSM 系统上行传输所用的帧号和下行传输所用的帧号相同，但上行帧相对于下行帧来说，在时间上推后 3 个时隙，如图 6 – 20 所示，这样安排，允许移动台在这 3 个时隙的时间内进行帧调整以及对收发信机进行调谐和转换。

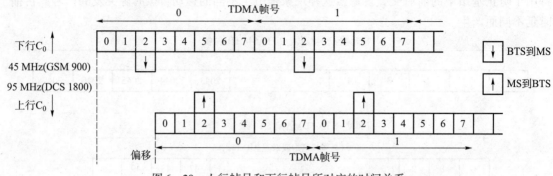

图 6 - 20   上行帧号和下行帧号所对应的时间关系

GSM 采用频率双工方式，上行链路为 890 ~ 915 MHz，占用 25 MHz 带宽；下行链路为 935 ~ 960 MHz，占用 25 MHz 带宽。上、下行频段间隔为 45 MHz。每个语音信道占用 200 kHz 带宽，采用 GMSK 调制，信息传输速率为 270.833 Kb/s。GSM 系统总共可提供载波频道数为：

$$N_1 = \frac{25\ 000}{200} - 1 = 124$$

而每个载频提供 8 个时隙，因此，GSM 总共可提供的时分信道数为：

$$N_2 = 8 \times 124 = 992$$

即 GSM 系统整个频段分为 124 对载频，共有 992 个物理信道，简称为 1 000 个。

TDMA 蜂窝通信系统有以下特点：

①小区内以 TDMA 方式建立信道，每一个时隙只有一个话路的数字信号传输。

②由于 TDMA 蜂窝系统是以时隙来分离用户地址的，所以它是时隙受限和干扰受限的系统。

③TDMA 系统需要严格的系统定时同步。

④对发射信号功率控制的要求不严格。

⑤由于移动台只在指配的时隙接收来自基站的信号，可在其他时隙中接收网络信息或接收来自相邻基站的信号，有利于网络管理和越区切换。

⑥GSM 的时隙结构灵活，不仅可以适应不同数据速率的数据传送，还可以利用时隙的空闲省去双工器。

6.2.4   码分多址技术

1. 码分多址原理

码分多址（CDMA）是指每个用户都分配有一个伪随机序列地址码，且这些地址码相互正交（或相关系数很小）。利用扩频通信技术，将各个用户的信号与各自的地址码一起传送以实现多址接入的通信方式。码分多址的地址不是如频分多址中不同的频率，也不是时分多址中不同的时隙，而是采用不同的代码。

CDMA 系统是基于码型划分信道的，从频域和时域来看，多个 CDMA 信号是互相重叠的。也就是说，在 CDMA 通信系统中，不同的用户传输信息所用的信号不是靠频率或时隙不同来区分的，而是用各自不同的编码序列来区分。这样，利用码型和用户的一一对应关系，只要知道用户地址码便可实现多址通信。系统的接收端必须有与发送端完全一致的本地地址码，接收机用相关器从多个 CDMA 信号中选出其中使用预定码型的信号，其他使用不同码型的信号因为与接收机产生的本地码型不同而不能被接收。常用的码分多址方式有直接序列扩频码分多址（Direct Sequence Spread Spectrum – Code Division Multiple Access，DS – CDMA）和跳频码分多址（Frequency Hopping – Code Division Multiple Access，FH – CDMA）。

（1）直接序列扩频码分多址（DS – CDMA）

在直接序列扩频码分多址系统中，所有用户工作在相同的中心频率上，并且可以同时发射。每个用户都有自己的地址码（扩频码），并且与其他用户的地址码字正交（或准正交）。为了使码分多址系统具有较大的扩频增益，通常地址码片速率比信息中的数据速率高很多。

直接序列扩频调制原理如图 6 – 21 所示，首先用户数据序列与该用户的地址码序列相乘得到宽带信号，不同的用户使用不同的地址码序列。然后经过载波调制到射频，不同的用户可以使用相同的载频。在接收端，采用该用户的地址码对接收信号进行相关解扩，恢复出用户数据信息。其他用户由于地址码不同而被认为是噪声。另外，在接收过程中，要求系统严格同步。直接序列扩频接收原理如图 6 – 22 所示。

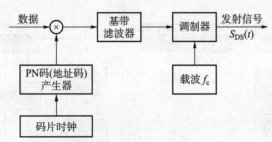

图 6 – 21　直接序列扩频调制原理图

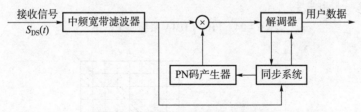

图 6 – 22　直接序列扩频接收原理图

（2）跳频码分多址（FH – CDMA）

跳频码分多址是在跳频（Frequency Hopping）通信的基础上发展起来的一种多址形式。在跳频码分多址系统中，首先将给定的频率范围像 FDMA 系统一样划分成许多频道，但每个用户的载波频率不是固定在一个频道上，而是随着时间的变化而不断变化的，变化的规律受到各自的地址码（伪随机序列码）的控制。图 6 – 23 给出了 FH – CDMA 多个用户占用频谱的示意图，其中每个用户根据自己的地址码，在特定的时间占用一个指定的窄带信道。每个用户的数字数据被分为大小一致的数据突发，并在不同的窄带信道上发射出去。任意一个发射突发的瞬时带宽都比整个扩展带宽小得多。

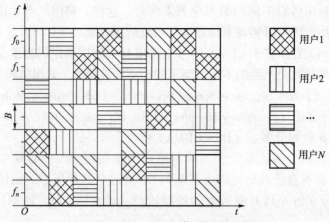

图 6 – 23　FH – CDMA 信道划分示意图

图 6 – 24 给出了一个 FH – CDMA 系统原理框图，图中频率合成器输出的频率受跳频码产生器控制。在时钟的作用下，跳频码产生器不断地发出控制指令，控制频率合成器不断地改变其输出载波的频率。跳频系统中载波频率变化的规律称为跳频图案。在接收端，只有本地跳频码产生器产生的跳频图案与发送端的跳频图案一致时，才能恢复出用户数据信息，如图 6 – 25 所示。

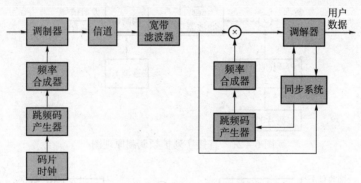

图 6 – 24　FH – CDMA 系统原理框图

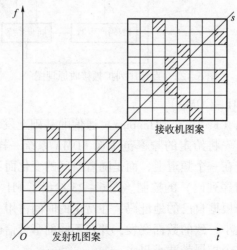

图 6 – 25　发送、接收跳频图案

2. 码分多址方式的典型应用

IS-95 第二代数字蜂窝移动通信系统是典型的码分多址系统，它是由美国 Qualcomm 公司开发的一个 CDMA 数字蜂窝移动通信系统标准。IS-95 标准的全称是"双模宽带扩频蜂窝系统的移动台-基站兼容标准"。IS-95 标准是一个空中接口（CAI）标准，只提出信令协议和数据结构的特点与限制，包括波形及数据序列的规定。表 6-1 给出了 IS-95 系统的主要技术参数。

表 6-1　IS-95 系统的主要技术参数

工作频段	824~849 MHz（反向链路） 869~894 MHz（前向链路）
载波间隔	1.25 MHz
双工方式	FDD
多址技术	CDMA
帧长度	20 ms
信道数	每一载频有 64 个码分多址信道
数据速率	1 200、2 400、4 800、9 600（b/s）
扩频码片速率	1.228 8 Mc/s
信道编码	卷积码，$r=1/3$，$K=9$（反向链路） $r=1/2$，$K=9$（前向链路）
扩频方式	直接序列扩频
调制方式	OQPSK（移动台） QPSK（基站）

在 IS-95 系统中，信道的区分是依靠码序列的不同，在基站至移动台的传输方向（前向链路）上，设置了导频信道、同步信道、寻呼信道和前向业务信道；在移动台到基站的传输方向（反向链路）上，设置了接入信道和反向业务信道。IS-95 系统逻辑信道如图 6-26 所示。

在 IS-95 中，一个前向链路（基站发送）共有 64 个信道，采用正交的 Walsh 序列来划分信道，在完全同步的情况下，64 个 Walsh 序列是完全正交的。CDMA 前向信道配置如图 6-27 所示，分别为导频信道、寻呼信道、同步信道和业务信道，各信道功能如图 6-27 所示。

前向链路的组成框图如图 6-28 所示，该图详细给出了信道的组成、信号的产生和信号的主要参数。图中单位 Mc/s 是指兆码片每秒。

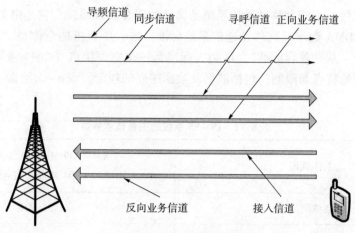

图 6 – 26　IS – 95 系统逻辑信道

图 6 – 27　CDMA 前向信道

反向信道的 PN 码是周期长度 $m = 2^{42} - 1$ 的 m 序列，采用 m 序列的不同相位来区分不同信道。反向信道配置如图 6 – 29 所示，分别为接入信道和业务信道。

反向信道中没有导频信道，所以基站在接收反向链路信号时，不能采用相干解调方式，反向链路的组成框图如图 6 – 30 所示。

CDMA 系统具有以下特点：

①CDMA 蜂窝系统是以码型来区分用户地址的，所以它是干扰受限系统。

②CDMA 蜂窝系统以扩频技术为基础，因而它具有扩频通信系统所固有的优点，如抗干扰、抗多径衰落和具有保密性等。

③可以充分利用人类对话的不连续性来实现语音激活技术，以提高系统的通信容量。

④系统具有较高容量，根据理论分析，CDMA 蜂窝移动通信系统与 FDMA 模拟蜂窝通信系统或 TDMA 数字蜂窝通信系统相比具有更大的通信容量。

⑤具有软容量特性，CDMA 系统的全部用户共享一个无线信道，用户信号 IDE 区分只是所用码型的不同。当蜂窝通信系统的负荷满载时，另外增加少量用户，只会引起语音质量轻微下降，或者说信干比稍微降低，而不会出现阻塞现象。系统的容量与用户数之间存在一种"软"的关系。可以说 CDMA 蜂窝通信系统具有"软容量特性"。

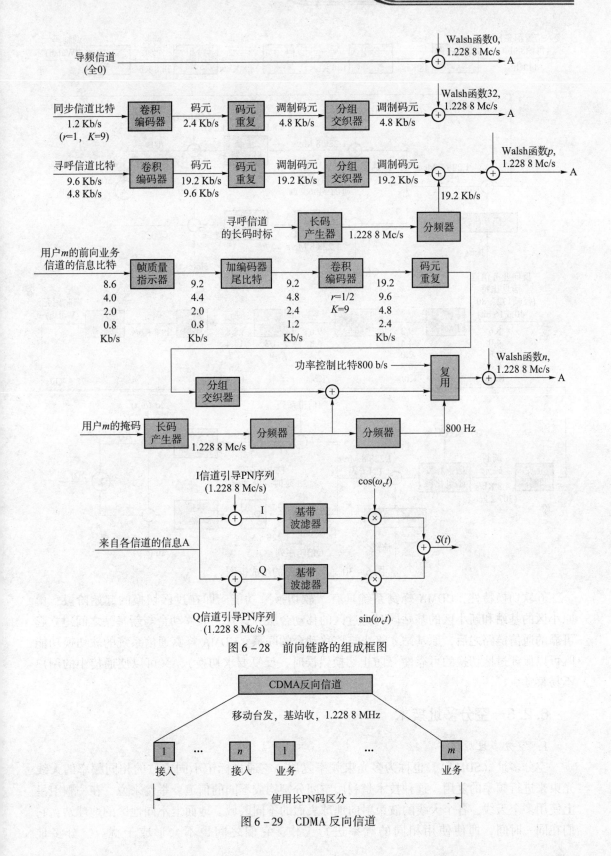

图 6–28　前向链路的组成框图

图 6–29　CDMA 反向信道

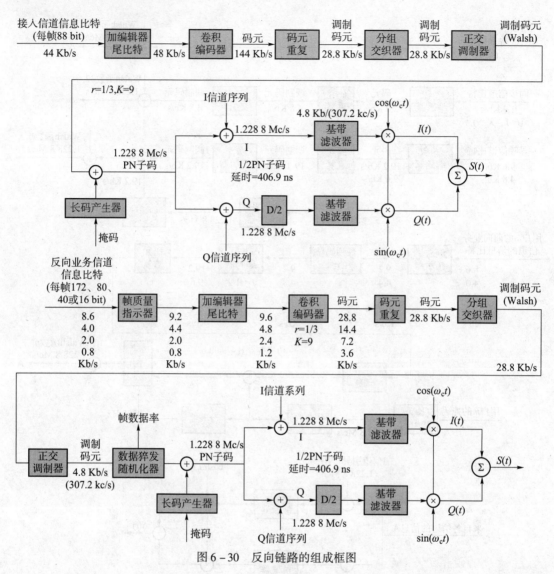

图 6-30 反向链路的组成框图

⑥软切换特性，CDMA 蜂窝系统具有"软切换"功能。即在过区切换的起始阶段，由原小区的基站和新小区的基站同时为过区的移动台服务，直到该移动台与新基站之间建立起可靠的通信链路之后，原基站才终止与该移动台的联系。CDMA 蜂窝通信系统的软切换功能既可以保证过区切换的可靠性（防止切换错误时，反复要求切换），又可以使通信中的用户不易察觉。

6.2.5 空分多址技术

1. 空分多址原理

空分多址（SDMA），也称为多光束频率复用。它通过标记不同方位的相同频率的天线光束来进行频率的复用。这种技术是利用空间分割构成不同的信道。举例来说，在一颗卫星上使用多个天线，各个天线的波束射向地球表面的不同区域。地面上不同地区的地球站，它们在同一时间，即使使用相同的频率进行工作，它们之间也不会形成干扰。空分多址

（SDMA）是一种信道增容的方式，可以实现频率的重复使用，充分利用频率资源。空分多址还可以和其他多址方式相互兼容，从而实现组合的多址技术，例如空分—码分多址（SD－CDMA）。

2．空分多址方式的典型应用

SDMA 系统可使系统容量成倍增加，使得系统在有限的频谱内可以支持更多的用户，从而成倍地提高频谱使用效率。SDMA 在中国第三代通行系统 TD－SCDMA 中引入，是智能天线技术的集中体现。该方式是将空间进行划分，以取得更多的地址，在相同时间间隙，在相同频率段内，在相同地址码情况下，根据信号在一空间内传播路径不同来区分不同的用户，故在有限的频率资源范围内，可以更高效地传递信号，在相同的时间间隙内，可以多路传输信号，也可以达到更高效率的传输；当然，引用这种方式传递信号，在同一时刻，由于接收信号是从不同的路径来的，可以大大降低信号间的相互干扰，从而达到了信号的高质量。

使用空分多址（SDMA）技术的基站主要有以下特点。

（1）形成多个波束

最简单的情况是基站的智能天线形成多个波束覆盖整个小区。例如，一个小区可由 3 个宽度为 120°的波束覆盖，或由 6 个宽度为 60°的波束覆盖。每个波束可当作一个独立的小区对待，当移动台（MS）离开一个波束覆盖区到另一个波束覆盖区时，也要进行切换。

（2）形成自适应波束

智能天线可用于定位每个 MS，并形成覆盖 MS 或 MS 群的波束，这样每个波束都可以看成一个同频小区，不断改变波束形状以便覆盖动态变化的业务量。当 MS 移动时，选用不同的波束覆盖不同的 MS 群，这对于控制 BS 发射功率有利。这个办法在 MS 结队移动或沿限定路线（如在高速公路上）移动时尤其有效。

（3）形成波束零点

智能天线在其阵列方向图上形成对准同频 MS 的波束零点，有助于减小收发两个方向上的同频干扰。

（4）构造动态小区

波束自适应形成的概念可推广至小区形状的动态改变，即小区形状不再固定，利用智能天线构造基于业务需求的动态小区，这要求智能天线具备定位和跟踪 MS 的能力，从而自适应地调整系统参数以满足业务要求，这表明使用智能天线可以改变小区边界，从而能随着业务需求的变化为每个小区分配一定数量的信道，即实现信道的动态分配。

应用 SDMA 的优势是明显的：它可以提高天线增益，使得功率控制更加合理有效，显著地提升系统容量；此外，一方面可以削弱来自外界的干扰，另一方面还可以降低对其他电子系统的干扰。如前所述，SDMA 实现的关键是智能天线技术，这也正是当前应用 SDMA 的难点。特别是对于移动用户，由于移动无线信道的复杂性，使得智能天线中关于多用户信号的动态捕获、识别与跟踪以及信道的辨识等算法极为复杂，从而对 DSP（数字信号处理）提出了极高的要求，对于当前的技术水平这还是个严峻的挑战。所以，虽然人们对于智能天线的研究已经取得了不少鼓舞人心的进展，但仍然由于存在上述一些在目前尚难以克服的问题而未得到广泛应用。但可以预见，由于 SDMA 的诸多诱人之处，SDMA 的推广是必然的。

6.2.6 随机多址技术

前面介绍的 FDMA、TDMA、CDMA 和 SDMA 方式对于语音和连续数据流业务来说能得到较高的信道利用率，但对于突发性较强的业务数据来说，这些多址方式的信道利用率则相对较低。数据业务包括按申请分配系统中的信道申请和分配、电子邮件、交互型数据传输和询问/应答数据传输等。比如，对于询问/应答类业务，发送一个询问信息通常只需几毫秒时间，在用户等待应答过程中，信道处于空闲状态；显然，对于这类突发性较强的业务数据来说，采用传统的多址方式是不合适的。为此提出了适合于数据业务传输的随机多址方式——ALOHA。

1. 纯 ALOHA（P – ALOHA）

P – ALOHA 方式是最早的随机多址方式，目前仍得到广泛应用。在此方式中，各发射端之间无须任何协调，可随时发射信号。如果由于碰撞造成分组丢失，则需经过随机时延后重发此丢失的分组。由于 P – ALOHA 方式对信号发射没有任何限制，对任一个分组来说，从其发送开始之前一个分组的时间起，到发送完该分组为止这段时间内，只要有其他站发送分组便会发生分组碰撞，称这段时间为该分组的受损间隔。其受损间隔应等于两个分组的长度。显然，分组成功发送的前提条件是在其受损间隔内其他站没有发送分组。

P – ALOHA 主要的优点是：实现简单，用户入网无须协调，业务量较小时具有很好的时延性能。主要缺点是：信道吞吐量低，信道存在不稳定性。由于存在分组碰撞，其吞吐量（定义为某段时间内成功地被接收的信息比特平均数与被发送的总比特数之比）较低，并且存在信道的不稳定性，即业务量大到一定程度后，由于发生分组碰撞的概率大大增加，信道吞吐量不但不能随业务量增加而增加，反而减小；其极限情况是信道充满重发分组，即信道利用率（定义为信道上有消息传输的时间与总可用时间之比）为 100%，但吞吐量为 0。

2. 时隙 ALOHA（S – ALOHA）

由于在一个分组的受损间隔内其他站可能会随机发送分组，因此 P – ALOHA 中必然存在大量首尾碰撞的分组，对于这些分组来说，由于其中一小部分比特发生碰撞而损失了整个分组，为此，提出了 S – ALOHA。其基本原理是：在以转发器入口为参考点的时间轴上等间隔分出许多时隙，各站发射分组必须落入某一时隙内，每个分组的持续时间填满一个时隙。S – ALOHA 方式必须要在一个时隙的开始位置才能发送分组，而不能像 P – ALOHA 方式那样完全随机发射信号。通过这种改进，S – ALOHA 的受损间隔缩短为只有一个时隙的长度，并且也不存在首尾碰撞的情况，分组要么成功发射，要么两个分组完全碰撞。

S – ALOHA 的优点是吞吐量比 P – ALOHA 增大一倍。其缺点是全网需要精确定时和同步，每个分组的持续时间固定，不能大于一个时隙的长度。

3. 具有捕获效应的 ALOHA（C – ALOHA）

P – ALOHA 的两个分组的发射功率基本相当，因此，发生碰撞后谁也无法正确收到碰撞的分组。如果两个碰撞分组的发射功率不同，一个比较大，另一个比较小，则发生碰撞后功率小的分组无法被接收，但功率大的分组仍可被正确接收，小功率分组对于大功率分组来说只是一种干扰，这就是 C – ALOHA 的工作原理。在 C – ALOHA 中，虽然其受损间隔与 P – ALOHA 相同，但通过合理设计各节点发射功率电平，可以改善系统的吞吐量。

4. 选择拒绝 ALOHA（SERJ – ALOHA）

SERJ – ALOHA 是提高 P – ALOHA 方式吞吐量的另一种方法。SERJ – ALOHA 仍以 P – ALOHA 方式进行分组发送，但它把每个分组再细分为有限个小分组，每个小分组也有自己的报头和前同步码，它们可以独立进行差错控制，如果两个分组首尾碰撞，未遭到碰撞的小分组仍可被正确接收，需重发的只是发生碰撞的小分组。显然它的吞吐量比 P – ALOHA 方式大，如果不计每个小分组中的额外开销（包括报头和前置码），SERJ – ALOHA 的吞吐量与 S – ALOHA 的吞吐量相当，而且与报文长度的分布无关。但是，由于需将每个分组分为若干小分组，这就增加了额外开销。

SERJ – ALOHA 无须全网定时和同步，分组长度可变，同时又克服了 P – ALOHA 吞吐量低的缺点；但其技术实现要比 P – ALOHA 复杂。

5. 预约 ALOHA（R – ALOHA）

P – ALOHA 和 S – ALOHA 最适合于系统中用户数较多，各用户发送的主要是短报文的应用环境。当用户需要发送长报文时，需将该长报文分为许多个分组。由于会发生碰撞，接收端通常需要很长时间才能把全部报文完整地接收下来。为了解决长、短报文传输的兼容问题，提出了 R – ALOHA。其基本原理是：发送时间以帧来组织，每帧又划分为许多时隙，时隙分为两类：一类称为竞争时隙，用于供用户发送短报文和预约申请信息，以 S – ALOHA 方式工作；另一类称为预约时隙，用于发送用户报文，由用户独享，不存在碰撞。当某发送端要发送长报文时，它首先通过预约时隙发送预约申请信息，通知其他发送端需要使用预约时隙的长度，所有接收端收到此预约信息后，根据全网排队情况计算出该发送端的预约时隙应处的时隙位置，其他发送端就不会再使用这些时隙，而由该发送端独占。对于短报文，可以直接利用竞争时隙发送，也可以像长报文一样通过预约来发送。

显然，R – ALOHA 方式既能支持长报文，也能支持短报文，使两者都具有良好的吞吐量/时延性能，只是其实现难度要大于 S – ALOHA。

6. 自适应 TDMA（AA – TDMA）

另一种性能优于 R – ALOHA 的预约协议是 AA – TDMA，它可看成是 TDMA 的改进型，其基本原理与 R – ALOHA 方式相似，只是其预约时隙和竞争时隙之间的边界能根据业务量进行调整。

当业务量非常小并且都是短报文时，帧中所有时隙都是竞争时隙，系统中所有发送端以 S – ALOHA 方式共享整个信道。当报文变长，业务量增大时，一部分时隙是竞争时隙，由成功预约的各发送端用于传输长报文。此时就是一种竞争预约的 TDMA/DA 方式。当长报文业务量进一步增大时，只有一部分时隙是竞争时隙，大部分时隙都变成预约时隙，极限情况是所有时隙都变成预约时隙，由一个大业务量发送端在某段时间内独占信道传输其长报文，这时就是预分配的 TDMA 方式。

AA – TDMA 能根据业务状况自动调整其信道共享方式，其优点是：适应性强、使用灵活、效率高，在小业务量时，其吞吐量—时延性能与 S – ALOHA 方式相当；在中等业务量时，其吞吐量—时延性能要略优于竞争预约 TDMA/DA 方式；在大业务量时，其吞吐量—时延性能也要略优于固定帧 TDMA/DA 方式。其缺点是实现难度大，技术更复杂。

7. 载波侦听多址接入协议（CSMA）

在 ALOHA 协议中，当用户试图发送分组时，是不考虑当前信道的忙闲转态的，只要有分组到达就直接将分组发送到信道，这种发送控制策略显然是很盲目的。时隙 ALOHA 在一定程度上提高了系统性能，但最大通过量也只有 0.368。为了减少 ALOHA 系统的盲目性，降低冲突的概率，从而达到提高系统通过量的目的，可以在分组发送之前先侦听信道，根据信道的忙闲状态再决定信息分组的发送与否，这种先侦听信道再发送分组的协议系统就是载波侦听多址接入协议。CSMA 协议是从 ALOHA 协议演变而来的，其基本原理是：任何一个用户有信息分组需要发送时，首先侦听信道是否存在别的用户正在发送信息分组的载波信号。如果侦听到这种信号，说明信道很忙；否则信道是空闲的，然后根据预定的控制策略决定：

①若侦听到信道空闲，是立即发送分组还是稍后再发。

②若信道忙，应该继续坚持侦听载波还是暂时退避一段时间后再侦听。

CSMA 协议根据采用的控制处理策略不同可细分为：非坚持型 CSMA；1 – 坚持型 CSMA 和 p – 坚持型 CSMA。

非坚持型 CSMA 的工作原理是：

①如果信道是空闲的，则发送分组。

②如果信道是忙的，则等待由概率分布决定的一定量的重发延迟时间，然后重复①步骤。虽然它并不持续监听信道，但是在冲突时需要等待一段随机时间，这样会增加延迟时间。

非坚持型 CSMA 的优点是：若信道处于忙状态，分组就延迟发送，减少发送分组的冲突概率。其缺点是：即使有几个用户有数据要发送，但由于都在延迟，信道仍然会处于空闲状态，造成信道利用率较低，数据在网络中的平均时延时间会增加。为了避免这种信道通过量的损失，可采用 1 – 坚持型或 p – 坚持型 CSMA。

1 – 坚持型 CSMA 的工作原理是：

①如果信道是空闲的，则可以发送。

②如果信道是忙的，则继续侦听，直至检测到信道空闲，则发送分组。

③如果有冲突（在一段时间内未收到肯定的回复），则等待一随机量的时间。重复步骤①、②。

1 – 坚持型 CSMA 的优点是：只要信道是空闲的，分组就立即发送，避免信道通过量损失。其缺点是：发送信息分组时冲突的概率比非坚持型 CSMA 大，通过性能比非坚持型 CSMA 差。另外，长的传播延迟和同时发送分组，会导致多次冲突，从而降低系统的性能。

p – 坚持型 CSMA，它应用于时隙信道，按照 p 概率发送分组，其基本原理如下：

①侦听信道，如果信道是空闲的，则以 p 的概率发送，而以 1 – p 的概率延迟一个时间单位。时间单位通常等于最大传播延迟的 2 倍。

②延迟了一个时间单位后，则重复步骤①。

③如果信道是忙的，继续侦听，直至信道空闲并重复步骤①。

p – 坚持型 CSMA 的优点是：既能像 1 – 坚持型 CSMA 那样减小信道空闲的时间，又能像非坚持型 CSMA 那样减少冲突。当 p = 1 时，p – 坚持型 CSMA 就是 1 – 坚持型 CSMA。考虑到避免重负载下系统处于不稳定状态，p 值的选择就是个关键。如果 p 值过大，冲突就不可避免，最坏的情况是，随着冲突概率增大，通过量会降低到零；若 p 值选得过小，信道利用率会非常低。

6.2.7　面向5G的新型多址技术

当前移动通信采用正交的多址接入，即用户之间通过在不同维度上（频分、时分、码分等）正交划分的资源来接入，如LTE采用OFDMA将二维时频资源进行正交划分来接入不同用户。正交多址技术存在接入用户数与正交资源成正比的问题，因此系统容量受限。为满足5G海量连接、大容量、低时延等需求，迫切需要新的多址接入技术。近年来，研究人员提出了一系列新型多址接入技术，它们通过在时域、频域、空域/码域的非正交设计，在相同的资源上为更多的用户服务，从而有效地提升系统容量与用户接入能力。目前业界提出主要的新型多址技术包括：基于多维调制和稀疏码扩频的稀疏码分多址（Sparse Code Multiple-Access，SCMA）技术，基于复数多元码及增强叠加编码的多用户共享接入（Multi-User Shared Access，MUSA）技术，基于非正交特征图样的图样分割多址（Pattern Division Multiple Access，PDMA）技术，以及基于功率叠加的非正交多址（Non-Orthogonal Multiple Access，NOMA）技术。

这些新型的多址通过合理的码字设计，可以实现用户的免调度传输，显著降低信令开销，缩短接入的时延，节省终端功耗。不同的5G应用场景，有不同的需求。例如，下行主要面向广域覆盖和密集高容量场景，目标是实现频谱效率的提升；上行方面面向低功耗大连接场景和低时延高可靠场景，目标是针对物联网场景，在满足一定用户速率要求的情况下，尽可能地增加接入用户数量，同时支持免调度的接入，降低系统信令开销、时延和终端功耗。未来5G技术需要根据不同的场景，并结合接收机的处理能力来选取合理的多址技术方案。

1. 非正交多址接入（NOMA）

2014年9月，日本NTT DoCoMo提出非正交多址接入（NOMA）技术，目的是为了更加高效地利用频谱资源，并为超密覆盖的小区提供技术基础。传统的正交多址技术都是围绕着时域、频域和码域三个维度，单个用户只能分配单一的无线资源，而NOMA在OFDM的基础上，在发射侧通过功率域或码域叠加，接收侧使用串行干扰抵消算法（SIC）或最大似然检测（ML）和ML类似的算法解调。

NOMA技术包括：功率域NOMA和码域NOMA。其中功率域NOMA，可以看作是时域/频域/空域的扩展，通过新增功率域，NOMA可以利用每个用户不同的路径损耗来实现多用户复用，NOMA将一个资源分配给多个用户，功率域不再由单一用户独占，功率域实现了由多个用户共享，通过在接收端采用干扰消除技术可以将用户区分开来，使得系统在一定时域/频域/空域资源下容纳更多用户接入。而码域NOMA主要包括低密度码分多址和交织多址两种形式。

NOMA技术相比LTE频谱效率提升了3倍，适用于用户过载场景、接入严格同步不容易实现的场景和基站天线数目较少的场景，例如超密集网络、大范围密集用户场景、直联通信D2D、物联网通信MMC和传感器网络等。此外NOMA技术应用到有远近效应的场景中，可以在用户间的最大公平性和最大和容量（Maximum Sum Rate）之间取得最优。

NTT DoCoMo通过模拟，验证了在城市地区采用NOMA的效果，可使无线接入宏蜂窝的总吞吐量提高50%左右。相比于正交多址技术，NOMA频谱效率可以大幅提升，但是由于接收机相当复杂，技术是否可行还取决于设备的处理能力。同时，功率复用技术还不是很成熟，未来随着芯片处理能力的增强，NOMA 将成为 5G 中的核心技术。

2. 基于复数多元码及增强叠加编码的多用户共享接入（MUSA）

中兴通讯提出了 MUSA 非正交多址技术，它基于复数域多元码序列，融合了非正交和免调度设计，是一种多用户共享接入技术。中兴公开表示：MUSA 相比现有的空口开销减少 50%，达到 200% 的性能改善。

MUSA 的原理是：用户使用具有低互相关的复数域多元码序列，将调制符号进行扩展；然后各用户扩展后的符号可以在相同的时频资源里发送；最后接收侧使用线性处理加上码块级串行干扰抵消（SIC）来分离各用户的信息。扩展序列是 MUSA 的关键部分，此类序列即使很短，也能保持相对较低的互相关，它直接影响 MUSA 的性能和接收机的复杂度。

MUSA 不需要接入用户先通过资源申请、调度和确认等复杂的控制过程才能接入，可以让大量共享接入的用户想发就发，不发就深度睡眠，这对海量连接场景尤为重要，能极大减轻系统的信令开销和实现难度。

MUSA 放宽，甚至免除严格的上行同步过程，只需要实施简单的下行同步。MUSA 还能利用不同用户到达 SNR 的差异，来提高 SIC 分离用户数据的性能，实现将"远近问题"转化为"远近增益"；另外 MUSA 减轻，甚至免除严格的闭环功率控制过程，从而为低成本、低功率实现海量连接提供了基础。

3. 稀疏码分多址接入（SCMA）

稀疏码分多址接入（SCMA）是华为提出的全新空口核心技术，它通过使用稀疏编码将用户信息在时域和频域上扩展，然后将不同用户的信息叠加在一起。SCMA 的最大特点是，非正交叠加的码字个数可以成倍大于使用的资源块个数。相比 4G 的 OFDMA 技术，它可以实现在同等资源数量条件下，同时服务更多的用户，从而有效提升系统整体容量。

SCMA 作为一种新的频域非正交波形，在发送端，将输入比特直接映射到码本（复数域多维码字，即 SCMA 码字），码本能够分配到同样的 UE，也可以分配给不同的 UE；映射后的码本扩展到其他多个子载波，不同用户的码字在相同的资源块上以稀疏的扩频方式非正交叠加；在接收端则利用稀疏性进行低复杂度的多用户联合检测，并结合信道译码完成多用户的比特串恢复。

SCMA 中各层终端设备的稀疏码字被覆盖于码域和功率域，并共享完全相同的时域和频域资源。一般地，如果覆盖层的数量多于所复用的码字的长度，系统对于多个用户终端设备的接入复用就会超载。而 SCMA 采用多维/高维星座调制技术，以及利用各个码字之间"天然"的稀疏性，可以方便地实现对用户的检测。SCMA 的码本能够更加灵活，可以满足各种场景的需求，针对不同的场景，如覆盖和海量连接，SCMA 能够生产不同的码本与之匹配。

SCMA 比 LTE 提供了更好的性能，能够比 LTE 提供 3 倍数量的物理连接。

4. 图样分割多址接入（PDMA）

图样分割多址接入（PDMA）技术，是大唐电信提出的新型非正交多址接入技术，它基于发送端和接收端的联合设计。在发送端，在相同的时频域资源内，将多个用户信号进行功率域、空域和编码域的单独或联合编码传输，在接收端采用串行干扰抵消（SIC）接收机算法进行多用户检测，做到通信系统的整体性能最优。

PDMA 看上去很复杂，基本思路是将用户信息在时域、频域和功率域等多个维度进行扩展，具体扩展方式就是"图样"，但如何选择图样并没有太多技术细节，目前来看，PDMA

在 5G 标准化的道路上，还有待进一步的发展。

 学完本节内容后请完成附录 C 中的任务单 6.2。

本章小结

多路复用是指在一个信道上同时传输多路信号的技术。由于信号直接来自话路，区分信号和区分话路是一致的。常用的电信号多路复用方式有：频分复用（FDM）、时分复用（TDM）和码分复用（CDM）。随着信息社会的到来，人们对信息量的需求不断增加，使得光纤通信系统向更高速率、更大容量的方向发展。光纤的可开发使用带宽高达 240 THz。为了更进一步提高光纤的利用率，挖掘出更大的带宽资源，复用技术不失为加大通信线路传输容量的一种很好的办法。目前光网络的光复用技术主要有波分复用（WDM）、光时分复用（OTDM）和光码分复用（OCDM）三种。

在移动通信系统中，多址接入技术是满足多个用户同时进行通信的必要手段，在过去20 多年间，每一代移动通信系统的出现，都伴随着多址接入技术的革新。多址接入技术的设计既要考虑业务特点、系统带宽、调制编码和干扰管理等层面的影响，也要考虑设备基带能力、射频性能和成本等工程问题的制约。1G ~ 4G 系统大都采用正交的多址接入技术，卫星通信系统大多采用随机多址接入技术，而面向 5G，非正交多址接入技术日益受到产业界的重视。

闯关游戏六

5G 场景争夺战

全球通信领域已经发展到第五代（5G），而且包括华为在内的一些先锋企业已经开始研制 6G。回望我国的移动通信发展历史，从 1G 空白、2G 跟随、3G 突破、4G 并行、再到 5G 领先，从举步维艰到打了一个漂亮的翻身仗，让通信人热血沸腾。5G 正在成为社会信息流动的主动脉、产业转型升级的加速器、数字社会建设的新基石。

5G 时代，"人"与"人"、"人"与"物"和"物"与"物"之间原有的互联互通界线将被打破，所有的"人"和"物"都将存在于一个有机的数字生态系统里，数据或者信息将通过最优化的方式进行传递。它不是简单的 1G 到 4G 的叠加，而是创造以智能化为核心的新业态、新模式，开启数字经济的全新时代。5G 应用也不再只是手机，它将面向未来 VR/AR、智慧城市、智慧农业、工业互联网、车联网、无人驾驶、智能家居、智慧医疗、无人机、应急安全等。

5G 的好处体现在它有三大应用场景：

eMBB（增强移动宽带）；mMTC（海量物联）；uRLLC（超可靠低时延通信）。

请你通过互联网查阅，并结合自己的理解，将下列 5G 业务归归类吧，它们分别属于哪种应用场景呢？

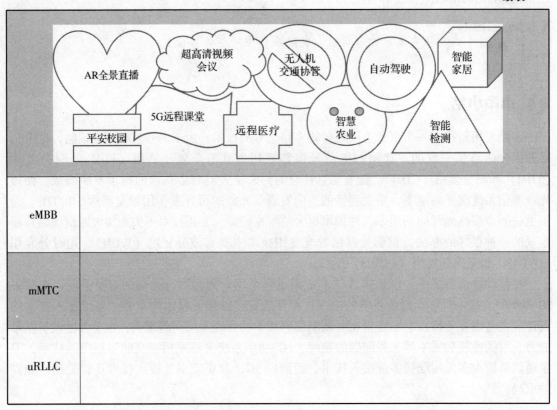

eMBB	
mMTC	
uRLLC	

第7章

同步原理

本章节重难点：

同步的分类

实现载波同步、位同步和群同步的原理和方法

载波同步和位同步的性能指标分析

同步是指通信系统的收、发双方在时间上步调一致，又称定时。由于通信的目的就是使不在同一地点的各方之间能够通信联络，故在通信系统尤其是数字通信系统以及采用相干解调的模拟通信系统中，同步是一个十分重要的问题。只有收、发两端协调工作，系统才有可能真正实现通信功能。可以说，整个通信系统工作正常的前提就是同步系统正常，同步质量的好坏对通信系统的性能指标起着至关重要的作用。

如果按实现同步的方法来分，同步系统可分为外同步和自同步两种。由发送端额外发送同步信息，接收端根据该信息提取同步信号的方法就是外同步法。反之，发送端不单独另发任何信号，由接收端设法从收到的信号中获得同步信息的方法就叫自同步法。由于自同步法无须另加信号传送，可以把整个发射功率和带宽都用于信号传输，故其相应的效率高一些，但实现电路也相对复杂。目前两种同步方式都被广为采纳。

按同步系统的功能来划分，可以分为载波同步、位同步、群同步。其中，载波同步，位同步和群同步是基础，针对的是点到点的通信模式。本章主要讨论这 3 种同步的基本原理、实现方法、性能指标及其对通信系统性能的影响。

本章知识体系思维导图：

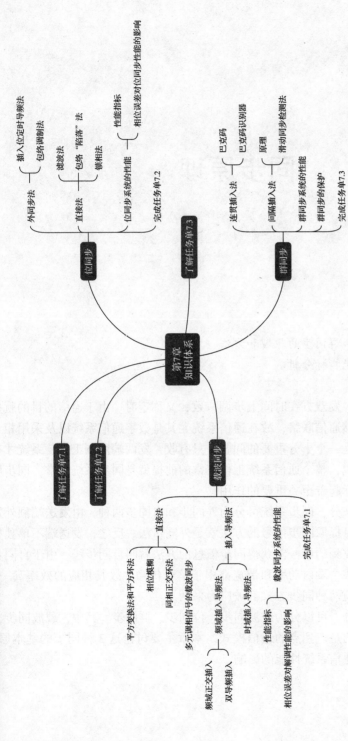

7.1 载波同步

由前面几章内容可知，无论是模拟调制系统还是数字调制系统，接收端都必须提供与接收信号中的调制载波同频同相的本地载波信号才能保证正确解调，这个解调过程就是相干解调，而获取同频同相的本地载波信号的过程就是载波同步或载波提取。对于任何需要相干解调的系统而言，其接收端如果没有相干载波是绝对不可能实现相干解调的。所以说，载波同步是实现相干解调的前提和基础，本地载波信号的质量好坏对于相干解调的输出信号质量有着极大的影响。

很多读者在此都把本地载波的同频率同相位理解为与发送端用于调制的载频信号同频同相，但事实上接收端本地载波是与接收端收到信号中的调制载波信号同频同相的。这是因为：第一，发送的信号在传输过程中可能因噪声干扰而产生附加频移和相移，即使收、发两端用于产生载波的振荡器输出信号频率绝对稳定、相位完全一致，也不能在接收端完全保证载波同步。第二，收到的信号中，不一定包含发送端的调制载波成分，如果包含，可用窄带滤波器直接提取载波信号，这一方法很简单。我们不再详细讲述，而主要介绍另外两种常用的载波提取方法：直接法和插入导频法。它们都是针对接收信号中不含载波成分的情况。

7.1.1 直接法

发送端不特别另外发送同步载波信号，而是由接收端设法直接从收到的调制信号中直接提取载波信号的方法就叫作直接法，显然，这种载波提取的方式属于自同步法的范畴。前面已经指出，如果接收信号中含有载波分量，则可以从中直接用滤波器把它分离出来，这当然也是采用的直接法，但我们这里所介绍的直接法主要是指从不直接包含载频成分的接收信号（如抑制载波的双边带信号 $s_{DSB}(t)$、数字调相信号 $s_{PSK}(t)$ 等）中，提取载频信号的方法。这些信号虽然并不直接含有载频分量，但经过一定的非线性变换后，将出现载频信号的谐波成分，故可以从中提取载波分量。下面具体介绍几种常用的载波提取法。

1. 平方变换法和平方环法

平方变换法和平方环法一般常用于提取 $s_{DSB}(t)$ 信号和 $s_{PSK}(t)$ 信号的相干载波。

（1）平方变换法

我们以抑制载波的双边带信号 $s_{DSB}(t)$ 为例，来分析平方变换法的原理。设发送端调制信号 $m(t)$ 中没有直流分量，则抑制载波的双边带信号为：

$$s_{DSB}(t) = m(t)\cos\omega_c t \tag{7-1}$$

设噪声干扰的影响可以忽略不计，则 $s_{DSB}(t)$ 经信道传输后，在接收端通过一个非线性的平方律器件后的输出 $e(t)$ 为：

$$e(t) = s_{DSB}{}^2(t) = \frac{1}{2}m^2(t) + \frac{1}{2}m^2(t)\cos2\omega_c t \tag{7-2}$$

式（7-2）中第二项含有载波信号的 2 倍频分量 $2\omega_c$，如果用一个窄带滤波器将该 $2\omega_c$ 频率分量滤出，再对它进行二分频，就可获得所需的本地相干载波 ω_c。这就是平方变换法提取载波的基本原理，其框图如图 7-1 所示。

输入$s_{\text{DSB}}(t)$ → 平方律器 → $e(t)$ → $2\omega_c$窄带滤波器 → ÷2 → 载波ω_c输出

图7-1　平方变换法

由于二相相移键控信号$s_{\text{PSK}}(t)$实质上就是调制信号$m(t)$由连续信号变成仅有±1两种取值的二元数字信号时的抑制载波双边带信号，该信号通过平方律器件后的输出$e(t)$为：

$$e(t) = \left[s_{\text{PSK}}(t) \right]^2 = \left[m'(t)\cos\omega_c t \right]^2 = \frac{1}{2}m'^2(t) + \frac{1}{2}m'^2(t)\cos 2\omega_c t \qquad (7-3)$$

其中，$m'(t)$为仅有±1两个取值的$m(t)$。故二相相移键控信号$s_{\text{PSK}}(t)$同样可以通过图7-1所示的平方变换法来提取载波信号。

（2）平方环法

在图7-1所示平方变换法框图中，若将$2\omega_c$窄带滤波器用锁相环（PLL）来代替，就构成了如图7-2所示的平方环法载波提取法框图。显然，这两种方法之间的差异仅在于对ω_c的提取方式上，其基本原理是完全一样的。

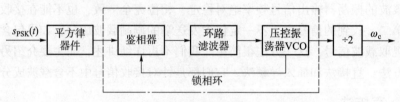

$s_{\text{PSK}}(t)$ → 平方律器件 → 鉴相器 → 环路滤波器 → 压控振荡器VCO → ÷2 → ω_c

锁相环

图7-2　平方环法

由于锁相环除了具有窄带滤波和记忆功能外，还有良好的跟踪性能，即相位锁定功能，尤其是当载波的频率改变比较频繁时，平方环法的适应能力更强。因此，二者相比，平方环法提取的载波信号和接收的载波信号之间的相位差更小，载波质量更好。故通常情况下平方环法的性能优于平方变换法，其应用也比平方变换法更为广泛。

2. 相位模糊

从图7-1、图7-2看出，无论是平方变换法还是平方环法，它们提取的载波都必须由二分频电路分频产生。该分频电路由一级双稳态触发器件构成，在加电的瞬间触发器的初始状态空间是1还是0状态是随机的，这使得提取的载波信号与接收的载波信号要么同相要么反相。也就是说，由于分频电路触发器的初始状态不能确定，导致提取的本地载波信号相位存在不确定的情况，这就是之前提到的相位倒相。图7-3通过分频器的输入/输出波形，形象地解释了这一问题的成因。

由于触发器初始状态可能是0或1状态，相应的电路也就有两种可能的分频方法，即它既可能把图7-3（a）的第1、2周期，3、4周期，5、6周期……合在一起（此时的输出二分频波形如图7-3（b）所示）；也可能将（a）图中的2、3周期，4、5周期，6、7周期……合在一起（此时的输出二分频波形如图7-3（c）所示）。显然，（b）图、（c）图两种分频法的输出波形正好相位相反。

对于模拟的语音通信系统而言，因为人耳听不出相位的变化，所以相位模糊造成的影响不大。但对于采用绝对调相方式的数字通信系统，由于它可以使系统相干解调后恢复的信息与原来的发送信息正好相反（0还原为1，1还原为0），故它的影响将是致命的。但对于相对调相DPSK信号而言，由于相对调相是针对相邻两个码元之间有无变化来进行调制和解调

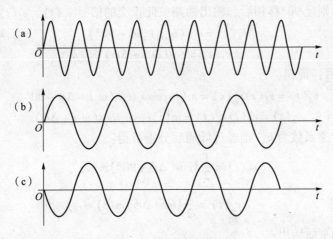

图 7-3　二分频与相位模糊

的，故本地载波信号反相并不会影响其信息解调的正确性。所以，上述两种载波提取电路不能用于绝对调相信号的解调，但可以提取 DPSK 信号的载波。

3. 同相正交环法

同相正交环法又叫科斯塔斯（Costas）环法，它的原理框图如图 7-4 所示。

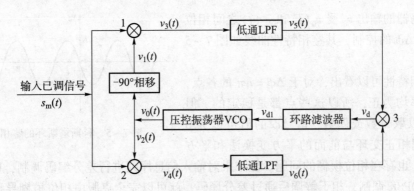

图 7-4　科斯塔斯环

环路中，压控振荡器（VCO）的输出 $v_0(t)$ 经过 90°移相器作用，提供两路彼此正交的本地载波信号 $v_1(t)$、$v_2(t)$，将它们分别与解调器输入端收到的信号 $s_m(t)$ 在相乘器 1、2 中相乘后输出信号 $v_3(t)$、$v_4(t)$，再分别经低通滤波器滤波，输出 $v_5(t)$、$v_6(t)$；由于 $v_5(t)$、$v_6(t)$ 中都含有调制信号 $s_m(t)$ 分量，故利用相乘器 3，使 $v_5(t)$、$v_6(t)$ 相乘以去除 $s_m(t)$ 的影响，产生误差控制电压 v_d。v_d 通过环路滤波器（LF）滤波后，输出仅与 $v_0(t)$ 和 $s_m(t)$ 之间的相位差 $\Delta\phi$ 有关的压控控制电压，送至 VCO，完成对 VCO 振荡频率的准确控制。如果把图中除低通 LPF 和压控振荡 VCO 以外的部分看成一个鉴相器，则该鉴相器的输出就是 v_d，这正是我们所需要的误差控制电压。v_d 通过 LF 滤波后，控制 VCO 的相位和频率，最终使 $v_0(t)$ 和 $s_m(t)$ 的频率相同，相位差 $\Delta\phi$ 减小到误差允许的范围之内。此时，VCO 的输出 $v_0(t)$ 就是我们所说的本地同步载波信号。

设输入抑制载波双边带信号为 $s_m(t) = m(t)\cos\omega_c t$，压控振荡 VCO 的输出 $v_0(t)$ 为 $\cos(\omega_c t + \Delta\phi)$，$\Delta\phi$ 是 $v_0(t)$ 与 $s_m(t)$ 之间的相位差。设环路已经锁定，且系统受到的噪声影

响可以忽略不计，则经90°移相后，输出两路彼此正交的信号 $v_1(t)$、$v_2(t)$ 分别为：

$$v_1(t) = \cos(\omega_c t + \Delta\phi - 90°)$$

$$v_2(t) = \cos(\omega_c t + \Delta\phi)$$

经过相乘器1、2后，得到：

$$v_3(t) = v_1(t)s_m(t) = m(t)\cos\omega_c t\cos(\omega_c t + \Delta\phi - 90°) \tag{7-4}$$

$$v_4(t) = v_2(t)s_m(t) = m(t)\cos\omega_c t\cos(\omega_c t + \Delta\phi) \tag{7-5}$$

设低通滤波器的传递系数为 k，则经过低通后分别可得：

$$v_5(t) = \frac{1}{2}k\cos(\Delta\phi + 90°)m(t) \tag{7-6}$$

$$v_6(t) = \frac{1}{2}k\cos(\Delta\phi)m(t) \tag{7-7}$$

再经过相乘器3相乘后输出：

$$v_d = v_5(t)v_6(t) = k^2 \cdot \frac{1}{8}m^2(t)\sin(2\Delta\phi) \tag{7-8}$$

其中，$m(t)$ 为双极性基带信号，设该基带信号为幅度为 A 的矩形波，则 $m^2(t) = A^2$ 为常数；若 $m(t)$ 不是矩形波，$m^2(t)$ 经环路滤波器滤波之后其低频成分仍将为一常数 C，故：

$$v_d = \frac{1}{8}k^2C\sin(2\Delta\phi) = K\sin(2\Delta\phi) \tag{7-9}$$

即压控振荡器的输出 v_d 受 $v_0(t)$ 和 $s_m(t)$ 之间相位差的倍数 $2\Delta\phi$ 的控制，其鉴相特性曲线如图7-5所示。

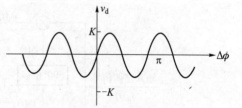

图7-5　科斯塔斯环的鉴相特性

从鉴相特性可以看出，对于 $\Delta\phi = n\pi$ 的各点，其曲线斜率均为正，所以这些点都是稳定的。但由于 n 可以取奇数或偶数，故 $\Delta\phi$ 的值可以为 0 或 π，故同相正交环与前面的平方变换法和平方环法一样，也存在相位模糊的问题。但如果对输入信息序列进行差分编码调制，即采用相对相移键控 DPSK 调制，相干解调后通过差分译码，就可以完全克服由相位模糊导致的"反相工作"现象，正确地恢复原始信息。

同相正交环与平方环都利用锁相环（PLL）提取载波，由于锁相环电路的相位跟踪锁定能力强，故两种方式提取的载波质量都比较好。相比之下，虽然 Costas 环在电路上要复杂一些，但它的工作频率就是载波频率，而平方环的工作频率则是载频的2倍，当载波频率很高时，Costas 环由于工作频率较低而更易于实现；当环路正常锁定后，由于载波提取电路和解调电路合二为一，Costas 环可以直接获得解调输出，而平方环却不行。

Costas 环的移相电路必须对每个载波频率都产生 -90°相移，如果载波频率经常发生变换，则该移相电路必须具有很宽的工作带宽，实现起来比较困难。因此，对于载波频率变化频繁的场合，一般不采用 Costas 环法来进行载波提取。

4．多元调相信号的载波同步

之前介绍了多元相位调制信号（简称多相信号）的解调方法，其中相干解调过程和二元调相信号一样，在接收端必须要有同频同相的本地载波才可能完成解调。下面就以四元调相信号（简称四相信号）为例，介绍多相信号的相干载波提取方法。

（1）四次方变换法

四相信号相干解调所必需的本地载波，必须通过四次方变换器件将收到的四相信号进行四次方变换后，才能滤出其中 $4\omega_c$ 的成分，再将其四分频，就能得到载频 ω_c。其原理框图如图 7-6 所示。

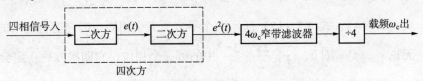

图 7-6 四次方变换法

四相信号用载波的 4 个不同相位来表示 4 种不同的信息码元 （0，1，2，3），一般只考虑 4 种信码等概率出现的情况。设其相位选取 $\frac{\pi}{2}$ 体制，则相应的四相信号 $s_{4PSK}(t)$ 为：

$$s_{4PSK}(t) = \begin{cases} a \cdot \cos(\omega_c t + 0) \cdots\cdots\cdots\cdots 概率\frac{1}{4} \\ a \cdot \cos\left(\omega_c t + \frac{\pi}{2}\right) \cdots\cdots\cdots\cdots 概率\frac{1}{4} \\ a \cdot \cos(\omega_c t + \pi) \cdots\cdots\cdots\cdots 概率\frac{1}{4} \\ a \cdot \cos\left(\omega_c t + \frac{3}{2}\pi\right) \cdots\cdots\cdots\cdots 概率\frac{1}{4} \end{cases} \tag{7-10}$$

式中，a 为载波信号的幅度。

经过二次方器件后，输出 $e(t)$ 为：

$$e(t) = s_{4PSK}^{2}(t) = \begin{cases} \frac{a^2}{2}\left[1 + \cos(2\omega_c t + 0)\right] \cdots\cdots 概率\frac{1}{4} \\ \frac{a^2}{2}\left[1 + \cos(2\omega_c t + \pi)\right] \cdots\cdots 概率\frac{1}{4} \\ \frac{a^2}{2}\left[1 + \cos(2\omega_c t + 0)\right] \cdots\cdots 概率\frac{1}{4} \\ \frac{a^2}{2}\left[1 + \cos(2\omega_c t + \pi)\right] \cdots\cdots 概率\frac{1}{4} \end{cases} \tag{7-11}$$

$$= \begin{cases} \frac{a^2}{2}\left[1 + \cos(2\omega_c t + 0)\right] \cdots\cdots 概率\frac{1}{2} \\ \frac{a^2}{2}\left[1 + \cos(2\omega_c t + \pi)\right] \cdots\cdots 概率\frac{1}{2} \end{cases} \tag{7-12}$$

从式 （7-12） 不难看出：$e(t)$ 相当于载波频率为 $2\omega_c$ 的等概率二相调相信号，且 $e(t)$ 中不含 ω_c 频率成分。因此，采用平方变换法是无法提取四相信号的载频的。但如果将该等效二相调制信号 $e(t)$ 二次方，即对 $s_{4PSK}(t)$ 四次方，则有：

$$s_{4PSK}^{4}(t) = e^2(t) = \begin{cases} \frac{a^4}{4}\left[1 + 2\cos(2\omega_c t + 0) + \cos^2(2\omega_c t + 0)\right] \cdots\cdots 概率\frac{1}{2} \\ \frac{a^4}{4}\left[1 + 2\cos(2\omega_c t + \pi) + \cos^2(2\omega_c t + \pi)\right] \cdots\cdots 概率\frac{1}{2} \end{cases} \tag{7-13}$$

其中仅包含 $4\omega_c$ 的平方项是我们所需的，即：

$$\cos^2(2\omega_c t + 0) = [1 + \cos 4\omega_c t]/2 \cdots\cdots 概率\frac{1}{2} \qquad (7-14)$$

$$\cos^2(2\omega_c t + \pi) = [1 + \cos(4\omega_c t + 2\pi)]/2 = [1 + \cos 4\omega_c t]/2 \cdots\cdots 概率\frac{1}{2} \qquad (7-15)$$

显然，式（7-14）、式（7-15）所示两个平方项完全相同，即它们合起来的概率为1。也就是说，无论 $s_{4SPK}(t)$ 取 $\left(0, \frac{\pi}{2}, \frac{2\pi}{2}, \frac{3\pi}{2}\right)$ 中的哪一个相位，它四次方后一定会有 $\cos 4\omega_c t$ 项，即存在 $4\omega_c$ 频率成分，因此可用 $4\omega_c$ 窄带滤波器将它滤出，再对其四分频便可获得载频频率 ω_c。与平方变换法相似，四分频也存在相位模糊现象 $\left(对 \frac{\pi}{2} 相位体制而言，有4种可能的相位选择：0，\frac{\pi}{2}，\frac{2\pi}{2}，\frac{3\pi}{2}；对于 \frac{\pi}{4} 相位体制而言，同样也有4种可能的相位选择：\frac{\pi}{4}，\right.$ $\left.\frac{3\pi}{4}，\frac{5\pi}{4}，\frac{7\pi}{4}\right)$，因此四相相位调制常常采用四相相对移相调制来消除相位模糊的影响。

若将图7-6中的 $4\omega_c$ 窄带滤波器用锁相环代替，则四次方变换法就变成了四次方环法，如图7-7所示，其基本原理与平方环法相似，这里不再重复。

图7-7　四次方环法

（2）四相科斯塔斯环

四相科斯塔斯环电路的工作原理与前面的二相科斯塔斯环原理类似，只是二相环中的一个90°移相器可用 $\frac{\pi}{4}$ 移相器、$\frac{2\pi}{4}$ 移相器、$\frac{3\pi}{4}$ 移相器替代，如图7-8所示。

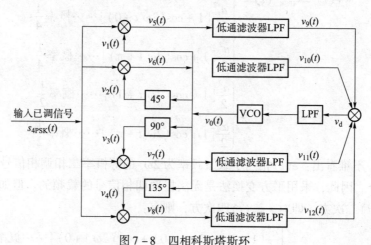

图7-8　四相科斯塔斯环

设 $s_{4SPK}(t)$ 信号仍采用 $\frac{\pi}{2}$ 相位体制，则输入信号可取相位为：$\phi = \left\{0, \frac{\pi}{2}, \frac{2\pi}{2}, \frac{3\pi}{2}\right\}$，

为简便起见，令 $a=1$，可将输入四相信号标识为 $s_{4SPK}(t)=\cos(\omega_c t+\phi)$，则开机瞬间压控振荡器 VCO 的输出为：

$$v_0(t)=\cos(\omega_c t+\Delta\phi)$$

则有：

$$v_2(t)=\cos\left(\omega_c t+\Delta\phi+\frac{\pi}{4}\right) \qquad (7-16)$$

$$v_3(t)=\cos\left(\omega_c t+\Delta\phi+\frac{2\pi}{4}\right) \qquad (7-17)$$

$$v_4(t)=\cos\left(\omega_c t+\Delta\phi+\frac{3\pi}{4}\right) \qquad (7-18)$$

和二相科斯塔斯环不一样，可以用三角公式分别求出 $v_9(t)$、$v_{10}(t)$、$v_{11}(t)$、$v_{12}(t)$，将它们相乘得：

$$v_d=\frac{1}{128}\sin(4\Delta\phi) \qquad (7-19)$$

即该压控振荡器受相差 $4\Delta\phi$ 的控制，其鉴相特性如图 7-9 所示。

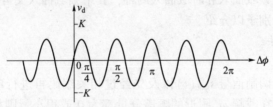

图 7-9 四相科斯塔斯环的鉴相特性曲线

从该鉴相特性不难看出，对于 $\Delta\phi=\left\{0,\ \dfrac{\pi}{2},\ \dfrac{2\pi}{2},\ \dfrac{3\pi}{2},\ \cdots,\ \dfrac{n\pi}{2}\right\}$ 各点，由于曲线斜率都大于 0，故环路均可稳定锁相，但存在 $0,\ \dfrac{\pi}{2},\ \dfrac{2\pi}{2},\ \dfrac{3\pi}{2}$ 四种剩余相差。所以说，四相科斯塔斯环输出的载频信号也存在相位模糊现象。

（3）多相移相信号（MPSK）的载波提取

将上述两类方法推广，可以得出 M 元相位调制信号采用相干解调方式时，接收端获取同步载波的方法，即基于平方变换法或平方环法的 M 次方变换法或 M 次方环法，其框图分别如图 7-10、图 7-11 所示。而基于 Costas 环的推广方法对多进制调相信号实现比较复杂，一般实际电路中都不予采用。M 次方变换法和 M 次方环法的基本原理与前面二相信号完全类似，故不再赘述，有兴趣的读者可自行分析。

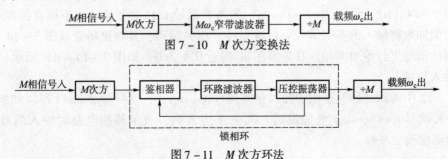

图 7-10 M 次方变换法

图 7-11 M 次方环法

7.1.2 插入导频法

当收到的信号频谱中不包含载波成分或很难从已调信号的频谱中提取载频分量（如单边带调制信号 $s_{SSB}(t)$ 或残留边带调制信号 $s_{VSB}(t)$）时，通常采用插入导频法来获取相干解调所需的本地载波。所谓插入导频，就是在发送端插入一个或几个携带载频信息的导频信号，使已调信号的频谱加入一个小功率的载频频谱分量，接收端只需将它与调制信号分离开来，便可从中获得载波信号。这个额外插入的频谱分量对应的就是我们所说的导频信号。与直接法相比，插入导频法需要额外的导频信号才能实现载波同步，故它属于外同步法的范畴。

根据插入导频的基本原理，不难理解如下 3 条插入规则：第一，为避免调制信号与导频信号之间相互干扰，通常选择导频信号在调制信号的零频谱位置插入；第二，为减少或避免导频对信号解调的影响，一般都采用正交方式插入导频；第三，为了方便提取载频 ω_c 信息，只要信号频谱在 ω_c 处为 0，则直接插入 ω_c 作导频，若确实不能直接插入 ω_c，则必须尽量使插入的导频能够比较方便地提取 ω_c，即导频的频率与 ω_c 之间存在简单的数学关系。

插入导频法一般分频域插入和时域插入两种，其中频域插入又可分为频域正交插入和双导频插入两种。下面分别予以介绍。

1. 频域插入导频法

（1）频域正交插入

对于模拟的单边带调制信号 $s_{SSB}(t)$ 以及先经过相关编码再进行单边带调制或相位调制的数字信号，由于它们在载频 ω_c 附近的频谱分量都为 0 或很小，则根据上述插入导频的规则，可以直接插入载频 ω_c 作为导频信号。实现该插入导频方式的收、发电路框图分别如图 7 – 12、图 7 – 13 所示。

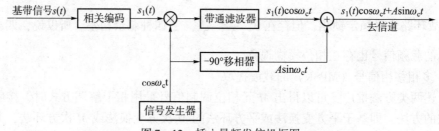

图 7 – 12　插入导频发信机框图

图 7 – 14 所示则是数字基带信号 $s(t)$ 在各级处理过程中的频谱变换示意。发送端之所以首先进行相关编码，是因为基带信号 $s(t)$ 直接进行绝对相位调制后的频谱在载频 ω_c 附近较强，如图 7 – 14（b）所示，图 7 – 14（a）为基带信号 $s(t)$ 的频谱，故不能直接在 ω_c 处插入导频。但如果将输入的基带信号 $s(t)$ 首先经过相关编码，其频谱将变成图 7 – 14（c）所示，再对此信号进行绝对调相，其频谱在 ω_c 附近几乎为 0，如图 7 – 14（d）所示，于是可以直接插入导频 ω_c。

图 7 – 12 中的相加器就是用于插入导频信号 $A\sin\omega_c t$，它使导频 $A\sin\omega_c t$ 得以和相关编码后的 DPSK 信号 $s_1(t)\cos\omega_c t$ 叠加发送。其中 A 为常数，表示移相电路对输入的载波信号 $\cos\omega_c t$ 的幅度改变系数。

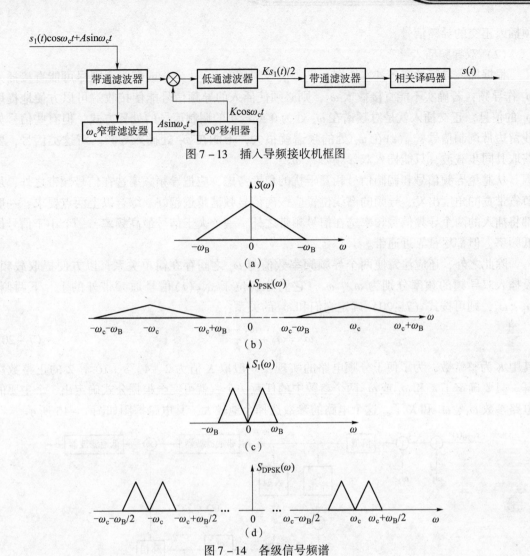

图 7 – 13 插入导频接收机框图

图 7 – 14 各级信号频谱

接收端的 ω_c 窄带滤波器和 90°移相器完成对载频信号 $\cos\omega_c t$ 的提取。其中，窄带滤波器输出正弦载频信号 $A\sin\omega_c t$，经过 90°移相器之后得到其正交信号 $K\cos\omega_c t$（其中 K 为常数，表示经过 90°移相器后该信号的输出幅度改变）。此正交信号 $K\cos\omega_c t$ 与原接收信号 $A\sin\omega_c t + s_1(t)\cos\omega_c t$ 相乘后，经低通滤波，再经由抽样判决和相关译码，即可恢复原始基带信号 $s(t)$。

我们注意到，发端发送的导频信号 $A\sin\omega_c t$ 与载波调制的载频信号 $\cos\omega_c t$ 存在 90°的相位差，是由载频移相 $-90°$ 后所得，即导频信号和载频信号彼此正交，这就是正交插入法的得名由来。如果直接插入载频信号 $A\cos\omega_c t$，则发送端的发送信号为 $[s_1(t) + A]\cos\omega_c t$，在接收端提取载波 $K\cos\omega_c t$ 后，经相干解调和低通滤波后将输出 $\dfrac{K}{2}[s_1(t) + A]$；而按照图 7 – 13 中所示插入，则接收端的低通滤波输出为图中标注的 $\dfrac{K}{2}s_1(t)$。两者相比，采用非正交方式插入时将多出 $\dfrac{1}{2}KA$，这对接收端的判决输出产生直流干扰。所以，为避免直流干扰，必须插入正交的导频信号。

（2）双导频插入

根据插入导频的三条基本原则，只要信号频谱在 ω_c 处为 0 或较小，则尽可能直接插入 ω_c 作导频；若确实不能直接插入 ω_c，则必须使插入的导频信号能使接收端可以方便地提取 ω_c 的信息。正交插入就是对频谱在 ω_c 处为 0 或较小的调制信号的处置方式，但有些信号如残留边带调制信号 $s_{VSB}(t)$ 在 ω_c 处的频谱就很大，不能在 ω_c 处插入导频。对这类信号，要获取其同步载波，只能插入双导频 ω_1、ω_2。

从避免导频信号和调制信号相互干扰的角度考虑，应把导频频率选在信号频带之外；从节省带宽的角度出发，导频的谱线位置应该离信号频谱越近越好。综合以上两点要求，一般都将插入的两个导频信号频率选在信号频带之外，一个大于信号最高频率，一个小于信号最低频率，但都尽量靠近通带。

除此之外，还应注意使两个导频频率数值与 ω_c 之间存在简单关系，以方便提取载频。设插入双导频的频率分别为 ω_1、ω_2，它们分别位于 $s_{VSB}(t)$ 信号通频带外的上、下两侧，$\omega_1 < \omega_2$，则可按式（7-20）确定它们和 ω_c 的关系：

$$\omega_c = \omega_1 + \frac{\omega_2 - \omega_1}{K} \tag{7-20}$$

其中 K 为整常数，为了便于分频电路的实现，一般取 K 值为 2、4、8、16 等 2 的正整数次幂。只要确定了 K 和 ω_1 或 ω_2 两个参数中的任意一个，就可完全根据公式确定出 3 个主要的电路参数 ω_1、ω_2 和 K 了。这个电路的参数选择余地较大，其电路框图如图 7-15 所示。

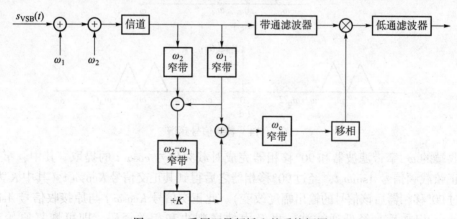

图 7-15　采用双导频插入的系统框图

比较图 7-15 和图 7-12，不难发现与采用正交插入法的系统框图相比，这个电路没有 -90°移相器。这是因为插入的双导频频率 ω_1、ω_2 都在信号频带之外，只需要用带通滤波器即可将它们滤除，故导频信号不会进入解调器，自然也不可能对解调器的判决译码产生干扰，因此不需将其移相 -90°后以正交方式插入。

2. 时域插入导频法

时域插入导频法是按照一定的时间顺序，在固定的时隙内发送载波信息，即把载波信息组合在具有确定帧结构的数字序列中进行传送，如图 7-16 所示。这种方法发送的导频在时间上是断续的，它只在每一帧信号周期里的某些固定时隙传送导频，而其他时隙则只传送信息。这种方法在采用时分多址方式的卫星通信系统中应用较多。

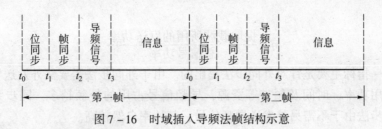

图 7 – 16 时域插入导频法帧结构示意

与频域插入法相比，两种插入法的最大区别在于插入的导频信号连续与否。频域插入的导频在时间上是连续的，信道中自始至终都有导频信号传送；而时域插入的导频在时间上则是断续的，导频信号只在一帧内很短的时段里出现。

由于时域插入的导频与调制信号不同时传送，它们之间不存在相互干扰，故一般直接选择 ω_c 作为导频频率。理论上接收端可以直接用 ω_c 窄带滤波器取出这个导频信号，但因为导频 ω_c 是断续而非连续传送的，所以不能直接取出作为同步载波使用。实际中通常采用锁相环来实现载频提取，其框图如图 7 – 17 所示。图中，模拟线性门在输入门控信号的作用下，一个帧周期内仅在导频时隙（$t_2 \sim t_3$）打开，将接收端的导频信号送入锁相环，使得压控振荡器 VCO 的振荡频率锁定在导频 ω_c 上；在一帧中所有其他不传送导频的时隙，模拟线性门关闭，锁相环无导频信号输入，VCO 的振荡输出频率完全靠其自身的稳定性来维持。知道下一帧信号的导频时隙（$t_2 \sim t_3$）到来后，模拟线性门再次打开，导频信号又一次被送入锁相环，VCO 的输出信号再次与导频信号进行比较，进而实现锁定。如此周而复始地通过与输入的导频信号比较，然后调整、锁定，压控振荡器的输出频率就一直维持在 ω_c，送至解调器，实现载波同步。

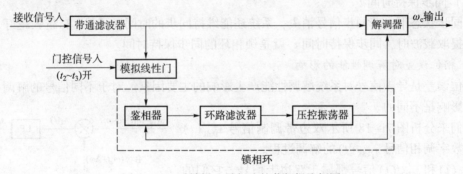

图 7 – 17 时域插入导频法的载频提取框图

7.1.3 载波同步系统的性能

1. 载波同步系统的性能指标

一个理想的载波同步系统应该具有实现同步效率高、提取的载波信号频率相位准确、建立同步所需的时间 t_s 短、失步以后保持同步状态的时间 t_c 长等特点。所以，衡量载波同步系统性能的主要指标就是效率 η、精度 $\Delta\phi$、同步建立时间 t_s 和同步保持时间 t_c 等，它们都和提取载波信号的电路、接收端输入信号的情况以及噪声的性质有关。

（1）效率 η

为了获得载波信号而消耗的发送功率在总信号功率中所占的百分比就是载波系统的效

率，即：

$$\eta = \frac{提取载波所用的发送功率}{总信号功率}$$

显然，这一指标主要是针对外同步法提出的。由于外同步法需要额外发送导频信号，它必然会单独占用功率、时间及频带等资源，导频信号占用的份额越多，同步系统的效率 η 就越低。自同步法由于不需另外发送导频信号，其效率自然较高。

（2）精度 $\Delta\phi$

载波同步系统的精度是指提取的载波信号与接收的标准载波信号的频率差和相位差。由于对频率信号进行积分所得结果就是相位，一般就用相位差 $\Delta\phi$ 来表示精度。显然，相位差 $\Delta\phi$ 越小，系统的载波同步精度就越高，理想情况下，$\Delta\phi = 0$。

一般相位差 $\Delta\phi$ 都包含稳态相位差 $\Delta\phi_0$ 和随机相位差 $\Delta\phi_1$ 两部分。其中，稳态相位差 $\Delta\phi_0$ 由载频提取电路产生，而随机相位差 $\Delta\phi_1$ 则主要由噪声引起。

对于接收端使用窄带滤波器来提取载波的同步系统，稳态相位差 $\Delta\phi_0$ 由窄带滤波器特性决定。当采用单谐振回路作窄带滤波器时，其 $\Delta\phi_0$ 则与该谐振回路中心频率 f_0 的准确度以及回路的品质因数 Q 有关。

对于采用锁相环方式来提取载波的同步系统，$\Delta\phi_0$ 就是锁相环的剩余相位差，而随机相位差 $\Delta\phi_1$ 则由噪声引起的输出相位抖动确定。

（3）同步建立时间 t_s

指系统从开机到实现同步或从失步状态到同步状态所经历的时间，显然，t_s 越小越好。当采用锁相环提取载波时，同步建立时间 t_s 就是锁相环的捕捉时间。

（4）同步保持时间 t_c

指同步状态下，若同步信号消失，系统还能维持同步的时间，显然，t_c 越大越好。采用锁相环提取载波时，同步保持时间 t_c 就是锁相环的同步保持时间。

2. 相位误差对解调性能的影响

相位误差是导频信号对系统解调性能产生影响的主要因素。对于不同信号的解调，相位误差的影响是不同的。

我们来分析图 7–18 所示双边带调制信号 $s_{DSB}(t)$ 和二元数字调相信号 $s_{2PSK}(t)$ 的解调过程。

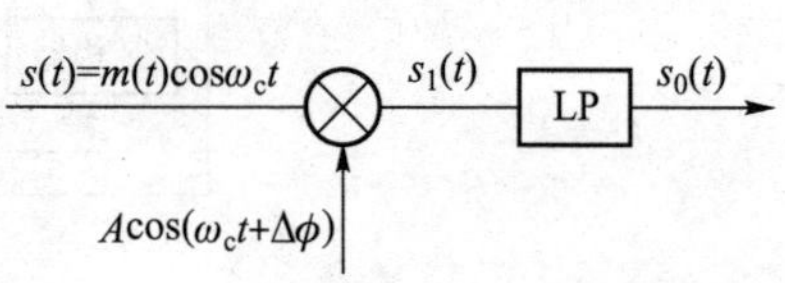

$s_{DSB}(t)$ 和 $s_{2PSK}(t)$ 信号都属于双边带信号，它们的表示形式非常相似。设 $s_{DSB}(t)$ 信号为：

图 7–18 DSB、PSK 信号解调示意图

$$s(t) = m(t)\cos\omega_c t \tag{7–21}$$

当 $m(t)$ 仅有 ± 1 两种取值时，$s_{DSB}(t)$ 就成为 $s_{2PSK}(t)$ 信号了。为简便起见，我们用 $s(t)$ 来统一代表这两种信号。设提取的相干载波为 $A\cos(\omega_c t + \Delta\phi)$，其中 $\Delta\phi$ 为提取载波与原来接收载波信号之间的相位差，则相乘器输出为：

$$s_1(t) = s(t)A\cos(\omega_c t + \Delta\phi) = Am(t)\cos\omega_c t\cos(\omega_c t + \Delta\phi)$$

$$= \frac{A}{2}m(t)\cos\Delta\phi + \frac{A}{2}m(t)\cos(2\omega_c t + \Delta\phi) \tag{7–22}$$

经过低通滤波之后，输出解调信号为：

$$s_0(t) = \frac{A}{2}m(t)\cos\Delta\phi \tag{7–23}$$

设干扰信号为零均值的高斯白噪声，其单边带功率谱密度为 n_0，信号的单边带宽为 B，则输出噪声功率为 $2n_0B$。显然，若没有相位差，即 $\Delta\phi = 0$，则 $\cos\Delta\phi = 1$，那么解调输出 $s_0(t)$ 将达到最大值 $\frac{A}{2}m(t)$，相应地，此时的输出信噪比 $\frac{S}{N}$ 也最大；若存在相位差，即 $\Delta\phi \neq 0$，则 $\cos\Delta\phi < 1$，解调输出 $s_0(t)$ 的幅度下降，输出信号功率减小，输出信噪比 SNR 也随之下降。相位差 $\Delta\phi$ 越大，$\cos\Delta\phi$ 的值越小，SNR 也越小，解调出的质量也就越差。

对于 2PSK 信号，输出信号幅度的下降同样将会导致输出信噪比 SNR 下降，使判决译码的错误率增高，误码率 P_e 也随之增大。

对于单边带调制信号 $s_{SSB}(t)$ 和残留边带调制信号 $s_{VSB}(t)$ 的解调，数学分析和实验都证明载波失步不会影响解调输出信号的幅度，但将使解调信号产生附加相移 $\Delta\phi$，破坏原始信号的相位关系，使输出波形失真。只要 $\Delta\phi$ 不大，该失真对模拟通信不会造成大的影响；在采用单边带或残留边带调制的数字通信系统中，必须尽可能减小相位误差 $\Delta\phi$。

综上所述，本地载波和标准载波之间的相位误差 $\Delta\phi$ 将使双边带调制解调系统的输出信号幅度减小，信噪比下降，误码率增加，但只要 $\Delta\phi$ 近似为常数，则不会引起波形失真；对单边带和残留边带调制系统的解调而言，相位误差主要会导致输出信号波形失真，这将导致数字通信的码间串扰，使误码率升高。

 学完本节内容后请完成附录 C 中的任务单 7.1。

7.2 位 同 步

数字通信系统传送的任何信号，究其实质都是按照各种事先约定的规则编制好的码元序列。由于每个码元都要持续一个码元周期 T_B，而且发送端是一个码元接一个码元地连续发送的，因此接收端必须要知道每个码元的开始和结束时间，做到收、发两端必须步调一致，即发送端每发送一个码元，接收端就相应接收一个同样的码元。只有这样，接收端才能选择恰当的时刻抽样判决，最后恢复出原始发送信号。一般来说，发送端发送信息码元的同时也提供一个位定时脉冲序列，其频率等于发送的码元速率，而其相位则与信码的最佳抽样判决时刻一致。接收端只要能从收到信码中准确地将此定时脉冲序列提取出来，就可以正确地抽样判决，这个提取定时脉冲序列的过程就是位同步，有时也叫作码元同步。显然，位同步是数字通信系统所特有的，是正确抽样判决的基础。

位同步与载波同步既有相似之处又有不同的地方。不论模拟还是数字通信系统，只要采用相干解调方式，就必须要实现载波同步，但位同步则只有数字通信系统才需要。因此，进行基带传输时不存在载波同步问题，但位同步却是基带传输和频带传输系统都需要的；载波同步所提取的是与接收信号中的载波信号同频同相的正弦信号，而位同步提取的则是频率等于码速率、相位与最佳抽样判决时刻一致的脉冲序列；两种同步的实现方法都可分为外同步法（即插入导频法）和自同步法（即直接提取法）两种。下面分别具体介绍位同步的这两类实现方式。

7.2.1 外同步法

位同步的外同步法分为插入位定时导频法和包络调制法两种。

1. 插入位定时导频法

和载波同步中的插入导频法类似，插入的位定时导频也必须选在基带信号频谱的零点插入，以免调制信号和导频信号互相干扰，影响接收端提取的导频信号准确度。除此之外，为方便在接收端提取码元重复频率 f_B 的信息，插入导频的频率通常选择为 f_B 或 $\frac{f_B}{2}$。这是因为一般基带信号的波形都是矩形波，其频谱在 f_B 处通常都为 0，如图 7 – 19（a）所示为全占空矩形基带信号功率谱，故此时应选择插入导频信号频率为 $f_B = \frac{1}{T_B}$，T_B 为一个基带信号的码元周期。而相对调相中经过相关编码的基带信号频谱第一个零点通常都是 $\frac{f_B}{2}$ 处，如图 7 – 19（b）所示，所以此时选择插入导频信号为 $\frac{f_B}{2} = \frac{1}{2T_B}$。

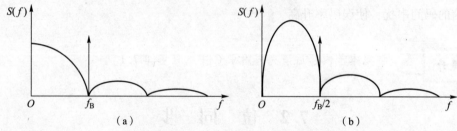

图 7 – 19　插入位定时导频信号的频率选择

实现该插入法的系统电路框图如图 7 – 20 所示。该框图对应于图 7 – 19（a）所示的信号频谱情况。输入基带信号是 $s(t)$ 经过相加电路，插入频率为 f_B 的导频信号，再通过相乘器对频率 f_c 的正弦信号进行载波调制后输出。接收端首先用带通滤波器滤除带外噪声，通过载波同步提取电路获得与接收信号的载波完全同频同相的本地载波后，由相乘器和低通滤波器完成相干解调。低通滤波器的输出信号经过窄带滤波器滤出导频信号 f_B，通过倒相电路输出导频的反相信号 $-f_B$，送至相加电路与原低通滤波器输出的调制信号相加，消去其中的插入导频信号 f_B，使进入抽样判决器的只有信息信号，避免插入导频影响信号的抽样判决。图中的两个移相器都是用来消除窄带滤波器等器件引起的相移，有的情况下也把它们合在一起使用。由于微分全波整流电路的位同步信息将是 $2f_B$，故框图中采用了半波整流方式。

而针对图 7 – 19 中（b）所示的频谱情况，由于插入导频是 $\frac{f_B}{2}$，接收机中采用微分全波整流电路，利用其倍频功能，正好使提取的位同步信息为 f_B。

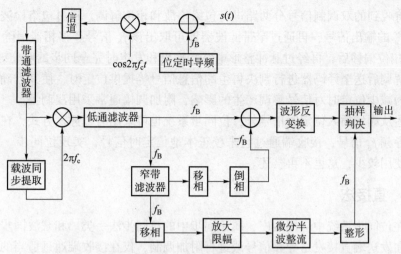

图 7 – 20　插入位定时导频法系统框图

　　和前一节的相关内容比较发现，载波同步插入法与位同步插入法消除导频信号影响的方式是截然不同的。前者通过正交插入来消除其影响，后者则采用反相抵消来达到目的。这是因为相干解调通过载波相乘可以完全抑制正交载波，而载波同步在接收端又必然有相干解调过程，故它不需另加电路，只要在发送端插入正交的载频信号，接收端就一定能抑制其影响。位定时导频信号在基带加入，不通过相干解调过程，故只能用反相抵消的方法，来消除导频对基带信号抽样判决的影响。理论上讲，反相抵消同样也适用于载波同步情况。但相比之下，正交插入法的电路简单些，实现起来更为方便，并且反相抵消过程中一旦出现较大的相位误差，其解调性能将远低于正交插入。因此，载波同步基本上不采用反相抵消方式消除导频对信号解调的影响。

　　2. 包络调制法

　　使用包络调制法提取位同步信号主要用于相移键控 2PSK、频移键控 2FSK 等恒包络（即调制后的载波幅度不变）数字调制系统的解调。如图 7 – 21 所示就是其原理框图。图中，发送端采用位同步信号的某种波形（图中为升余弦滚降波形）对已经过 2PSK 调制的射频信号 $s_{2PSK}(t)$ 再进行附加的幅度调制，使其包络随着位同步信号波形的变化而变化，形成双调制的调相调幅波信号发送。（其中调幅频率为位同步信号频率 f_B）。

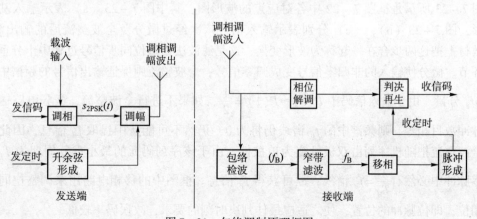

图 7 – 21　包终调制原理框图

接收端将收到的双调制信号分两路进行包络检波和相位解调。通过包络检波，得到含有位同步信息 f_B 的输出信号，再通过窄带滤波器即可取出该 f_B 信号。移相器消除窄带滤波器等引起的 f_B 相位偏移后，再经过脉冲整形电路，输出和发定时完全同步的收定时脉冲序列，对经过相位解调后送至译码器进行判决再生的信息信号等提供位定时，使其准确地恢复输出原始信码。为减少位定时对信号解调产生的影响，附加调幅通常采用浅调幅。

除了上述从频域插入位定时信号外，位同步系统也可采用时域插入方式，在基带信号中断续地传送导频 f_B 信号，接收端通过它来校正本地位定时信号，实现位同步。由于位同步的时域插入使用较少，这里不再赘述。

7.2.2 直接法

直接法在位同步系统中应用最广，属于同步中的自同步法一类。和载波同步的自同步法一样，它不在发送端直接发送导频信号或进行附加调制，仅在接收端通过适当的措施来提取位同步信息。通常使用的位同步自同步法有滤波法、包络"陷落"法和锁相法等，下面一一给予介绍。

1. 滤波法

对于单极性归零脉冲，由于它的频谱中一定含有 f_B 成分，故接收端只要把调制后的基带波通过波形变换，如微分及全波整流，再用窄带滤波器取出该 f_B 分量，经移相调整后就可形成位定时脉冲 f_B 用于判决再生电路。

但是，对非归零脉冲信号而言，不论是单极性还是双极性，只要它的 0、1 码出现概率近似相等，即 $P(0) \approx P(1) = \dfrac{1}{2}$，则其信号频谱中将不再含有 f_B 或 $2f_B$ 等 nf_B 成分（n 为正整数），即频谱中没有 nf_B 谱线，因此不能直接从接收信号中提取位同步信息。但如果先对信号进行波形变换，使其变成单极性归零脉冲，则其频谱中将出现 nf_B 谱线，这时就可用前述对单极性归零脉冲的处理方法来提取定时信息了，其原理框图如图 7-22 所示，它首先形成含有位同步信息的信号，再用滤波器将其取出。

输入 a → 微分 $\xrightarrow{b}$ 全波整流 $\xrightarrow{c}$ 窄带滤波 $\xrightarrow{d}$ 移相 → 脉冲形成 $\xrightarrow{e}$

图 7-22　滤波法原理框图

图 7-23 所示是框图 7-22 中各对应点的波形图，其中图 7-23 (a) 表示输入基带信号波形，图 7-23 (b)、(c) 分别表示输入信号依次经过微分及全波整流后的输出波形，有的教材上把这两步合在一起称为波形变换，这是滤波法提取位同步信号过程中十分重要的两个环节。微分使输入的非归零信号变成归零信号；全波整流则保证输出信号的频谱中一定含有 nf_B 分量。由于输入信码中 $P(0) \approx P(1) = \dfrac{1}{2}$，如果不进行全波整流，微分电路输出的正负脉冲数目相等，则频谱中的 f_B 谱线仍将为 0，仍然不可能从中提取 f_B 信息，因此必须通过全波整流把随机序列由双极性变为单极性。由于该序列码元的最小重复周期为 T_B，它的归零脉冲中必然有 $\dfrac{1}{T_B} = f_B$ 谱线，故可获得 f_B 信息。框图中的移相电路用来调整位同步脉冲的相位，即位脉冲的位置，使之适应最佳判决时刻的要求，故误码率较低。

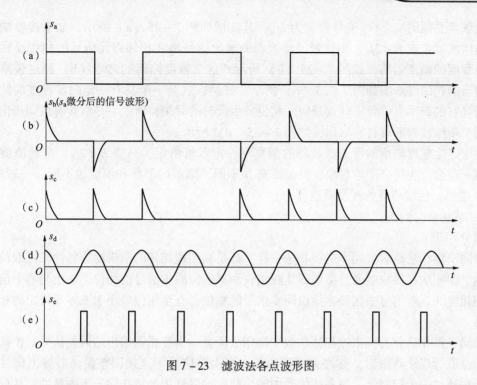

图 7 – 23 滤波法各点波形图

2. 包络"陷落"法

对于频带受限信号如二元数字调相信号 $s_{2PSK}(t)$ 等，可以采用包络"陷落"法来提取位同步信息。图 7 – 24、图 7 – 25 分别画出了包络"陷落"法的实现框图和框图中对应点的波形变换。

$$2PSK信号入 \xrightarrow{a} \boxed{带通滤波} \xrightarrow{b} \boxed{包络检波} \xrightarrow{c} \boxed{f_B 窄带滤波} \xrightarrow{d}$$

图 7 – 24 包络"陷落"法接收机框图

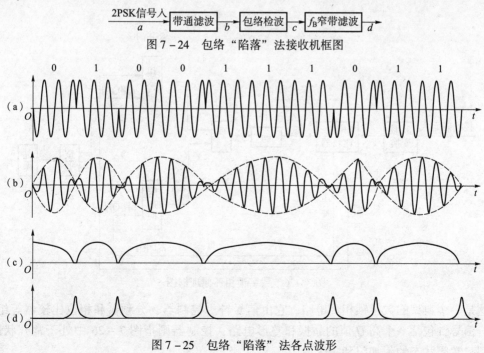

图 7 – 25 包络"陷落"法各点波形

设频带受限的 $s_{2PSK}(t)$ 信号带宽为 $2f_B$，其波形如图 7 - 25（a）所示。如果接收端的输入带通滤波器带宽 $B < 2f_B$，则该带通滤波器的输出信号将在相邻码元信号的相应反转处产生一定程度的幅度陷落，如图 7 - 25（b）所示。这个幅度陷落的信号（b）经过包络检波后，检出的包络波形图如图 7 - 25（c）所示。显然，这是一个具有一定归零程度的脉冲序列，而且它的归零点位置正好就是码元相位发生反转的时刻，所以它必然含有位同步信号分量，用窄带滤波器即可将它取出，如图 7 - 25（d）所示。

用于产生幅度陷落的带通滤波器的带宽不一定取值恒定，只要 $B < 2f_B$，带通滤波器的输出就一定会产生包络陷落现象，只是带宽 B 不同，陷落的形状和深度也不同。一般来说，带宽 B 越小，包络陷落的程度就越深。

3．锁相法

（1）原理

位同步锁相法与载波同步的锁相法一样，都是利用锁相环的窄带滤波特性来提取位同步信号的。锁相法在接收端通过鉴相器比较接收和本地位同步信号的相位，输出与两个信号的相位差相应的误差信号去调整本地位同步信号的相位，直至相位差小于或等于规定的相位差标准。

位同步锁相法分为模拟锁相法和数字锁相法两类。当鉴相器输出的误差信号对位同步信号的相位进行连续调整时，称之为模拟锁相；当误差信号不直接调整振荡器输出信号的相位，而是通过一个控制器，对系统信号中输出的脉冲序列增加或扣除若干个脉冲，从而达到调整位同步脉冲序列的相位，实现同步的目的时，称之为数字锁相。

数字锁相电路由全数字化器件构成，以一个最小的调整单位对位同步信号的相位进行逐步量化调整，故有的教材把这种同步锁相环叫作量化同步器。其原理框图如图 7 - 26 所示。

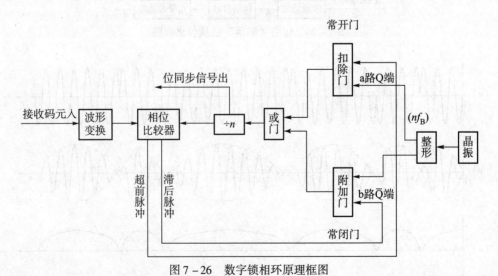

图 7 - 26　数字锁相环原理框图

这是一个典型的数字锁相环电路，它由信号钟、控制器、分频器和相位比较器等组成。其中，信号钟包括一个高 Q 值的晶振和整形电路，控制器则指图 7 - 26 中处于常开状态的扣除门、常闭状态的附加门和一个或门。

设接收码元的速率为 $R = f_B$，一般都选择晶振的振荡频率为 nf_B。晶振产生的振荡波形经整形电路整形后，输出周期 $T = \dfrac{1}{nf_B}$ 的脉冲方波，分成互为反相的 a（Q 端出）、b（$\overline{Q}$ 端出）两路，分别送至扣除门和附加门。n 分频器实质上是一个计数器，只有当控制器输入了 n 个脉冲后，它才输出一个脉冲，形成频率 f_B 的位同步脉冲序列信号，一路送入相位比较器，另一路则作为位同步信号输出到解调电路。相位比较器对输入的接收码元序列与分频器送来的位同步序列进行相位比较，若位同步码元序列相位超前就输出超前脉冲，滞后则输出滞后脉冲。该超前或滞后脉冲又被送回控制器，相应扣除或添加信号钟输出脉冲。

扣除门是一个处于常开状态的门电路，而附加门则是常闭状态，故或门的输入一般都由整形电路的 Q 端输出信号从 a 路加入，再由或门送到分频器，经 n 次分频后输出。

相位比较器把分频器送来的位同步相位与接收码元的相位进行比较，若两个相位相同，则这种电路状态就继续维持下去，即晶振输出的 nf_B 振荡信号经整形及 n 分频后，所得的 f_B 信号就是位同步信号。

如果相位比较器检测到位同步信号相位超前于接收码元相位，就输出一个超前脉冲。该脉冲经反相器加到扣除门，扣除门将关闭 $\dfrac{1}{nf_B}$ 的时间，使整形电路 Q 端输入的脉冲被扣掉一个。与此相应，分频器输出延时 $\dfrac{1}{nf_B}$，即输出位同步信号相位将滞后 $\dfrac{2\pi}{n}$。到下一个码元周期相位比较器再次比相时，若位同步相位仍然超前，相位比较器就再输出一个超前脉冲，则送入分频器的 Q 端脉冲将再被扣除一个，使位同步信号相位再滞后 $\dfrac{2\pi}{n}$。如此反复，直到分频器输出位同步信号的相位等于接收信号的相位为止。

反之，如果相位比较器检测到位同步信号相位滞后于接收码元相位，则它输出一个滞后脉冲，并送到附加门。一般情况下，附加门都是关闭的，它仅在收到滞后脉冲的瞬间打开，使 $\overline{Q}$ 端的一个反相脉冲被送到或门。由于 Q 端脉冲正好与 $\overline{Q}$ 端脉冲反相，该反相脉冲的加入相当于在 Q 端两个正脉冲之间插入一个脉冲，使送至分频器的输入脉冲序列在相同的码元时间内增加了一个脉冲，于是，分频器将提前 $\dfrac{1}{nf_B}$ 的时间输出分频信号，即位同步信号相位提前了 $\dfrac{2\pi}{n}$。如此这般经过若干次调整，分频器输出脉冲序列与接收码元序列相位相同，实现了位同步。该数字锁相环的工作过程如图 7-27 所示。

从以上分析我们发现，每次相位前移、后移的调整量都是 $\dfrac{2\pi}{n}$，此即最小相位调整量或相位调整单位。显然，最小相位调整量 $\dfrac{2\pi}{n}$ 越小，调整完成后输出的位同步信号精度越高。因此，要提高调整精度，必须加大 n 的值，也就是说晶振频率应当越高越好，当然，相应分频器的分频次数也要提高。

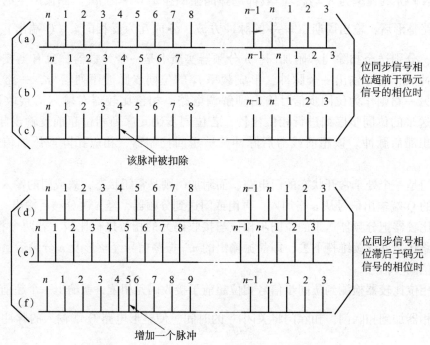

图 7 – 27　位同步数字锁相环的工作波形示意

图 7 – 27 中，（a）、（d）图为 n 次分频后输出的位同步信号，（b）、（e）图是接收到的码元波形，（c）、（f）图分别是扣除、增加一个同步脉冲的情况，前 3 个波形图（a）、（b）、（c）共同表示了位同步信号相位超前时，锁相环通过扣除输入分频器的脉冲使输出位同步信号相位滞后，进而达到位同步的工作过程。后 3 个波形图（d）、（e）、（f）则是位同步信号相位滞后时，锁相环通过增加输入分频器的脉冲使位同步信号相位超前，最后实现位同步的工作过程。

根据相位比较器的不同结构和它获得接收码元基准相位的不同方法，可将位同步数字锁相环分为微分整流型数字锁相环和同相正交积分型数字锁相环两种，此处不再详细讲述。

（2）数字锁相环抗干扰性能的改善

由于噪声干扰，数字锁相环中送入相位比较器的输入信号将出现随机抖动甚至是虚假码元转换，使相位比较器的比相结果相应出现随机超前或滞后脉冲，导致锁相环立即进行相应的相位调整。但这种实际上是毫无必要的，因为一旦干扰消失，锁相环必然会重新回到原来锁定状态。如果干扰时时存在，锁相环将常常进行这类不必要的调整，导致输出位同步信号的相位来回变化，即相位抖动，影响接收端译码判决的准确性。为此，实际系统中，通常仿照模拟锁相环在鉴相器之后加环路滤波的方法，在数字锁相环的相位比较器后面也加一个数字滤波器，插入图 7 – 26 的相位比较器输出之后，滤除这些随机的超前或滞后脉冲，就可以解决这一问题，提高锁相环的抗干扰能力。

用于这一目的的数字滤波器中，"N 先于 M" 滤波器和 "随机徘徊" 滤波器两种最为常见。图 7 – 28、图 7 – 29 分别画出实现上述抗干扰方案的两种原理框图。

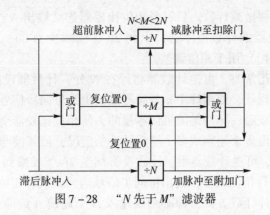

图 7 – 28 "N 先于 M" 滤波器

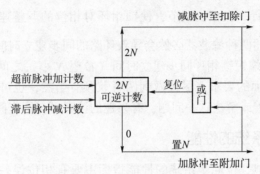

图 7 – 29 "随机徘徊" 滤波器

"N 先于 M" 滤波器包括 2 个 N 计数器，一个或门和一个 M 计数器。2 个 N 计数器分别用于累计超前脉冲和滞后脉冲的个数，一旦计数达到 N 个，就输出一个加或减脉冲，用于锁相环中送入分频器的整形电路输出脉冲的扣除或添加。无论超前还是滞后脉冲，通过或门后都将送入 M 计数器，所以 M 计数器对超前和滞后脉冲都要计数。一般选定 $N < M < 2N$。三个计数器中的任意一个计满都会使所有计数器复位。

当相位比较器输出超前（或滞后）脉冲时，由于该数字滤波器的插入，输出的超前或滞后脉冲不能直接加至扣除门或附加门，锁相环不会立即进行相应的相位调整。设 $N = 5$，$M = 8$，若锁相环中，n 分频器的输出信号确实相位超前（或滞后）了，则相位比较器一般会连续输出若干个超前（或滞后）脉冲。如果输出的超前（或滞后）脉冲个数达到了 5 个，图 7 – 28 中上（或下）面的 N 计数器将计满，输出一个减（或加）脉冲到扣除门（或附加门）进行相应相位调整，同时 3 个计数都复位，重新开始刚才的计数过程。

如果不是位同步信号超前，而是由于干扰影响使相位比较器发生误判，进而输出超前（或滞后）脉冲，只要干扰不太强烈而持久，连续 5 次输出超前（或滞后）脉冲的情况将是极少的，一般都输出随机且分散的超前（或滞后）脉冲。由于 M 计数器对超前或滞后两种脉冲进行累加计数，故这种情况下，一般都是 M 计数器首先计满而使 3 个计数器复位，两个 N 计数器将没有输出，锁相环不进行相位调节，位同步信号的相位将保持不变，从而消除了随机干扰引起的相位抖动。

"随机徘徊" 滤波器的工作原理与 "N 先于 M" 滤波器相似。但其中 2N 可逆计数器的计数原理异于普通计算器，即它既能进行加法计数又能进行减法计数。当输入超前脉冲时，计数器做加计数；反之则做减计数。只有当相位比较器连续输出 N 个超前脉冲（或 N 个滞后脉冲）时，可逆计数器的计数值才会计满到 $2N$（或减少为 0），输出相应的减（或加）脉冲至扣除门（或附加门）用于相位调整。

当位同步信号相位正常时，可逆计数器将停在 N 处，计数器没有输出，扣除门和附加门都不工作，电路维持现状，锁相环中 n 分频器的输出为位同步信号。受到干扰影响时，由于一般干扰引起的超前或滞后脉冲是随机而零星的，使相位比较器交替地输出超前和滞后脉冲，极少会出现连续输出多个超前或多个滞后脉冲的情况，使超前与滞后脉冲个数之差达到 N 的概率极小。相应地，可逆计数器则因计数没有加至 $2N$（或减到 0）而不会输出加（或减）脉冲，锁相环不进行相位调节，输出位同步信号当然就没有相位抖动了。

由于滤波器采用累计计数方式，即必须要输入 N 个超前（或滞后）脉冲后，才能输出一个加（或减）脉冲进行一次相位调节，使锁相环对相位的调整速率下降为原来的 $\frac{1}{N}$。故数字锁相环路中增加上述两种滤波器必然会导致环路的同步建立时间加长，使提高环路抗干扰能力（希望 N 大）和缩短锁相环同步建立时间（希望 N 小）之间出现矛盾。因此，在选择 N 的值时要注意两方面的要求，尽量做到两者兼顾。当然，也可以另外设计采用一些性能更为优良的电路来改善或解决这一问题，有兴趣的读者可自行查阅相关资料。

7.2.3　位同步系统的性能

与载波同步系统相似，位同步系统的性能指标主要有相位误差 $\Delta\phi$、同步建立时间 t_s、同步保持时间 t_c 及同步带宽 B 等。由于位同步系统大多采用自同步法实现同步，其中又以数字锁相环法应用最为广泛，下面主要就结合数字锁相环来介绍这些指标，并讨论相位误差对误码率的影响。

1. 位同步系统的性能指标

（1）相位误差 $\Delta\phi$

用数字锁相法提取位同步信号时，其相位调整不是连续进行而是每次都按照固定值 $\frac{2\pi}{n}$ 跳变完成的。所以，相位误差 $\Delta\phi$ 主要由这种按照固定值进行跳变调整引起：每调整一次，输出位同步信号的相位就相应超前或滞后 $\frac{2\pi}{n}$，周期提前或延后 $\frac{T}{n}$。其中，n 是分频器的分频次数，T 是输出位同步信号的周期。故系统可能产生的最大相位误差为：

$$\Delta\phi_{max} = \frac{2\pi}{n} \qquad\qquad (7-24)$$

因此，增大 n 的值可以使每次调整的相位量更小一些，相位改变更精细一些，相应地相位误差 $\Delta\phi$ 也就自然降低了。

（2）同步建立时间 t_s

指开机或失步以后重新建立同步所需的最长时间，记作 t_s。分频器输出的位同步信号相位与接收的基准相位之间的最大可能相位差为 π，显然，此时对应的同步调整时间最长，需要进行相位调整的次数 L 也最多，即：

$$L_{max} = \frac{\pi}{\left(\frac{2\pi}{n}\right)} = \frac{n}{2} \qquad\qquad (7-25)$$

这就是系统所需要的最多可能调整次数。由于接收码元是随机的，对于二元码来说，相邻两个码元之间为 0 或者为 1 出现的概率相等，也就是说平均每个码元出现的一次 0、1 代码的概率是不变的。由于相位比较器只在出现 0、1 变化时才比较相位，0、1 之间无变化时则不比较相位，每次相位最多调整一步——增加或减少 $\frac{2\pi}{n}$ 或不变。与此对应，系统的最大可能位同步建立时间为：

$$t_{smax} = 2T_B \times \frac{n}{2} = nT_B \qquad (7-26)$$

式中，T_B 为一个码元周期。

如考虑抗干扰电路的影响，即引入数字滤波器的影响，则最大可能位同步建立时间为：

$$t_{smax} = nNT_B \qquad (7-27)$$

式中，N 为抗干扰滤波器中计数器的计数次数。

可以看出，n 增大时系统的位同步精度提高，但相位的同步建立时间也增长，即这两个指标对电路的要求是互相矛盾的。

（3）同步保持时间 t_c

同步状态下如果接收信号中断，位同步信号相位误差 $\Delta\phi$ 仍保持在某一规定数值范围内的时间，也就是系统由同步到失步所需要的时间，称为同步保持时间 t_c。

同步建立之后，数字锁相环的相位比较器不输出调整脉冲，电路将维持现状。如果中断输入信号或输入信号中出现长连 0、连 1 码时相位比较器不进行比相，锁相环将失去相位调整作用。接收端时钟输出信号不做任何调整，相位误差 $\Delta\phi$ 完全依赖于双方时钟输出信号的频率稳定度。由于收、发频率之间总是会有些误差存在的，故接收端位同步信号相位将逐渐发生漂移，时间越长，漂移量越大，直至 $\Delta\phi$ 达到或超过规定数值范围时，系统就失步了。

显然，收、发两端振荡器输出信号的频率稳定度对 t_c 影响极大，频率稳定度越高，位同步信号的相位漂移就越慢，$\Delta\phi$ 越过规定值需要的时间就越长，t_c 就越大。

（4）同步宽带 B

同步带宽 B 指系统允许收、发振荡器输出信号之间存在的最大频率 Δf。前以指出，数字锁相环平均每两个码元周期比相一次，每次的相位调整为 $\frac{2\pi}{n}$。由于收、发两端振荡频率不可能完全相同，故每两个码元周期将产生相位差为：

$$\Delta\phi = 2\left(\frac{\Delta f}{f_0}\right)2\pi \qquad (7-28)$$

所以，数字锁相环能够实现相位锁的前提，就是每次调相位的相位调整量必须不小于每两个码元周期内由频率误差导致的相位误差，即：

$$\frac{2\pi}{n} \geqslant 2\left(\frac{\Delta f}{f_0}\right)2\pi$$

亦即：

$$\Delta f \leqslant \frac{f_0}{2n} \qquad (7-29)$$

否则，锁相环将无法锁定，电路也就不可能实现位同步。其中，f_0 为收、发两端频率 f_1、f_2 的几何中心值，即：

$$f_0 = \sqrt{f_1 \cdot f_2} \tag{7-30}$$

显然，一旦频差大于$\dfrac{f_0}{2n}$，锁相环就会失锁。故数字锁相环的同步带宽为：

$$B \leqslant \frac{f_0}{2n} \tag{7-31}$$

2. 相位误差对位同步性能的影响

位同步的相位误差 $\Delta\phi$ 主要造成位定时脉冲的位移，使抽样判决时刻偏离最佳位置。我们在前面各章节进行的所有误码率分析，都是针对最佳抽样判决时刻的。显然，当位同步信号和接收端输入信号之间存在相位误差时，由于不能在最佳时刻进行判决抽样，必然会使误码率超过原来的分析结果。这个相位误差 $\Delta\phi$ 对接收性能的影响可从以下两种情况考虑：

1）当输入相邻信码无 0、1 转换时，相位比较器不比相，故此时由 $\Delta\phi$ 引起的位移不会对抽样判决产生影响。

2）当输入信息出现 0、1 转换时，$\Delta\phi$ 引起的位移将根据信号波形及抽样判决方式的不同而产生不同影响。对于最佳接收系统，因为进行抽样判决的参数是码元能量，而位于定时的位移将影响码元能量，故此时的位移将影响系统的接收性能，使误码率上升。但对基带矩形波而言，如果选择在码元周期的中间时刻进行抽样判决，由于一般每两个码元比相一次，这种情况下，只要位移不超过$\dfrac{\pi}{4}$，将不会对判决结果产生影响，自然，系统误码率也不会下降；但超过了就不行了。

 学完本节内容后请完成附录 C 中的任务单 7.2。

7.3 群 同 步

数字通信中的信息传播是以字、句为单位来进行的，首先是由若干个码元组成一个字，然后再由若干个字组成一句。和阅读一段文字的情况类似，如果不能正确地使用标点符号断句，是无法真正充分地理解一段文字的含义的，有时甚至还可能完全理解为相反的意思。因此，接收端收到信息流时，必须要知道这些由数字代码组成的每一个字、句的开始与结束，获得与这些字、句起止时刻一致的定时脉冲序列，才可能准确地恢复原始发送信息。通常把这个在接收端获取与每一个字、句起止时刻相应的定时脉冲序列的过程叫作群同步。

在时分多路复用系统中，各路信码都按约定在规定时隙内传送，形成具有一定帧结构的多路复用信号。发送端必须提供每一帧信号的起止标记，接收端只有检测并获取这个标记后，才能根据发送端的合路规律准确地将复用信号中的各路信号分离。这个检测并获得帧信号起止标记的过程就是通常所说的帧同步，它也属于群同步的范畴。

虽然本书所讲的群同步都是针对数字通信的，但模拟通信系统中有时也会存在群同步要求，如模拟电视信号中的帧同步及场同步等，只是它们的实现方式不同而已。具体内容请查阅有关电视的原理，此处不再多讲。

　　虽然群同步信号的频率可以很容易地由位同步信号分频产生，但是每一群的开始和结束时刻却无法由此分频信号确定，因此，仅仅通过分频是无法得到群同步信号的。一般都通过在发送的数字信息流中插入一些特殊码组作为每一群的起止标记，而接收端根据这些特殊码组的位置确定各字、句和帧的开始及结束时刻来实现群同步。这种插入特殊码组实现群同步的方法又具体分为连贯插入法和分散插入法（间隔插入法），下面分别给予介绍。

7.3.1　连贯插入法

　　连贯插入法也叫集中插入法，它在每一个信息群的开头集中插入作为群同步码的特殊码组。这个作为群同步码插入的码组应当极少出现在信息码组中，即使偶尔出现，也不具有该信息群的周期性规律，即不会按照信息群的周期出现。接收端根据这个群的周期，连续数次检测该特殊码组，就可获得群同步信息，实现群同步。

　　选择适当的插入码组是实现连贯插入法的关键。它的选择应满足以下两点要求：

　　这个码组的码长应当既能保证传输效率较高（不能太长），又能保证接收端识别容易（不能太短）。

　　经过长期的实验研究，目前所知符合上述要求的码组有全 0 码、全 1 码、1/0 交替码、巴克码、电话基群帧同步码 0011011 等，其中又以巴克码最为常见。

　　1. 巴克码

　　巴克码是一种长度有限的非周期序列，它的自相关性较好，具有单峰特性。目前已找到的所有巴克码组如表 7 − 1 所示，其中 + 、 − 号分别表示该巴克码组第 i 位码元 X_i 取值的 + 、 − ，它们分别与二元码的 1、0 对应。

表 7 −1　常见巴克码组

码组中的码元位数	巴克码组	对应的二进制码
2	$(+ +)$,　$(− +)$	$(1\ 1)$,　$(0\ 1)$
3	$(+ + −)$	$(1\ 1\ 0)$
4	$(+ + + −)$,　$(+ + − +)$	$(1\ 1\ 1\ 0)$,　$(1\ 1\ 0\ 1)$
5	$(+ + + − +)$	$(1\ 1\ 1\ 0\ 1)$
7	$(+ + + − − + −)$	$(1\ 1\ 1\ 0\ 0\ 1\ 0)$
11	$(+ + + − − − + − − + −)$	$(1\ 1\ 1\ 0\ 0\ 0\ 1\ 0\ 0\ 1\ 0)$
13	$(+ + + + + − − + + − + − +)$	$(1\ 1\ 1\ 1\ 1\ 0\ 0\ 1\ 1\ 0\ 1\ 0\ 1)$

　　对长度有限的 n 位码组 $\{a_1,\ a_2,\ a_3,\ \cdots,\ a_n\}$，一般数学上定义其自相关函数 $R(j)$ 如式（7 − 32）所示，而称满足条件式（7 − 33）的自相关函数为具有单峰特性的自相关函数。

$$R(j) = \sum_{i=1}^{n-j} a_i a_{i+j} \tag{7 − 32}$$

$$R(j) = \begin{cases} n, & j = 0 \\ 0 \text{ 或 } \pm 1, & j \neq 0 \end{cases} \tag{7 − 33}$$

利用定义式（7 − 32），算出表 7 − 1 中 5 位巴克码的自相关函数如下：

$$R(0) = a_1{}^2 + a_2{}^2 + a_3{}^2 + a_4{}^2 + a_5{}^2 = 1^2 + 1^2 + 1^2 + (-1)^2 + 1^2 = 5$$
$$R(1) = a_1a_2 + a_2a_3 + a_3a_4 + a_4a_5 = 1 \cdot 1 + 1 \cdot 1 + 1 \cdot (-1) + (-1) \cdot 1 = 0$$
$$R(2) = a_1a_3 + a_2a_4 + a_3a_5 = 1 \cdot 1 + 1 \cdot (-1) + 1 \cdot 1 = 1$$
$$R(3) = a_1a_4 + a_2a_5 = 1 \cdot (-1) + 1 \cdot 1 = 0$$
$$R(4) = a_1a_5 = 1 \cdot 1 = 1$$
$$R(5) = 0$$

同样，可算出表 7-1 中 7 位巴克码的自相关函数值分别为：
$$R(0) = 7, R(1) = 0, R(2) = -1, R(3) = 0$$
$$R(4) = -1, R(5) = 0, R(6) = -1, R(7) = 0$$

依此类推，可把 $R(j)$ 的定义扩展到 j 为负数的情况，如：

5 位巴克码的 $R(-1) = a_2a_1 + a_3a_2 + a_4a_3 + a_5a_4 = 0$

根据上述计算，画出 5 位、7 位巴克码的自相关函数特性曲线如图 7-30 所示。明显地，这两个 $R(j)$ 曲线都呈现单峰形状，当 $j=0$ 时达到最大峰值。这是因为 5 位、7 位巴克码的自相关函数都满足条件式（7-33），故有时又称之为单峰自相关函数。事实上，所有巴克码的自相关函数都具有单峰特性。不难理解，巴克码的位数越多，它的 $R(j)$ 曲线峰值越大，自相关性就越好，识别这个码组也就越容易，而这正是我们对连贯插入的群同步码组的主要要求之一。正如图 7-30 所示，7 位巴克码的单峰形状比 5 位巴克码的更为陡峭，也即 7 位巴克码的自相关特性优于 5 位巴克码，识别 7 位巴克码就比 5 位巴克码容易。

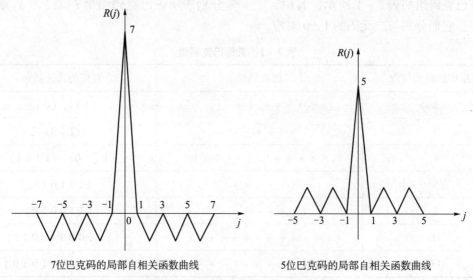

7位巴克码的局部自相关函数曲线　　　　　5位巴克码的局部自相关函数曲线

图 7-30　巴克码的局部自相关函数曲线

2. 巴克码识别器

巴克码识别电路由移位寄存器、相加电路和判决电路组成。以 7 位巴克码为例，只需用 7 个移位寄存器、相加器和判决器各一个就可以构成它的识别器了，如图 7-31 所示。

每个移位寄存器都有 Q、$\overline{Q}$ 两个互为反相的输出端。当输入某寄存器的码元为 1 时，它的 Q 端输出高电平 +1，$\overline{Q}$ 端输出低电平 -1；反之，当输入信码为 0 时，寄存器的 $\overline{Q}$ 端输出 +1，Q 端输出 -1。相加电路则把 7 个寄存器的相应输出电平值算术相加，每个移位寄存器都仅有一个输出端（Q或者$\overline{Q}$）和相加电路连接。从图中可以看出，各寄存器空间选择Q还是$\overline{Q}$端输出电平送入相加器由巴克码确定，即凡是巴克码为"＋"的那一位，其对应的寄存器输出端就选择Q；而巴克码为"－"的那一位则由$\overline{Q}$端输出到相加电路。图7－31中，各个寄存器的输出端从高（7位）到低（1位）依次是"QQQ$\overline{QQ}$QQ"，正好与表7－1中的7位巴克码"＋＋＋－－＋－"相对应。所以说，相加电路实际上就是对输入的巴克码进行相关运算，而判决器则根据该相关运算结果，按照判决门限进行判决。当一帧信号到来后，首先进入识别器的就是群同步码组，只有当7位巴克码正好已全部依次进入7个位移寄存器时，每个寄存器送入相加电路的相应输出端都正好输出高电平＋1，使相加器输出较大值＋7，而其余所有情况下相加器的输出均小于＋7。若将判决器的判决门限定为＋6，那么就在7位巴克码的最后一位－1进入识别器的瞬间，识别器输出一个＋7，作为同步脉冲表示一个新信息群的开始。

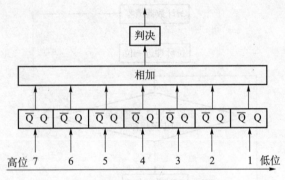

图7－31　7位巴克码识别器

从上述分析可以推知，如果输入信码的自相关函数具有单峰特性，其相应识别电路的输出也将呈现出单峰形状，即只有当群同步码组全部进入识别器时其输出才达到最大，一旦错开一位，输出立刻下降许多，这对判决识别显然非常有利。所以，同步码的自相关特性越好，其自相关函数特性曲线的单峰形状越尖锐陡峭，系统通过识别器识别该同步码组就越容易，发生同步码误判的概率也就越小。

7.3.2　间隔插入法

1. 原理

间隔插入法也叫分散插入法，它将群同步码均匀地分散插入在信息码流中进行发送，接收端则通过反复若干次对该同步码的捕获、检测接收及验证，才能实现群同步。多路复用的数字通信系统中常常采用这一插入方式，在每帧中只插入一位信码作为同步码。PCM 24路系统就是在每一帧$8 \times 24 = 192$个信息码元中插入一位群同步码，按照0、1交替插入的规则，一帧插"1"码，下一帧则插"0"码。由于每一帧中只插入一位数码1或0，同步码与信息码元混淆的概率高达$\frac{1}{2}$，但接收端进行同步捕获时要连续检测数十帧，只有每一帧的末位代码都符合0、1交替规律后才能确认同步。所以说采用这种插入方式的系统其群同步的可靠性还是较高的。

连贯插入法插入的是一个码组，而且这个群同步码组必须要有一定的长度，系统才能达到可靠同步，故连贯插入式群同步系统的传输效率必然较低。与此相应，分散插入式群同步系统的同步码仅占用极少的信息时隙，故传输效率必然较高，但是由于接收端必须要连续检测到几十位同步码元后才能确定系统同步，其同步捕获时间较长。所以，分散插入法适用于信号连续发送的通信系统，若发送信号时断时续，则反而会因为每次捕获同步的时间长而降低效率。

2. 滑动同步检测法

分散插入式群同步系统一般都采用滑动同步检测法来完成同步捕获，它既可用软件控制的方式来完成，也可用硬件电路直接实现。滑动同步检测法的软件实现流程图和硬件实现方框图分别如图 7-32、图 7-33 所示。

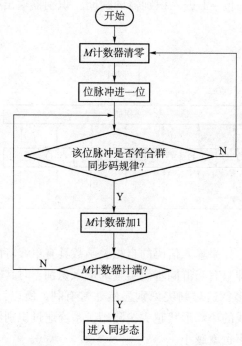

图 7-32　软件实现滑动检测法的流程图

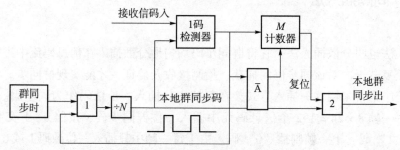

图 7-33　滑动同步检测框图

开机的瞬间，系统显然不可能已经实现了群同步，则称此时系统处于同步捕捉态，简称捕捉态。设群同步码以 0、1 交替的规律插入，接收端在收到第一个与同步码相同的码元"0"后，就认为已收到了一个群同步码；然后再检测下一个帧周期中相应位置上的码元，如果也符合约定的插入同步码规律为"1"，就认为已收到了第二个群同步码；又再继续检测第三帧相应位置上的码元……，如果连续检测了 M 帧（M 一般为几十），每一帧中相同位置上的码元都符合 0、1 交替规律，则认为已经找到了同步码，系统由捕捉态转入同步态，接收端根据收到的同步码找出每一个字、句的起、止时刻，进行译码。

如果上述同步捕获过程中，检测到某一帧相应位置上的码元不符合 0、1 交替规律，则顺势滑动一位，从下一位码元开始再按上述同步捕捉步骤，根据帧周期重新检测是否符合 0、1 交替规律；一旦检测到不符合规律的码元，则又再滑动一位重新开始检测……。如此反复进行下去，若一帧共有 N 个码元，则最多滑动 $N-1$ 位后，总可以检测到同步码。必须注意的是，无论是在第一位还是第 N 位才检测到群同步码，都必须要经过 M 帧的验证，方可确认系统同步。

设群同步码为全 1 码，即每帧插入的群同步码元均为"1"，每帧共有 N 个码元，M 为确认同步时至少要检测的帧数，我们来分析框图 7-33 实现群同步的过程。图中，1 码检测器通过比较接收信码与本地群同步码中的群同步码元"1"的位置是否对齐来判断同步与否，一帧检测一次。若两个输入信码都为"1"，检波器就输出正脉冲，M 计数器加 1；反之则输出负脉冲。

如果本地群同步码与接收信码中的群同步码已经对齐，则 1 码检测器将连续输出正脉冲，计数器计满 M 后输出一个高电平，打开与门 2，使本地群同步码输出，系统由捕捉态转入同步状态。如果本地群同步码与接收信码中的群同步码尚未对齐，1 码检测器只要检测到两路输入信码中相应位置上有一个"0"，便输出负脉冲，经非门 $\overline{A}$ 倒相后送入 M 计数器，使之复位，与门 2 关闭，本地群同步码不能输出，系统仍然处于捕捉状态。与此同时，该负脉冲还送入与门 1，使之关闭一个周期，封锁住一个位脉冲，使 N 分频器送入检测器的本地群同步码组顺势向后滑动一位，1 码检测器随之重新比较检测，M 计数器又从 0 开始计数。若其间又遇到"0"码，则本地群同步码组再滑动一位，1 码检测器再次重新检测，M 计数器再从 0 开始……。如此反复，直到本地群同步码组与信息码中的群同步码组完全对齐，计数器连续输出 M 个正脉冲后，与门 2 才打开，输出本地群同步码，系统进入同步状态。

群同步时钟电路输出频率 N 倍于群同步码速率的时钟信号。当电路处于同步状态时，该时钟信号经 N 次分频后输出本地群同步信号；而处于捕捉状态时，1 码检测器输出负脉冲关闭与门 1，使送入分频器的信号中断相应时间，导致分频器输出也相应延迟。即本地群同步码顺势后延一个码元后，再次与接收信码在 1 码检测器中比较检测。

框图 7-33 是针对每帧中插入的群同步码都为"1"的情况，若群同步码按照 0、1 交替的规律出现，则框图中相应的组合逻辑门电路部分还要复杂些，但其基本框架和实现过程是一样的。

7.3.3　群同步系统的性能

由于群同步信号是用来指示一个群或帧的开头或结尾的，对它的性能要求主要就是应当指示正确。所以，衡量群同步系统性能的主要指标是同步的可靠性及同步建立时间 t_s，而可靠性一般都用漏同步概率 P_1 和假同步概率 P_2 两个指标来共同表示。这和载波同步系统以及位同步系统的性能指标中主要包含精度方面的指标有明显的区别。

1. 漏同步概率 P_1

由于干扰影响，接收的群同步码组中可能会有一些码元出错，导致识别器漏识已经发出的同步码组，称出现这种情况的概率为漏同步概率 P_1。漏同步概率与群同步的插入方式、群同步码的码组长度、系统的误码率以及识别器的电路形式和参数选取等都有关系。

对 7 位巴克码识别器而言，如果设定判决门限为 6，则只要有一位巴克码出错，7 位巴克码全部进入识别器时，相加器将输出 5 而非 7，系统就会认为还没有达到同步，这就是通常所说的漏同步。如果将判决门限由 6 降低为 4，刚才的漏识情况就不会发生了，即这个 7 位巴克码识别器有一位码元的容错能力，或者说，这个识别系统不会漏识 7 位巴克码中一位巴克码出错时的同步情况。

根据上述分析，对采用连贯插入法的群同步系统，若 n 为选定的同步码组长度，P 为系统误码率，m 是识别器允许的码组中最多错误码元个数，则 n 位同步码组中错 r 位，即 r 位错码和 $n-r$ 位正确码同时出现的概率为 $P^r \cdot (1-P)^{n-r}$。当 $r < m$ 时，识别器可以识别这些共 C_n^r 种错误的情况，即识别器没有漏识的概率为 $\sum_{r=0}^{m} C_n^r P^r (1-P)^{n-r}$。故连贯插入式群同步系统的漏同步概率为：

$$P_1 = 1 - \sum_{r=0}^{m} C_n^r P^r (1-P)^{n-r} \tag{7-34}$$

对于采用分散插入法的群同步系统，因为每次只插一个码元，只要这个码元出错，则系统就必然发生漏同步。所以，分散插入法的群同步系统的漏同步概率就等于系统的误码率，即：

$$P_1 = P \tag{7-35}$$

2. 假同步概率 P_2

当信息码中含有和同步码相同的码元时，识别器会误认为接收到同步码，进而输出假同步信号，这时我们就说该群同步系统出现了假同步，记发生这种情况的概率为假同步概率 P_2，它等于信息码元中所有可能被错判为群同步码的组合数与全部可能的码组数之比。

对于连贯插入法的群同步系统，仍然令 n 为选定的同步码组长度，P 为系统误码率，m 是识别器允许的码组中最多错误码元个数，若信息码取值 0、1 是随机等概的，则长度为 n 的所有可能码组数共有 2^n 个。其中，能被错判为同步码组的组合数显然与 m 有关。由于出现 1 位错码仍可被判为同步码的码组个数共为 $C_n^1 = n$，则此时系统的假同步概率为 $P_2 = \dfrac{n}{2^n}$。同理，由于出现 r 位错码后仍被判为同步码的码组组合数为 C_n^r，故采用连贯插入法的群同步系统的假同步概率为：

$$P_2 = (\sum_{r=0}^{m} C_n^r)/2^n \tag{7-36}$$

对于分散插入式系统而言，由于需要连续检测 M 帧都符合群同步规律，才可确认系统实现了群同步，故当信码 0、1 等概率（或近似等概率）地取值时，对于有 N 位码元的一帧来说，必有 N 种可能性，但其中只有一种才是真的群同步码，则系统的假同步概率 P_2 为：

$$P_2 = (N-1)/(N \cdot 2^N) \tag{7-37}$$

比较式（7-34）、式（7-35）、式（7-36）和式（7-37），可以发现，降低判决门限电平即增大 m，将使 P_1 减小，P_2 增大；增加码组长度 n，则 P_2 减小而 P_1 增大。所以，这两个指标对判决门限电平 m 和同步码长度 n 的要求是相互矛盾的。因此在选择参数时，必须注意兼顾两者的要求。

3. 平均同步建立时间 t_s

对于连贯插入法，如果既无漏同步也无假同步，则实现群同步最多只需要一群的时间。设每群的码元数为 N 位（其中 n 位为群同步码），每个码元的持续时间为 T_B，则最长的群同步建立时间为一群的时间 NT_B；在建立同步过程中，如果出现一次假同步，则最长同步建立时间也将增加 NT_B。因此，如果考虑漏同步和假同步，群同步的建立时间就要在 NT_B 的基础上增加，按照统计平均的方法可知，群同步系统的最长平均建立时间 t_s 为：

$$t_s = (1 + P_1 + P_2)NT_B \tag{7-38}$$

将此公式用于连贯插入法和分散插入法系统中进行分析，得出两种插入法对应的系统平均最长群同步建立时间分别为：

连贯插入法：
$$t_s = (1 + P_1)N^2 T_B \tag{7-39}$$

分散插入法：
$$t_s = (2N^2 - N - 1)T_B \tag{7-40}$$

比较式（7-39）和式（7-40）可知，连贯插入系统的群同步平均建立时间远小于分散插入系统，这也是连贯插入法虽然效率较低却仍然广为使用的主要原因。

7.3.4 群同步的保护

为了确保群同步系统稳定可靠，提高系统抗干扰的能力，预防假同步以及漏掉真同步，必须要对群同步系统采取保护措施，既减小漏同步概率 P_1 又降低假同步发生的可能。

前已指出，漏同步概率 P_1 与假同步概率 P_2 对电路参数的要求往往是彼此矛盾的，即改变参数使得 P_2 降低的同时会导致 P_1 上升，反之亦然。因此，一般都将群同步的工作状态划分为捕捉态和同步态，针对同步保护对漏同步概率 P_1 和假同步概率 P_2 都要低的要求，在不同状态下根据电路的实际情况规定不同的识别器判决门限，解决两个概率 P_1、P_2 对识别器判决门限相互矛盾的要求，达到降低漏同步和假同步的目的。

捕捉态时，由于系统尚未建立起群同步，根本就谈不上漏同步的问题，故此时主要应防止出现假同步。所以，此时的同步保护措施是：提高判决门限，减小识别器允许的码组最大错误码元个数 m，使假同步概率 P_2 下降。

同步态时，群同步保护主要就是要防止因偶然的干扰使同步码出错，导致系统以为失步，进而错误地转为捕捉态或失步的情况。此时系统应以防止漏同步为主，尽量减小漏同步概率 P_1。所以此时的同步保护措施为：降低判决门限，增大识别器允许的码组最大错误码元个数 m 使 P_1 下降。

上述只是介绍了群同步保护的基本原则和总的解决思路，对于采用连贯插入或分散插入方式的群同步系统来说，其相应的具体保护措施及电路是不同的。有兴趣的读者可查阅相关资料，此处不再详述。

 提升　　学完本节内容后请完成附录 C 中的任务单 7.3。

本章小结

同步系统虽然不是信息传输的通路，但它是通信系统必不可少的组成部分，是实现通信的必要前提，系统只有实现同步后才可能传输信息。一旦出现较大的同步误差或者失步，系统的通信质量就会急剧下降甚至通信中断。因此说，同步信号的质量在一定程度上决定了整个系统的通信质量。实际系统中，对同步系统的同步可靠性和精确度要求往往超过信息传输系统。

载波同步、位同步和群同步是通信系统中最基本的同步，本章主要讲述了这 3 种同步在通信系统中的地位和作用，以及它们各自实现的原理和方法，并详细地讨论了它们的性能指标。

3 种同步虽然功能作用各不相同，但彼此关联和相似。载波同步与位同步从原理到实现方法都比较接近，它们都是为了获得某一个特定的频率信息，但前者要获取的是频率 f_c 的正弦载波信号；而后者则是要提取频率 f_B 的周期性定时脉冲序列；群同步的目的则是要获得关于一群或一帧的起、止时刻的有关信息。虽然位同步与群同步同样存在相位同步的问题，但它们实现同步的方式却完全不同。与此相应，3 种同步的主要性能指标也不尽相同，其中，载波同步和位同步比较相近，都包含有同步可靠性和准确性两方面指标，而群同步则主要是同步可靠性方面的指标。

目前，绝大多数实际系统中的同步电路都是通过软件及专用芯片来构成并实现的。

本章所讲述的 3 种基本同步实现方法较多，且各有特点。为便于读者对整个同步系统及其各类实现方法形成一个清晰的概念，我们列出同步系统的分类和它们的实现方法如下，以供参考。

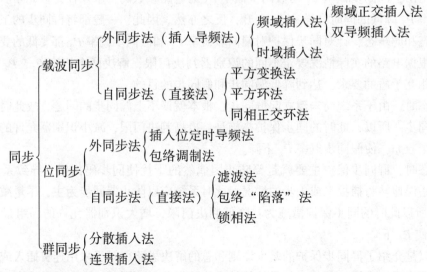

闯关游戏七

滤波器来找碴

同步就是网络节点的"时钟"，它保证整个网络在某一个特定的"节奏"下步调一致地交互信息，而避免"错乱"现象的发生。如同大型乐队的指挥，无论是管弦乐器还是打击乐器都要在指挥家的统一指挥下演奏，而乐谱本身就是按照小节来写的，小节形成节奏；无论一个乐队有多少种乐器，每种乐器的音色差异有多大，都必须拥有统一的节奏。而在通信网中，这个"节奏"往往隐藏在发送"信号"中，需要我们从中寻找"节奏"来保证整个系统"步调一致"。

如何让接收方在二元数字调相（2PSK）信号中，顺利地找到"节奏"，让我们来设计一个位同步信息检测滤波器，让滤波器把"信号"中的"节奏"找出来。

接收端收到 2PSK 信号如下：

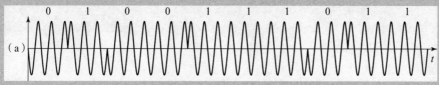

请你设计一个滤波器找出 2PSK 信号中的"位同步"信息。

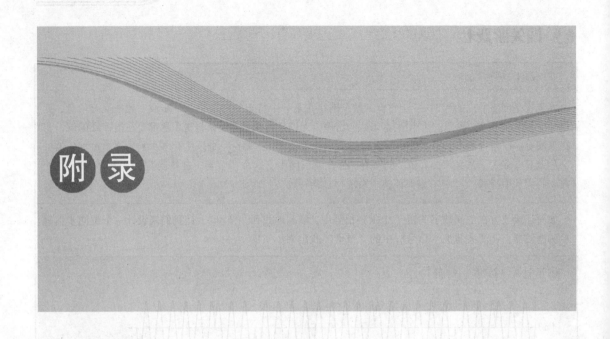

附录 A 国际性通信组织及相关组织简介

A.1 国际电信联盟及其电信标准部

国际电信联盟（ITU）成立于 1865 年，1947 年成为联合国电信方面的专门机构，总部设在日内瓦。1992 年 12 月 7—22 日，ITU 召开的全权代表大会对其机构作了重大改革，改革后的 ITU，其实质性工作由电信标准部（ITU－T）、无线电通信部和电信发展部 3 个部门承担。其中，ITU－T 由前国际电报电话咨询委员会（CCITT）和国际无线电咨询委员会（CCIR）中从事标准化工作的部门合并而成，其主要职责是完成 ITU 有关电信标准方面的目标，即研究电信技术、操作和资费等问题，并就此类问题提出建议，以实现全世界的电信标准化，ITU－T 有权决定由它定义的有关远程信息处理业务的操作原则、技术原则（包括保证国际互通的各种必要因素）及费率原则。它不负责实现终端所需的硬件或软件（例如，记录系统的进纸、字符字模、纸张特性等）的标准化工作。要涉及 ITU－T 定义的远程信息处理业务终端时，ITU－T 特约国际标准化组织（ISO）为其提供有关这些终端设备在数据系统中和在进行数据通信时工作情况的建议。

需要指出的是，ITU 以前出版的 CCITT 和 CCIR 建议，除非有新的修改，否则继续有效。

A.2 国际标准化组织

国际标准化组织（ISO）成立于 1946 年，是一个自愿形成的非政府间的国际组织机构，其中有 70% 以上的成员都是根据法律程序组成的政府标准化机构或组织，如美国国家标准学会（ANSI）就是其中之一。ISO 的研究课题除电信业务外还包括工业、农业及贸易等各个领域，内容十分广泛。虽然有关电信的研究原本划归 ITU（或其前身 CCITT、CCIR）来进行，但随着科学技术的发展和综合，各种技术间的界限变得十分模糊。于是，大家开始从不同的角度来考虑同一问题。例如，为了便于 PC 机间的通信，ISO 开发了一种具有 7 层结构的开放系统互连（OSI）模型，而 CCITT 也有完全一样的标准，OSI 模型对于发展电信事业有着不可低估的作用。另外，ISO 还为 CCITT 在制定有关远程信息处理业务终端标准方面提供了很多有益的建议。

A.3　国际通信卫星组织

国际通信卫星组织（INTELSAT）成立于 1964 年 8 月 19 日，总部设在美国华盛顿，其宗旨是建立全球商业通信卫星联系。1965 年，"国际通信卫星" 1 号发射成功。国际通信卫星已从第 1 代发展到第 8 代，遍及世界各地的卫星通信地球站共有 200 多个，它们利用太平洋、印度洋和大西洋赤道上空的地球同步卫星组成了一个全球性卫星通信网，并承担了主要的国际越洋通信业务，国际通信卫星组织接受所有 ITU 的成员参加。中国于 1977 年 8 月加入国际通信卫星组织。

A.4　国际电工技术委员会

国际电工技术委员会（IEC）成立于 1906 年，各国分委员会由各国科学家组成。目前，有 40 多个国家委员会参加 IEC 的各种标准的制定工作。

A.5　美国电子工业协会和通信工业协会

美国电子工业协会（EIA）是美国电子工业界中设备制造厂家的一个贸易协会，美国通信工业协会（TIA）是 EIA 的一部分，它主要负责处理与通信有关的事宜。

附录 B　信号电平的分贝表示方法

在通信中经常用符号 dB（分贝）、Np（奈培）、dBm、dBr 和 dBm0 等表示信号电平的变化。了解它们之间的区别是很重要的。

1. 分贝（dB）和奈培（Np）

分贝（dB）是以常用对数表示两个功率之比的一种计量单位，奈培（Np）是以自然对数表示两个功率之比的一种计量单位（但已很少用）。若以某一参考点 0 的 P_0（瓦）和 V_0（伏）作为比较的基准功率（W）和基准电压（V），则某一测试点 1 的功率电平为：

$$D = 10\lg\frac{P_1}{P_0}(\text{dB}) \tag{B-1}$$

或

$$D = \frac{1}{2}\ln\frac{P_1}{P_0}(\text{Np}) \tag{B-2}$$

其电压电平为：

$$D = 20\lg\frac{V_1}{V_0}(\,\mathrm{dB})\qquad\qquad(\,\mathrm{B}-3)$$

或

$$D = \ln\frac{V_1}{V_0}(\,\mathrm{Np})\qquad\qquad(\,\mathrm{B}-4)$$

2. 用分贝表示的绝对功率电平 dBm

度量信号绝对功率电平大小的单位是 dBm。它是相对于 1 mW 功率的电平单位。如果信号的功率为 P_1，则用分贝表示的绝对功率电平为：

$$D = 10\lg\frac{P_1(\,\mathrm{mW})}{1(\,\mathrm{mW})} = 10\lg P_1(\,\mathrm{dBm})\qquad\qquad(\,\mathrm{B}-5)$$

式中的 1 mW 是参考功率，P_1 是信号功率的毫瓦数。当 $P_1 = 1$ mW 时，绝对功率电平为0 dBm。

3. 用分贝表示的相对功率电平 dBr

相对功率电平定义为：用同一单位表示的两个信号功率 P_1、P_2 之比的常用对数的 10 倍定义为以分贝表示的相对功率电平。即：

$$D = 10\lg\frac{P_1}{P_2}(\,\mathrm{dBr})\qquad\qquad(\,\mathrm{B}-6)$$

这里的相对功率电平 D 表示功率 P_1 相对于功率 P_2 的电平数。如 $P_2 = 1$ mW，则 dBr 值与 dBm 值相同。

4. 相对零电平点的电平 dBm0

通常在传输系统中选择一些供维护用的测试电平点，在传输电平点中选择一个传输电平点作为测试的参考点，并把该点的测试信号绝对功率电平定为相对功率电平 0 dBr，这个测试点就称为零测试电平点。

附录 C　任　务　单

任务单1

学习团队		学时	
任务描述	该模块主要介绍数字通信和模拟通信的基本概念及其性能特点，要求学生重点掌握通信系统的典型模型和主要性能指标，掌握通信的分析方法。要求学生对概念性知识点和通信模型有全面和透彻的了解。例如了解信息、信息的度量、信道、信道容量、传输介质等概念。掌握串行传输、并行传输，单工传输、半双工传输和全双工传输，异步传输和同步传输等原理及模型。 　　引导学生通过对理论知识的学习，联系生活和工作生产中存在的相关知识，进行学生分组讨论活动，教师总结并点评。		

引导文
1. 理解并掌握主要知识点，分别对如下概念做出解释：信息、信号、信息量、信道。
2.　一离散信源由 0、1、2 三个符号组成，它们出现的概率分别为 1/4、1/4、1/2，且每个信号的出现都是独立的，试求某消息 0111220000211000222200120102002201100022102 01 的信息量。
3. 对通信系统模型进行描述。
4.　一个离散信源每毫秒发出四种符号中的一种，各相互独立符号出现的概率分别为 0.1、0.2、0.3、0.4，求该信源的平均信息量。
5. 以上述 4 题的题干为已知条件，求该信源的码元传输速率与信息速率。
6. 画出数字通信系统的基本模型。

引导文
7. 假设在 125 μs 内传输 250 个二进制码元，请计算信息传输速率是多少？若该信号在 2 s 内有 3 个误码产生，试问其误码率等于多少？
8. 假设二进制的系统，信道频带宽度为 1 024 kHz，以 2 048 Kb/s 的比特率传输，其传输效率是多少？若改为四进制的系统，其传输效率是多少？
9. 某二进制数字通信系统，信息传输速率为 2 400 b/s，则码元传输速率是多少 Bd？若 τ 不变，改为八进制传输，则信息传输速率和码元传输速率分别是多少？
10. 简述数字通信系统的优缺点。
请根据对本章节的学习、认知和理解，提出对本章节的补充问题：
任务学习其他说明：
评语： 指导教师： 日期：　　年　　月　　日

任务单 2.1

学习团队		学时	

任务描述	学习并掌握抽样定理的内容，包括低通型信号及带通型信号的抽样定理；掌握均匀量化与非均匀量化的原理；掌握 A 律 13 折线编码的方法；了解逐次反馈比较型 PCM 编码器的组成原理。 　　引导学生通过对理论知识的学习，联系生活和工作生产中存在的相关知识，进行学生分组讨论活动，教师总结并点评。

引导文

1. 抽样的任务是什么？抽样之后的信号有什么特征？

2. 什么是低通型信号的抽样定理？什么是带通型信号的抽样定理？

3. 设基带信号的频带为 60 ~ 108 Hz，对其进行 PCM 处理。为了在接收端不失真地恢复出原信号，试求抽样间隔应为多少？

4. 为什么要进行量化？8 位二进制码可以表示多少种状态？

5. 什么是均匀量化？它的主要缺点是什么？

引导文
6. 在 PCM 通信中为什么要采用非均匀量化？
7. PCM 接收端解码器和本地译码器有哪些异同？
8. 将抽样值 +168Δ 按 A 律 13 折线逐次反馈比较型编码方案进行编码，并计算接收端的量化误差。
9. 已知 A 律 13 折线的八位编码为 01101010，写出接收端译码后的抽样值。
10. 某设备按 A 律 13 折线编码，已知未过载电压最大值为 4 096 mV，则 Δ 应选为多少？最大量化级和最小量化级各为多少？
请根据对本章节的学习、认知和理解，提出对本章节的补充问题：
任务学习其他说明：
评语： 指导教师： 日期：　　年　　月　　日

任务单2.2

学习团队		学时	
任务描述	掌握增量调制的原理，了解几种改进型的增量调制及增量调制与脉冲编码调制的区别；了解差值脉冲编码调制及自适应差值脉冲编码调制的原理。 　　引导学生通过对理论知识的学习，联系生活和工作生产中存在的相关知识，进行学生分组讨论活动，教师总结并点评。		

引导文
1. 什么是增量调制？增量调制有什么特点？
2. 增量调制的量阶大小与编码位数及量化误差有什么关系？
3. 画出简单增量调制系统的实现框图。
4. 增量调制过载的原因是什么？
5. 什么是增量总和调制？

引导文
6. 画出增量总和调制的原理图。
7. 试比较增量调制系统、PCM 和 ADPCM 系统三者之间的关系和区别。
8. 增量调制中会产生哪两种噪声？分别是怎样形成的？如何改善？
9. ADPCM 有哪几种实现方案？分别如何实现？
10. ADPCM 中，后向自适应量化的特点是什么？
请根据对本章节的学习、认知和理解，提出对本章节的补充问题：
任务学习其他说明：
评语： 指导教师： 日期：　　年　　月　　日

任务单 3.1

学习团队		学时	
任务描述	数字基带信号传输要选择适当的波形，如单极性脉冲、双极性脉冲、差分波形、多电平脉冲等，同时了解各种波形的频谱特性。还需要根据信道特性进行相应的码型变换，如双相码、差分双相码、Miller 码、CMI 码、AMI 码、HDB3 码等，要求学生掌握相应的波形和码型变换。 　　引导学生通过对理论知识的学习，联系生活和工作生产中存在的相关知识，进行学生分组讨论活动，教师总结并点评。		
引导文			

1. 数字基带信号有哪些常见的形式？

2. 数字基带传输码型的选择原则有哪些？

3. 数字基带信号的功率谱有什么特点？它的带宽主要取决于什么？

4. 已知二进制数字信号为 110010110010，画出其对应的 Miller 码、CMI 码和传号差分双相码。

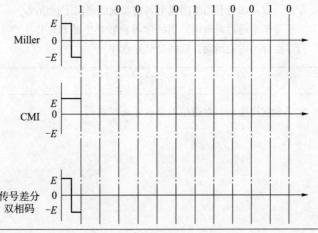

引导文
5. 已知二进制数字信号为10000111000001100000101，写出 AMI 码及 HDB3 码。
请根据对本章节的学习、认知和理解，提出对本章节的补充问题：
任务学习其他说明：
评语： 指导教师： 日期：　　年　　月　　日

任务单 3.2

学习团队		学时	
任务描述	掌握基带传输系统的基本组成；掌握无码间干扰的基带传输准则；了解什么是眼图，以及如何利用眼图模型判定系统的码间干扰情况。 　　引导学生通过对理论知识的学习，联系生活和工作生产中存在的相关知识，进行学生分组讨论活动，教师总结并点评。		
引导文			
1. 什么是码间干扰？它是如何产生的？对通信质量有什么影响？			

引导文
2. 画出基带传输系统框图，并说明各部分的作用。
3. 数字基带信号传输的基本准则是什么？
4. 什么是眼图？
5. 用滚降低通作为传输网络时，实际占用的频带展宽了，而传输效率有所下降，当 $\alpha=50\%$ 时，传输效率是理想低通传输效率的（　　　　），当 $\alpha=100\%$ 时，传输效率是理想低通时的（　　　　）。
6. 由眼图模型可以说明基带传输系统的哪些特性？ 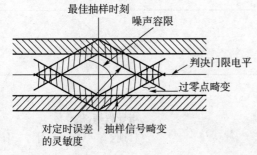

续表

引导文
7. 已知滤波器的 $H(f)$ 具有如下图所示的特性（码元速率变化时特性不变），当采用的码元速率 f_b 分别为 1 000 Bd、4 000 Bd、1 500 Bd、3 000 Bd 时（假设码元经过了理想抽样后才加到滤波器），问哪种码元速率不会产生码间串扰？ 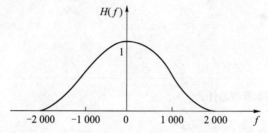
8. 再生中继系统的作用是什么？
9. 再生中继器由哪几部分组成？每部分起什么作用？
10. 同步传输与异步传输有什么区别？
请根据对本章节的学习、认知和理解，提出对本章节的补充问题：
任务学习其他说明：
评语：<div align="right">指导教师： 日期：　年　月　日</div>

任务单4

学习团队		学时	
任务描述	差错控制是通信系统中十分重要的技术，掌握的要点包括差错的产生及差错类型、差错控制方式、差错控制的基本原理、差错控制编码方法。要求学生重点掌握差错控制的方式和常用差错控制编码的方法等内容。 　　引导学生通过对理论知识的学习，联系生活和工作生产中存在的相关知识，进行学生分组讨论活动，教师总结并点评。		

引导文

1. 在数字通信系统中，采用差错控制的目的是什么？

2. 常用的差错控制方式有哪些？并举例说明在哪些实际的通信系统中使用？

3. 请问码组的检纠错能力与最小码距之间的关系是什么？

4. 已知正反码 1001111011 和 1010101011，请进行纠错分析。

5. 已知码集合中有 8 个码组（000000），（001110），（010101），（011011），（100011），（101101），（110110），（111000）。求该码集合的最小码距。

引导文
6. 已知某汉明码的监督矩阵如下所示，试求： $$\begin{bmatrix} 1 & 0 & 1 & 1 & 1 & 0 & 0 \\ 0 & 1 & 1 & 1 & 0 & 1 & 0 \\ 1 & 1 & 1 & 0 & 0 & 0 & 1 \end{bmatrix}$$ （1）若输入信息码元为 1001，写出其相应的汉明码字； （2）验证 1111001 和 0101011 是否符合该汉明码的编码规则？如果不符合，请纠正之。
7. 已知（7，4）循环码的生成多项式为 $g(x) = x^3 + x + 1$，若信息码为 1001，求生成码字。
8. 已知（7，3）循环码的生成多项式 $g(x) = x^4 + x^2 + x + 1$，画出该循环码的编码器原理图。
9. 设计一种（6，3）线性分组码，并写出全部许用码。

引导文

10. 已知（2，1，2）卷积码的编码器如下所示，信息序列为 11001……，求卷积码输出？

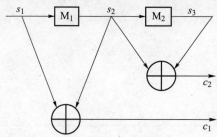

请根据对本章节的学习、认知和理解，提出对本章节的补充问题：

任务学习其他说明：

评语：

指导教师：

日期：　　年　　月　　日

任务单5.1

学习团队		学时	
任务描述	掌握二进制数字调制的原理，包括 2ASK 调制与解调方法、2FSK 调制与解调方法、2PSK 及 2DPSK 调制与解调方法，及各种调制信号的带宽计算。 　　引导学生通过对理论知识的学习，联系生活和工作生产中存在的相关知识，进行学生分组讨论活动，教师总结并点评。		

引导文
1. 什么是数字调制？它与模拟调制有哪些异同？
2. 分别对如下概念作出解释：振幅键控、频移键控、相对相移键控、绝对相移键控。
3. 列举三种 2FSK 信号的解调方法。
4. 信息序列为 11001010，画出 2ASK、2FSK、2PSK、2DPSK 的波形。
5. 某 2FSK 系统，"1" 码用载波 $5\sin500\pi t$ 传输，"0" 码用载波 $5\sin1000\pi t$ 传输，码元传输速率为 800 Bd，则该 2FSK 系统的最小带宽是多少？

引导文
6. 试构成一种 2ASK 信号调制器原理框图。
7. 设发送的二进制信息为 101011011，采用 2ASK 方式传输。已知码元传输速率为 1 200 Bd，载波频率为 2 400 Hz，画出 2ASK 信号的时间波形。
8. 设发送的二进制信息为 1010101100，采用 2PSK 方式传输。已知码元传输速率为 2 400 Bd，载波频率为 4 800 Hz，画出 2PSK 信号的时间波形。
9. 以上述第 8 题的题干为已知条件，求该 2PSK 信号的带宽。
10. 请画出 2PSK 的调制与解调原理框图。

引导文
请根据对本章节的学习、认知和理解，提出对本章节的补充问题：
任务学习其他说明：
评语： 指导教师： 日期：　　年　　月　　日

任务单 5.2

学习团队		学时	
任务描述	了解多进制数字调制的概念及方法，与二进制进行对比分析，找出多进制调制的优势，重点掌握多进制相移键控的调制与解调原理；了解几种常用改进型的数字调制方式，包括 QAM、MSK、GMSK 等。 　　引导学生通过对理论知识的学习，联系生活和工作生产中存在的相关知识，进行学生分组讨论活动，教师总结并点评。		
引导文			
1. 与二进制数字调制系统相比，多进制数字调制系统具有哪些特点？			

引导文
2. 什么是 QAM 调制？QAM 信号有什么特点？
3. 画出 QPSK 调制与解调的原理图。
4. 什么是 MSK 调制？MSK 调制信号有什么特点？
5. 已知信息序列为 1101001010001011，画出 π/2 相系统的 4PSK、4DPSK 的波形图。
6. 已知信息序列为 1000110110101100，画出 π/4 相系统的 4PSK、4DPSK 波形图。

引导文
7. 已知 8FSK 传输系统，码元传输速率为 720 Bd，则该系统的最小带宽是多少？
8. 某 4PSK 系统，信息传输速率为 4 800 b/s，则该系统的最小带宽为多少？
9. 什么是 GMSK 调制？它与 MSK 调制有何不同？
10. 常用的 QAM 形式有哪些？QAM 的星座点数与每个符号传输的信息量有什么关系？
请根据对本章节的学习、认知和理解，提出对本章节的补充问题：
任务学习其他说明：
评语： 指导教师： 日期：　　年　　月　　日

任务单 5.3

学习团队		学时	
任务描述	了解几种最典型的数字频带传输系统，包括光纤数字传输系统、数字微波通信系统和数字卫星通信系统。 引导学生通过对理论知识的学习，联系生活和工作生产中存在的相关知识，进行学生分组讨论活动，教师总结并点评。		

引导文

1. 光纤通信所采用的 3 个使用通信波段分别是什么？

2. 光纤通信与电通信比较有什么特点？

3. 在光纤通信中为什么要重新编码，并说明光纤通信应用的码型有哪些？

4. 微波中继器的作用是什么？

5. 简述数字微波传输系统的组成。

引导文
6. 卫星中继信道是由哪几部分构成的？
7. 简述卫星通信的电波传播特点。
8. 什么是信道分配技术？
9. 数字微波中继的转接方式有哪几种？
10. 画出数字光纤通信系统的组成框图。
请根据对本章节的学习、认知和理解，提出对本章节的补充问题：
任务学习其他说明：
评语： 指导教师： 日期：　　年　　月　　日

任务单6.1

学习团队		学时	
任务描述	掌握几种多路复用的原理，包括频分复用、时分复用、码分复用，并了解各种复用方式在实际通信系统中的应用。 引导学生通过对理论知识的学习，联系生活和工作生产中存在的相关知识，进行学生分组讨论活动，教师总结并点评。		

引导文
1. 什么叫频分复用？通信系统采用频分复用有什么优点？
2. 什么是时分复用？它与频分复用的区别是什么？
3. 什么是码分复用？
4. OFDM 与 FDM 有哪些区别？它的主要优势体现在哪里？
5. 什么是波分复用？它主要的应用场景是哪些？

引导文
6. 某电台共有 10 个频道，每个频道所占带宽为 10 MHz，相邻频道间的保护频带为 200 kHz，则分配给该电台的最小带宽为多少？
7. 五路信号时分复用后传输，其中两路信号的频率范围是 300 Hz ~ 10 MHz，另外三路信号的频率范围是 4 ~ 8 kHz，则抽样频率是多少？五路信号抽样后采用 3 位二进制编码，则复用后系统需要的带宽是多少？
8. PCM30/32 路系统的帧同步码和复帧同步码分别由哪个时隙发送？帧同步码和复帧同步码分别是什么？
9. PCM30/32 路系统的复帧长、帧长、路时隙长及位时隙长分别是多少？
10. PCM30/32 路系统的数码率是多少？如何计算出该结果？
请根据对本章节的学习、认知和理解，提出对本章节的补充问题：
任务学习其他说明：
评语： 指导教师： 日期：　　年　　月　　日

任务单 6.2

学习团队		学时	
任务描述	掌握多址技术的原理，包括频分多址、时分多址、码分多址、空分多址等，并了解各种多址方式在实际通信系统中的应用。 　　引导学生通过对理论知识的学习，联系生活和工作生产中存在的相关知识，进行学生分组讨论活动，教师总结并点评。		

<table>
<tr><td colspan="4" align="center">引导文</td></tr>
</table>

1. 什么是频分多址？频分多址有什么特点？

2. 什么是时分多址？时分多址有什么特点？

3. 什么是码分多址？码分多址有什么特点？

4. 简述 GSM 系统的多址方式。

引导文

5. 下图为 FDMA/TDMA/CDMA 组合使用的情况示例，请写出问号处的时频码资源。

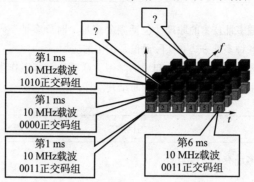

第1 ms
10 MHz载波
1010正交码组

第1 ms
10 MHz载波
0000正交码组

第1 ms
10 MHz载波
0011正交码组

第6 ms
10 MHz载波
0011正交码组

6. 什么是空分多址？空分多址有什么特点？

7. 正交的多址方式有哪些？它们分别有什么特点？

8. 随机多址接入方式都有哪几种？各自有什么特点？

9. 面向 5G 的多址接入技术都有哪些？它们都由业内哪些公司提出？各自有何特点？

引导文
10. 面向 5G 的多址接入技术与传统的多址接入技术有何区别?
请根据对本章节的学习、认知和理解，提出对本章节的补充问题：
任务学习其他说明：
评语： 指导教师： 日期：   年   月   日

任务单 7.1

学习团队		学时	
任务描述	掌握同步、载波同步的概念，了解实现载波同步的方法，包括直接法、插入导频法，了解载波同步系统的性能指标。		
引导文			
1. 什么是同步？按照实现同步的方法，同步可分为哪几种？			
2. 试述载波提取的几种常用方法，并说明单边带信号不能采用平方变换法提取同步载波的原因。			

引导文
3. 载波同步提取中为什么会出现相位模糊现象？它对数字通信和模拟通信各有什么影响？
4. 简述插入导频法的插入规则。
5. 载波同步系统的性能指标包括哪些方面？
请根据对本章节的学习、认知和理解，提出对本章节的补充问题：
任务学习其他说明：
评语：   指导教师： 日期：　　年　　月　　日

任务单 7.2

学习团队		学时	
任务描述	掌握位同步的概念，了解实现位同步的方法，包括直接法、插入定时导频法，了解位同步系统的性能指标。		

<table>
<tr><td colspan="4" align="center">引导文</td></tr>
</table>

1. 什么是位同步？位同步应用于何种系统？

2. 思考图 7 – 20 插入位定时导频法系统框图中使用全波整流和半波整流的差异，说明此处选用半波整流的原因。

3. 相位误差对位同步性能有什么影响？

4. 位同步提取的两个基本要求是什么？常用的位同步提取方法有哪些？相位误差对位同步系统性能指标的影响是什么？

续表

引导文
5. 在下面的图中，画出图7−22中各对应点 b、c、d、e 的波形图，其中下图（a）表示输入基带信号波形，并说明图中移相电路的作用。 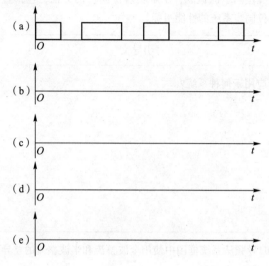
请根据对本章节的学习、认知和理解，提出对本章节的补充问题：
任务学习其他说明：
评语： 　　　　　　　　　　　　　　　　　　　　　　　　　　　指导教师： 　　　　　　　　　　　　　　　　　　　　　　　　　　　日期：　　年　　月　　日

任务单7.3

学习团队		学时	
任务描述	掌握群同步的概念，了解实现群同步的方法，包括连贯插入法、间隔插入法，了解群同步系统的性能及群同步的保护。		
引导文			

1. 什么是群同步？

2. 衡量群同步系统性能的主要指标是什么？

3. 设7位巴克码识别器中各寄存器的初始状态全为"1"，试分别画出识别器在7位巴克码前后的输入信码为全"0"或全"1"时的相加输出波形和判决输出波形。

4. 漏同步和假同步是怎样发生的？如何减小漏同步概率和假同步概率？

5. 简述载波同步、位同步和群同步之间的关联和相似性。

引导文
请根据对本章节的学习、认知和理解，提出对本章节的补充问题：
任务学习其他说明：
评语： 指导教师： 日期：　　年　　月　　日

终极闯关

终极解密

　　抗日战争是指 20 世纪中期第二次世界大战中，中国抵抗日本侵略的一场民族性的正义战争。

　　抗日战争于 1931 年的"九·一八"事变开始，卢沟桥事件后全面爆发，共历时 14 年。1945 年，日本向同盟国阵营无条件投降，中日战争告终。十四年的抗日战争包括局部抗战和全国抗战两个时期。其中 1931 年至 1937 年是六年局部抗战，虽然军事行动主要发生在东北、华北及上海等局部地区，却是与全国抗日救亡运动相互推动、共同发展的，它既是抗日战争不可分割的组成部分，又对发动全民族抗战产生重要作用；而 1937 年至 1945 年是八年全国抗战，这是中华民族和日本帝国主义进行的一次决死的战争，其广度、深度、范围和影响都是空前的。

　　抗日战争，是中国人民反抗日本帝国主义侵略的正义战争，是世界反法西斯战争的重要组成部分，也是中国近代以来抗击外敌入侵第一次取得完全胜利的民族解放战争。在这场战争中，中华民族同仇敌忾，浴血奋战，创造了弱国打败强国的光辉业绩。(选自搜狗百科)

情报科人员接到信息波形，请你将传递信息的波形进行解码。

1. 码表如下表所示

数码	汉字	数码	汉字
000	北	100	利
001	成	101	功
010	胜	110	心
011	败	111	开

2. 差错控制编码为（7，3）循环码，生成多项式为 $g(x) = x^4 + x^2 + x + 1$。

3. 加密算法为模 2 加法，密码序列为：11010010101101。

4. 调制方式为 2PSK 调制，传"1"码用 0 相位载波，"0"码用 π 相位载波。

5. 下图为接收波形，请破译。

接收波形：

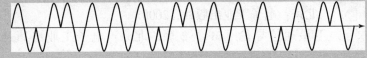

破译：

参 考 文 献

［1］唐彦儒. 数字通信技术［M］. 北京：机械工业出版社，2011.

［2］樊昌信，曹丽娜. 通信原理［M］. 6 版. 北京：国防工业出版社，2006.

［3］罗卫兵，孙桦，张捷. SystemView 动态系统分析及通信系统仿真设计［M］. 西安：西安电子科技大学出版社，2002.

［4］孙会楠，曹雷，等. 通信原理教程［M］. 北京：人民邮电出版社，2014.

［5］李文海，毛京丽，石方文. 数字通信原理［M］. 2 版. 北京：人民邮电出版社，2007.

［6］苗长云，沈保锁，窦晋江. 现代通信原理及应用［M］. 北京：电子工业出版社，2006.

［7］肖萍萍，吴健学. SDH 原理与应用［M］. 北京：人民邮电出版社，2008.

［8］《数字通信测量仪器》编写组. 数字通信测量仪器［M］. 北京：人民邮电出版社，2007.

［9］张杭，张邦宁，等. 数字通信技术［M］. 北京：人民邮电出版社，2008.

［10］李世银，宋金玲. 通信原理［M］. 北京：人民邮电出版社，2009.

［11］许学梅. 数字通信［M］. 北京：高等教育出版社，2007.

［12］李斯伟. 数字通信系统原理［M］. 北京：人民邮电出版社，2008.

［13］毛京丽. 数字通信原理［M］. 北京：人民邮电出版社，2007.

［14］仇佩亮，陈惠芳，谢磊. 数字通信基础［M］. 北京：电子工业出版社，2007.

［15］姚先友. 数字数据通信［M］. 北京：人民邮电出版社，2008.

［16］陈岩，乔继红. 通信原理与数据通信［M］. 北京：机械工业出版社，2007.

［17］廖继红. 数字通信技术［M］. 北京：高等教育出版社，2006.

［18］周友兵. 数字通信基础［M］. 北京：机械工业出版社，2008.

［19］韩春光. 数字通信技术［M］. 北京：科学出版社，2007.

［20］孙学康，张政. 微波与卫星通信［M］. 2 版. 北京：人民邮电出版社，2007.

［21］房少军. 数字微波通信［M］. 北京：电子工业出版社，2008.

［22］吴诗其，吴廷勇，卓永宁. 卫星通信导论［M］. 2 版. 北京：电子工业出版社，2006.

［23］乔桂红. 光纤通信［M］. 北京：人民邮电出版社，2005.

［24］张金菊，孙学康. 现代通信技术下册［M］. 2 版. 北京：人民邮电出版社，2007.